先进复合材料丛书

编 委 会

主 任 委 员：杜善义

副主任委员：方岱宁　俞建勇　张立同　叶金蕊

委　　　员：（按姓氏音序排列）

陈　萍　陈吉安　成来飞　耿　林　侯相林

冷劲松　梁淑华　刘平生　刘天西　刘卫平

刘彦菊　梅　辉　沈　健　汪　昕　王　嵘

吴智深　薛忠民　杨　斌　袁　江　张　超

赵　谦　赵　彤　赵海涛　周　恒　祖　群

国家出版基金项目
“十三五”国家重点出版物出版规划项目

先进复合材料丛书

复合材料回收再利用

中国复合材料学会组织编写
丛 书 主 编　杜善义
丛书副主编　俞建勇　方岱宁　叶金蕊
编　　　著　杨　斌　侯相林　刘　杰　等

中国铁道出版社有限公司
CHINA RAILWAY PUBLISHING HOUSE CO., LTD.

内容简介

“先进复合材料丛书”由中国复合材料学会组织编写，并入选国家出版基金项目。丛书共12册，围绕我国培育和发展战略性新兴产业的总体规划和目标，促进我国复合材料研发和应用的发展与相互转化，按最新研究进展评述、国内外研究及应用对比分析、未来研究及产业发展方向预测的思路，论述各种先进复合材料。

本书为《复合材料回收再利用》分册，内容包括有关复合材料的机械回收技术、热分解回收技术、化学降解、回收新技术、再利用技术，以及复合材料回收利用的环境和经济效益评估、回收技术的未来趋势。

本书可供从事复合材料废弃物处理处置的研发人员、工程技术人员、管理人员参考，也可作为高校相关专业教材或参考书。

图书在版编目（CIP）数据

复合材料回收再利用 / 中国复合材料学会组织编写；杨斌等编著．—北京：中国铁道出版社有限公司，2021.9
（先进复合材料丛书）
ISBN 978-7-113-27694-2

Ⅰ．①复… Ⅱ．①中… ②杨… Ⅲ．①复合材料—废物综合利用 Ⅳ．①TB33

中国版本图书馆CIP数据核字(2020)第273187号

书　　名：复合材料回收再利用
作　　者：杨　斌　侯相林　刘　杰　等

策　　划：初　祎　李小军
责任编辑：李小军　　**电话：**（010）83550579
封面设计：高博越
责任校对：苗　丹
责任印制：樊启鹏

出版发行：中国铁道出版社有限公司（100054，北京市西城区右安门西街8号）
网　　址：http://www.tdpress.com
印　　刷：中煤（北京）印务有限公司
版　　次：2021年9月第1版　2021年9月第1次印刷
开　　本：787 mm×1 092 mm 1/16　**印张：**14.5　**字数：**298千
书　　号：ISBN 978-7-113-27694-2
定　　价：98.00元

版权所有　侵权必究

凡购买铁道版图书，如有印制质量问题，请与本社读者服务部联系调换。电话：(010) 51873174
打击盗版举报电话：(010) 63549461

序

新材料作为工业发展的基石，引领了人类社会各个时代的发展。先进复合材料具有高比性能、可根据需求进行设计等一系列优点，是新材料的重要成员。当今，对复合材料的需求越来越迫切，复合材料的作用越来越强，应用越来越广，用量越来越大。先进复合材料从主要在航空航天领域应用的“贵族性材料”，发展到交通、海洋工程与船舰、能源、建筑及生命健康等领域广泛应用的“平民性材料”，是我国战略性新兴产业——新材料的重要组成部分。

为深入贯彻习近平总书记系列重要讲话精神，落实“十三五”国家重点出版物出版规划项目，不断提升我国复合材料行业总体实力和核心竞争力，增强我国科技实力，中国复合材料学会组织专家编写了“先进复合材料丛书”。丛书共12册，包括：《高性能纤维与织物》《高性能热固性树脂》《先进复合材料结构制造工艺与装备技术》《复合材料结构设计》《复合材料回收再利用》《聚合物基复合材料》《金属基复合材料》《陶瓷基复合材料》《土木工程纤维增强复合材料》《生物医用复合材料》《功能纳米复合材料》《智能复合材料》。本套丛书入选“十三五”国家重点出版物出版规划项目，并入选2020年度国家出版基金项目。

复合材料在需求中不断发展。新的需求对复合材料的新型原材料、新工艺、新设计、新结构带来发展机遇。复合材料作为承载结构应用的先进基础材料、极端环境应用的关键材料和多功能及智能化的前沿材料，更高比性能、更强综合优势以及结构/功能及智能化是其发展方向。“先进复合材料丛书”主要从当代国内外复合材料研发应用发展态势，论述复合材料在提高国家科研水平和创新力中的作用，论述复合材料科学与技术、国内外发展趋势，预测复合材料在“产学研”协同创新中的发展前景，力争在基础研究与应用需求之间建立技术发展路径，抢占科技发展制高点。丛书突出“新”字和“方向预测”等特色，对广大企业和科研、教育等复合材料研发与应用者有重要的参考与指导作用。

本丛书不当之处，恳请批评指正。

杜善义

2020 年 10 月

前　言

“先进复合材料丛书”由中国复合材料学会组织编写，并入选国家出版基金项目和“十三五”国家重点出版物出版规划项目。丛书共12册，围绕我国培育和发展战略性新兴产业的总体规划和目标，促进我国复合材料研发和应用的发展与相互转化，按最新研究进展评述、国内外研究及应用对比分析、未来研究及产业发展方向预测的思路，论述各种先进复合材料。本丛书力图传播我国“产学研”最新成果，在先进复合材料的基础研究与应用需求之间建立技术发展路径，对复合材料研究和应用发展方向做出指导。丛书体现了技术前沿性、应用性、战略指导性。

本分册为《复合材料回收再利用》。

复合材料多采用热固性聚合物作为基体树脂，其固化成型后形成三维交联网状结构，无法再次模塑或加工，因此其废弃物难以处理。热固性复合材料的废弃物主要来自生产过程中的残次品、边角料以及寿命终了的制品。随着复合材料的应用越来越广泛，生产过程中的报废量随之剧增，加之寿命终了报废品的逐年产生，复合材料废弃物以每年超过百万吨级的速度递增。然而，当前国内外复合材料废弃物的处置仍然以堆放、填埋或焚化等被动落后的方式为主。随着世界各国对环保监管越来越严格，公众对构建资源节约和环境友好型社会的愿望越来越强烈，复合材料废弃物的资源化循环利用变得越来越迫切，已经成为全球产业界共同亟待解决的重要课题。

在将复合材料废弃物回收处理并转化为有用资源方面，欧美日等发达国家历史相对较长，投入相对较大，管理和技术相对成熟，但成熟的产业尚未形成。国内则历史相对较短，投入相对较小，管理、技术与产业化水平同发达国家相比存在一定的差距。令人欣慰的是，随着我国近年来对环保重视程度的显著提高和立法工作的加速完善，复合材料废弃物等工业固体废物的回收再利用问题开始得到国家和行业的极大关注。然而，国内专门论述将复合材料废弃物处理、处置并转化为有用资源的技术参考书还比较缺乏。鉴于此，我们认为，有必要编著出版一部系统论述复合材料废弃物资源化技术的指导性著作，以推动该项事业向着目的化、正规化、规模化、产业化的方向发展。

本书以可持续发展的纤维增强热固性树脂复合材料废弃物的处理与资源化为主线，对复合材料废弃物的管理、回收和再利用进行了系统论述，全面论述了复合材料废弃物回收和再利用的各种方法、原理、工艺及管理等，力求完整地阐释国内外复合材料废弃物处理与资源化新技术、新方法、新理论。

参与本书编著的人员均为国内复合材料废弃物回收再利用领域资深的专家学者和技术人员。杨斌编著绪论，封孝信编著第 2 章，刘杰、刘晓玲编著第 3 章，侯相林、邓天昇编著第 4 章，赵崇军、成焕波、袁彦超编著第 5 章，贾晓龙编著第 6 章，孟凡然编著第 7 章，杨斌编著第 8 章。侯相林、刘杰协助统稿，最后由杨斌统稿定稿。

本书内容先进，应用性强，可供从事复合材料废弃物处理、处置的研发人员、工程技术人员、有关管理人员等参考，也可作为高校相关专业教材或参考书。

编著者

2021 年 3 月

目　录

第1章 绪 论

1.1 概 述

1.1.1 复合材料行业基本概况分析

复合材料作为一种新材料诞生于 20 世纪 30 年代。第二次世界大战期间，复合材料首先被用于军工产品，并先后在美国、英国、德国、法国、苏联、日本等国家发展起来。20 世纪 60 年代以后，由于复合材料具有耐腐蚀性、绝缘性、可塑性、可设计性和多功能性等突出的性能，逐步被应用于民用领域。截至 80 年代初期，复合材料品种已经超过 35 000 种。此外，从 70 年代后期开始，随着高新技术的发展，高硅氧纤维、碳纤维、芳纶纤维等高性能纤维及其复合材料先后得到开发和应用。

此后，全球复合材料工业经历了长期的向上发展，复合材料制品先后进入建筑、化工、航空航天、汽车、风电等重要市场。尤其是进入 21 世纪以来，全球复合材料市场快速增长。

我国复合材料行业诞生于 1958 年，前期发展以北京玻璃钢研究设计院、哈尔滨玻璃钢研究院、上海玻璃钢研究院等一批国家科研院所为主。改革开放之后，我国复合材料产业链上下游不断健全，行业迅速发展，市场规模不断壮大。

2019 年，我国复合材料制品总产量为 445 万 t，同比增长 3.5%。其中，热固性复合材料为 230 万 t，热塑性复合材料为 215 万 t。全行业规模以上企业主营业务收入同比增长 34.2%；利润总额同比增长 50.2%。(数据来源于《中国玻璃纤维/复合材料行业 2019 年经济运行报告》)

1981—2019 年可考规模以上企业统计数据(见图 1.1)显示：我国复合材料制品累计产

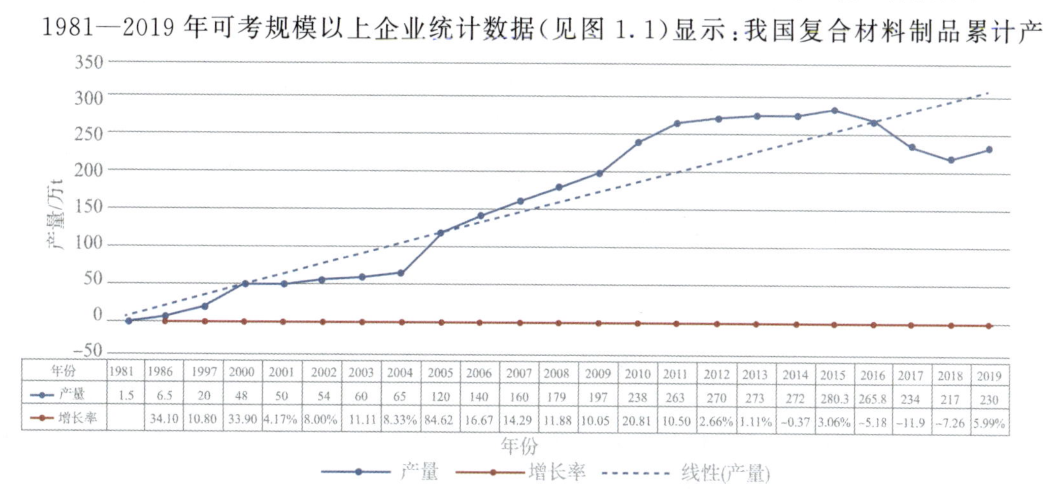

年份	1981	1986	1997	2000	2001	2002	2003	2004	2005	2006	2007	2008	2009	2010	2011	2012	2013	2014	2015	2016	2017	2018	2019
产量	1.5	6.5	20	48	50	54	60	65	120	140	160	179	197	238	263	270	273	272	280.3	265.8	234	217	230
增长率		34.10	10.80	33.90	4.17%	8.00%	11.11	8.33%	84.62	16.67	14.29	11.88	10.05	20.81	10.50	2.66%	1.11%	−0.37	3.06%	−5.18	−11.9	−7.26	5.99%

图 1.1 热固性复合材料年产量及增长率

量超过 3 860.89 万 t(数据来源:中国复合材料工业协会)。全国全行业复合材料累计总产量估算超过 5 000 万 t(本文作者通过树脂用量测算)。2016—2018 年,热固性复合材料产量出现下降趋势。

我国复合材料的产量已经多年位居全球第一,超过全球总产量的 30%;近几年热固性复合材料年产量均为 500 万 t 左右(通过每年树脂在复合材料行业的应用推算)。其中重点应用领域涉及交通运输(汽车、轨道交通、机场建设等基础设施)、电子电气、绝缘、防腐、石油化工、食品卫生、清洁能源(风力发电、水力发电、火电防腐除尘等)、市政建设、水利工程、建筑建材(结构、卫浴、门窗、装饰等)、游乐设施、体育用品等。复合材料已经成为国民经济各支柱产业中不可替代的材料。

随着"绿水青山就是金山银山"发展理念不断深入人心,人们的绿色环境意识不断增强,日趋严格的各项环保政策及法律法规的逐步出台,智能制造、"互联网+"、高质量发展,以及日益激烈的国际竞争环境等多方面的影响,使得复合材料行业面临极其严峻的发展状况,到了行业转型、产业升级的关键时期,既需要有新技术、新产业方向、高效率高品质产品方案,也要有与时俱进的发展意识和科学管理措施。

1.1.2 废弃物来源和总量

随着全球变暖和环境污染日益严重,2009 年召开的哥本哈根全球会议,主旨是"利用技术倡导低碳循环经济,以减少碳排放"。美国、日本、德国等发达国家在经济利益基础上,不仅加快技术革新,降低生产能耗,也在原来废弃物回收再利用法规基础上,进一步加大高耗能材料及其制品的回收再利用研究力度,其中碳纤维复合材料是重点之一。

欧洲、亚洲和北美是复合材料生产和应用最大的三个地区,全球树脂基复合材料的年平均增长率为 5%以上,亚太地区的增长率约为 7%(中国为 9.5%,欧洲和北美为 4%)[1]。复合材料废弃物不限于报废组件,而是存在多种形式,包括废弃的预浸料、制造边角废料(留在管道和桶中的树脂和小织物/预浸料件)、修剪和喷涂、模具分型线和加工、缺陷产品、冗余模具、原型、试件和试运行。据全行业统计测算,2019 年复合材料生产企业年产边角废料超过 25 万 t;复合材料累计产量按照 5 000 万 t 计算,复合材料边角废料的产量累计超过 300 万 t(以填埋为主,占用大量的土地资源);而复合材料制品的使用寿命一般为 20～50 年。据估计服役期满的报废产品当前约有 200 万 t,并逐年大量增长[2]。

Pickering 于 2016 年预测了碳纤维复合材料在高附加值行业的需求质量,结果显示:2015 年之后碳纤维复合材料废弃物产生量快速增长,预测从 2025 年 7 万 t 增长至 2055 年 18 万 t,2055 年增长至 18 万 t。工业生产废料和短生命周期的碳纤维复合材料在风力发电领域增长迅速。在过去的十年中,碳纤维在全球的年需求量从 2011 年的 4.41 万 t 增加到 2020 年的 10.69 万 t,预计 2025 年将达到 20 万 t/年(林刚,广州赛奥,2020)。与此相对应,碳纤维复合材料在制造过程中产生的废弃物和最终报废废弃物也会增加。原生碳纤维是一种能耗高且昂贵的材料,回收再利用碳纤维复合材料的废物,可以在减少废物的同时获取可观的经济价值。原生碳纤维的制造成本为 27～54 美元/kg(20～40 英镑/kg),直接消耗

183～286 MJ/kg,约是玻璃纤维生产的10倍和传统钢材生产的14倍。在原生碳纤维生产过程中的温室气体排放量约为31 kg CO_2 eq/kg,是钢铁生产CO_2排放量的10倍,所以碳纤维复合材料废弃物的回收可以有效降低原生碳纤维生产过程对环境的影响。

2020年,我国碳纤维使用量为4.9万t,其中,报废量为0.86万t。按最低价12万元/t来计算,报废碳纤维价值达10.32亿元。2020年全球碳纤维使用量为10.69万t,其中,报废量为3.32万t,按最低价12万元/t计算,报废碳纤维价值39.84亿元。每100 kg航空碳纤维复合材料废弃物中,就有60～70 kg碳纤维,这些碳纤维仍然具有极高的再利用价值,其力学强度有85%以上的保持率,而电、磁、热性能几乎与原有碳纤维相当,可用来重新制备高性能复合材料。

另外,欧洲玻璃纤维复合材料(glass fiber reinforced plastic, GFRP)产量到2019年达到114.1万t,受新冠疫情影响2021年欧洲GFRP产量预计将下降12.7%,市场总量预计为99.6万t(Erden and Ho, 2021)。德国AVK和CCeV协会发布的2020年综合市场报告显示[2],2019年欧洲玻璃纤维复合材料规模最大的应用领域是建筑/基础设施,占比37%,其余分别是运输领域(32%)、电力领域(15%)、体育休闲领域(15%)及其他(1%)。建筑/基础设施领域的用量首次超过运输领域,并且这种趋势仍在继续。

1.1.3 固体废物的分类

固体废物是指在生产、生活和其他活动过程中产生的丧失原有的利用价值或者虽未丧失利用价值但被抛弃或者放弃的固体、半固体和置于容器中的气态物品、物质,法律、行政法规规定纳入废物管理的物品、物质,以及不能排入水体的液态废物和不能排入大气的置于容器中的气态物质。由于多具有较大的危害性,一般归入固体废物管理体系。

固体废物分类的目的在于减少废弃物处置量,便于回收利用废弃物中的有用物质,以及最大限度地减少污染。固体废物的分类方法很多,有些是行业规定,有些是约定俗成。2020年9月1日开始实施的《中华人民共和国固体废物污染环境防治法》(以下简称《固废法》)中明确指出固体废物有三大类:生活垃圾、工业固体废物和危险废物。这三大类之间是有联系和重叠的。

1. 生活垃圾

生活垃圾是指在日常生活中或者为日常生活提供服务的活动中产生的固体废物,以及法律、行政法规规定视为生活垃圾的固体废物。生活垃圾分类近年来已经在全国逐渐推广实施,相关管理和贯彻执行的文件是2017年3月国务院下发的《生活垃圾分类制度实施方案》。

2. 工业固体废物

工业固体废物是指在工业生产活动中产生的废渣、粉尘、碎屑、污泥等固体废物。

工业固体废物包括一般工业固体废物和工业危险废物。一般工业固体废物是指未被列入国家危险废物名录或者根据国家规定的危险废物鉴别标准和鉴别方法判定不具有危险特性的工业固体废物。工业危险废物参见后面的危险废物分类。

需要指出的是，在 2020 年 9 月 1 日开始实施的《固废法》对固体废物定义进行了完善，进一步明确了固体废物的法律定义，即明确“经无害化加工处理，并且符合强制性国家产品质量标准，不会危害公众健康和生态安全，或者根据固体废物鉴别标准的程序认定为不属于固体废物的除外”，也就是明确了不属于固体废物的范畴。

3. 危险废物

危险废物是指列入国家危险废物名录或者根据国家规定的危险废物鉴别标准和鉴别方法认定的具有腐蚀性、毒性、易燃性、反应性和感染性等一种或者一种以上危险特性，以及不排除具有以上危险特性的固体废物。危险废物成分复杂，种类繁多，在 2021 年 1 月 1 日起开始施行的最新版《国家危险废物名录（2021 年版）》中，包含的危险废物就有 46 大类约 476 种。

上述固体废物和危险废物的鉴别标准，依据 2017 年制订的《固体废物鉴别标准通则》（GB 34330—2017）、2019 年修订的《危险废物鉴别标准通则》（GB 5085.7—2019）和《危险废物鉴别技术规范》（HJ 298—2019）中规范化的鉴别程序和鉴别方法实施。

随着环保要求越来越严格，掌握固体废物分类对于正确经营处理固体废物具有非常大的帮助。不同的固体废物有不同的生产、储运、处理规定，不能混淆，否则会受到监管部门的严厉处罚。

1.1.4 废弃物回收再利用现状

废弃复合材料的回收再利用需满足环境限制、政府立法、生产成本和资源管理，这已成为循环经济可持续发展的重要挑战。环境立法变得越来越严格，填埋处理的方法会占用大量的土地，对环境也会造成二次污染，当前迫切需要更加工业规模化的方法来解决复合材料回收再利用的难题。废弃物填埋处理是一种相对便宜的处理方式，却是欧盟《废物框架指令》（*Waste Framework Directive*）中最不受欢迎的废弃物处理方式，在德国已经被禁止，其他欧盟国家也在逐渐效仿。欧洲也有一些通过焚烧与水泥窑协同处理废弃复合材料的工厂，但是考虑到将来相关立法一定会对排放的限制越来越严苛，这些工厂的持续前景并不被行业看好。为了复合材料行业的持续健康发展，各国政府陆续出台了一些有关复合材料回收再利用的法规，并研究废弃物的处理和再利用方法。欧美日等国通过政府资助、大公司共同投资联合建厂，对复合材料的回收多以机械破碎技术为主，当前已具备一定的规模，技术日趋成熟。例如，欧美和日本针对玻璃纤维复合材料机械破碎后的再利用采用了两种方式：一是粉碎作为塑料改性或添加用填料；二是将回收料粉碎到一定程度加到水泥中。再利用产品的最终应用领域主要是建筑、汽车及家具等容量大的方向。日本强化塑胶协会专门成立了再资源化研究中心，专门研究废料回收再利用，日本政府和协会一起投入大量资金建设回收工厂；欧洲持续投入大量资金组织各国科研和产业资源从事玻璃纤维复合材料的机械破碎和碳纤维复合材料的热解技术等高值化循环利用技术装备的开发和产业化实践。

近 20 年来，企业和科研人员研究并开发出不同的回收技术，如机械破碎、高温热解、溶剂溶解和其他的热解方法。各种方法各有优缺点，在实际工业化应用中，这些回收技术必须综合评估环境影响、回收效率和商业可行性。纤维/树脂的分离回收方法,特别是纤维的回收再利用,取决于废弃物材料本身的特性(热塑性、热固性、熔点等)。

例如,对玻璃纤维复合材料而言[3,4],机械破碎法是成本最低、回收物价值相对较高、可以实现循环经济的行之有效的方法。整个回收产业链包括复合材料固废的回收环节、处理环节(包括分拣、分割、撕碎粉碎、筛分、包装、运输等)、回收物应用环节。回收的玻璃纤维可以用于热塑性复合材料的填料;短纤维可以用于 BMC(bulk molding compounds)的制作;可以添加到高性能水泥中作填料制造轻质保温隔热砖或墙板,用于建筑内外墙;也可以作为墙面和屋面的环氧沥青砂浆填料,作厚保温涂层。

对碳纤维复合材料的回收,高温热解分离提取法被证明是适合的工业化技术,树脂的热解产物作为能量来源参与能量补充,能耗较低,当前已经达到工业化规模[5]。超临界流体技术因其操作条件(温度、压力和体积)可调整且纤维几乎无性能损伤而受到关注,但是其实际应用受到复杂的、昂贵的设备所限制。溶剂法回收会消耗大量的、有毒的有机溶剂和催化剂,溶剂与催化剂需要后期处理且溶剂对基体树脂存在选择性,当前尚不具有工业化的可能。提取回收的碳纤维(recycled carbon fiber,rCF)通常是不连续的,碳纤维复合材料废弃物在处理前会切割成更小的碎片。纤维长度较短的 rCF 被用作纤维增强相,使用注射成型、模压成型等传统工艺制造热塑性树脂复合材料和热固性树脂复合材料[6]。

1.2 国外废弃物的管理

1.2.1 国外固体废物处理处置产业发展现状

欧美发达国家固体废物处理制度建设始于 20 世纪 70 年代。20 世纪 50—70 年代,伴随着西方发达国家经济的迅速发展,产生了大量的城市垃圾和工业废弃物,造成了对环境的严重污染及资源的日趋稀缺。石油危机以后,各国政府为了积极鼓励和引导对固体废物的回收与资源利用,相继颁布了引导和规范固体废物处理行业法律法规,在政策和法律层面对固体废物处理给予保障。固体废物处理行业是一个法律法规和政策引导型行业,美国、欧盟、日本在 20 世纪 70 年代即开始固体废物处理行业方面的制度建设,相继推出相关法律法规,从而带来固体废物处理行业的蓬勃发展。

1. 固体废物处理是美国环保产业的核心

固体废物处理产业是美国环保产业核心之一。截至 2010 年[7],美国环保产业年产值达到3 163 亿美元,直接创造 16.57 万个就业机会,其中,废水处理工程与水资源、固体废物与危废管理占比分别为 28%、20%,是美国环保领域中最为重要的两个子行业。美国固体废物处理产业包括生活垃圾和有害废弃物处理,除 2009 年受金融危机影响出现衰退外,均处于增长态势。

美国城市固体废物产生量在 2007 年达到峰值 25.5 亿 t,2008 年开始下降。从处理方式看,资源回收利用的比例逐年提高,从 1980 年的 9.56%提高到 2009 年的 33.74%;而填埋方式处理比例则明显下降。由此可见,随着美国环保投入的不断增加,城市固体废物产生量已趋于减少，同时，处理方式逐渐优化。

2. 高循环利用率是日本固体废物处理产业发达的重要表现

日本政府对资源与环境非常重视。城市固体废物处理行业属于资源与环境产业的重要组成部分，近年来在日本得到快速发展，废物循环利用比例逐年提高。高循环使用是日本固体废物处理产业发达的重要表现，2008 年日本城市固体废物循环利用率已超 60%。日本在固体废物处理方面拥有完善的法规体系，技术工艺先进，管理严格，在城市固体废物处理领域处于世界领先水平。

3. 欧盟固体废物处理方式呈现多样化趋势

欧盟是世界上一体化程度最高的经济区域，其协调一致性的行为在城市固体废物处理产业得到了充分体现。在欧盟统一指导与各成员国积极努力下，欧盟各成员国城市固体废物处理水平不断提高。1995—2009 年 15 年间，欧盟城市固体废物填埋量从 1.41 亿 t 下降到 9 600 万 t，填埋比例下降了 32%，而焚烧、堆肥和回收利用率则在不断提高。

1.2.2 欧盟环境法律和政策

当前人们所使用的塑料 90%来源于不可再生的化石能源。废弃物整合管理(integrated waste management，IWM)循环回收再利用被认为是一个可持续性的、节约能源的发展模式，可以减少生产过程中废弃物的产生和对环境的影响，实现资源的有效利用。IWM 循环可以分成六部分：①废弃物产生；②废弃物从源头处理、分类；③废弃物收集；④废弃物分离和加工；⑤废弃物转运至废物处理站；⑥废弃物处理。整合管理使人们能够制定一个框架来评估固体废弃物所产生的影响(Al-Jayyousi，2001)。

废弃物预防和管理的作用如图 1.2 所示。

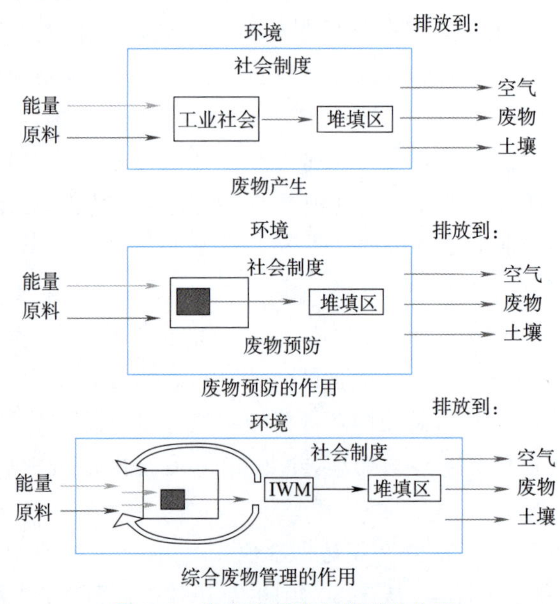

图 1.2 废弃物预防和管理的作用

进入20世纪之后，面对垃圾数量的持续大幅增长，有关废弃物的产生、处置和循环成为欧盟及其成员国共同关注的问题。为寻求促进废弃物更有效的循环和处置的综合性方案，欧盟委员会提出建立一套关于废弃物循环利用的标准，同时要求成员国在该标准的基础上制定各自的国家废弃物防治规划。欧盟推出多样区域型的垃圾管理策略，如垃圾填埋指令(1999/31/CE)、《废弃物焚烧指令》(2000/76/EC)、废弃物管理的框架指令(Directive 2006/12/EC)、废弃物架构指令(Directive 2008/98/EC)等改善环境政策，以提升城市垃圾的管理。欧洲国家垃圾处置有一个显著的特点，即都受欧盟统一政策指令的影响。

1975年7月15日，欧盟理事会制定了关于废弃物的75/442/CEE框架指令。

1996年9月24日，欧盟出台了《欧盟综合污染预防与控制(IPPC)指令》(96/61/EC)，为大多数高耗能工业领域的能效改进提供了监管依据。

2006年4月5日，欧盟在IPPC指令基础上，出台了关于废弃物管理的框架指令(Directive 2006/12/EC)，取代了之前的75/442/CEE框架指令。新指令中并没有设定产生废弃物数量的具体数字，而是允许其成员国在该框架下，根据本国国情，采取不同的实施形式和方法来确保框架指令的落实。2006/12/CE指令中，提出了废弃物的欧洲分类标准。

欧盟于2008年10月通过了《废弃物框架指令》(Directive 2008/98/EC)。该指令是欧盟关于废弃物处理的基础法律框架，反映了可持续废弃物管理的理念，明确提出要落实废弃物管理优先原则(即预防、循环前准备、循环利用、处理过程中能源回用和最终处置的优先级依次递减)。指令中对"废弃物""副产品""再循环利用""能源回收""废弃物终端"等概念作出了明确的定义，通过选择适当的废弃物处置技术手段，向促进再利用和再循环利用、推动有机废弃物分类收集及实现延伸的生产者责任提出了要求。指令中还规定了实现再利用和再循环利用的具体目标和时间表，确保了政策逐步落实的可实现性。

1.2.3 欧共体环境行动规划

欧共体成立初期，环境保护尚未成为政策制定优先考虑的因素，只有少数涉及环境领域的法律及以完善市场交易为主要目的的相关指令，如有关危险品的分类、包装和标签的67/548指令、有关机动车允许噪声等级和排气系统的70/157指令等。1972年，巴黎首脑会议首次提出欧共体应当建立共同的环境保护政策框架，并要求欧共体委员会在1973年之前制定一项环境保护的行动纲领和具体实施时间表，这标志着欧共体环境政策体系的发展迈出了重要一步，被视为欧共体环境保护历史上的里程碑。

1.《第一环境行动规划》

《第一环境行动规划》提出了环境治理四大原则。按照1973年巴黎高峰会议的要求，欧共体通过了《第一环境行动规划》(1973—1976年)。在此规划实施期间，理事会以《建立欧洲经济共同体条约》中第100条及第235条作为原则执行的法律后盾，使其成为公开有效的环境政策，为欧共体随后一系列环境政策的制定奠定了基础。该行动规划指出，欧共体环境政策的目标是提高生活和环境质量，改善生活和环境条件；并确立了优先预防、污染者必须付费、主次辅从及始终维持高水平保护四大环境保护原则。其主要内容为三部分：减少污染和有害物质、提高环境质量、在有关环境保护的国际组织中采取协同行动。

2.《第二环境行动规划》

《第二环境行动规划》强化自然资源的规划和利用。1977年5月17日,《第二环境行动规划》(1977—1981年)正式发布,在继续履行《第一环境行动规划》的政策目标及原则的基础上,《第二环境行动规划》特别注重自然保护措施的具体规划和对自然资源的合理利用。其主要内容包括四方面:减少污染和有害物,对土地、环境和自然资源的无害化利用和管理,保护和提高环境质量的一般行动,国际层面的共同体行为。《第二环境行动规划》是对《第一环境行动规划》的扩展和继续,该规划进一步提出将控制水污染、大气污染、噪声污染置于优先地位,强调注重提前预防,推动了欧共体大量有关空气、水及噪声污染治理指令的颁布。

3.《第三环境行动规划》

1983年2月7日,欧共体通过了《第三环境行动规划》(1982—1986年),该规划对环境政策目标重新做出了调整,指出"不但要保护人类的健康、自然和环境,而且要在规划及组织经济和社会发展问题时充分考虑如何合理利用自然资源"。此外,《第三环境行动规划》强调将环境政策纳入欧共体其他政策的必要性,同时注重衡量环境政策所带来的社会影响和经济影响,正式开展工程计划的环境影响评级,提出要与同盟国采取必要且有效的合作。更重要的是,该规划进一步扩大了污染治理和控制有害物的范围,将淡水和海水的污染、化学污染及废弃物污染等纳入环境治理领域。

4.《第四环境行动规划》

1985年12月,《单一欧洲法令》(*Single European Act*)正式颁布,并于1987年7月1日正式生效。这一法令使得欧洲环境政策法律体系的完整性得到进一步提升。《单一欧洲法令》的出现,将环境保护增补至欧洲共同体条约中,其中130R、130S、130T条款均为环境政策的颁布提供了明确的法律依据。随后,1986年10月19日,《第四环境行动规划》(1987—1992年)正式提出,保持了环境行动规划目标和原则的一致性,但在内容和形式上均进行了创新。《第四环境行动规划》中环境政策的领域扩大至六方面:空气污染、水和海洋污染、化学污染、生物技术、噪声污染及核安全。污染治理方式方法不断得以细化。

5.《欧洲联盟条约》

1992年,《马斯特里赫条约》即《欧洲联盟条约》(*Treaty of Maastricht*)正式提出,意味着环境行动规划由具有强制约束力的立法程序确立,法律地位发生了质的改变,进一步确立了环境保护在欧盟政治框架中的地位。

6.《第五环境行动规划》

由于法律效力和反污染立法覆盖面不足等问题,前四个环境行动规划实施效果并不理想。1993年2月1日,《第五环境行动规划》(1993—2000年)正式提出,该规划进一步明确了预防性原则、优先控制原则和污染者付费三大原则。首先,指出欧洲的环境现状和改进方法,发展目标用"可持续发展"替换了原来的"有利于可持续",着重强调了欧洲可持续发展对全球环境保护的重要性;其次,该规划只在欧盟层面明确了最低环境要求,鼓励各成员国为了可持续发展确立本国更高的环境标准。

7.《第六环境行动规划》

在持续改进和发展主题之下，《第六环境行动规划》即《环境 2010：我们的未来，我们的选择》(*Environment* 2010：*Our Future*，*Our Choice*)开始实施(2002—2012 年)，该规划以“决定”的形式由欧盟理事会提出，作为具有绝对法律效力的文件，标志着欧盟层面具有强制法律效应的环境法律的诞生。该规划再次强调了环境政策实施的原则，并指出在考虑辅助性原则和地区差异的基础上，要实现高水平的环境保护绩效，使经济发展脱离环境压力。规划明确了四个优先发展领域：气候变化、保护自然和生物多样性、环境与健康、提高自然资源的可持续利用水平和加强废弃物管理。规划将环境发展与经济增长、就业竞争、国际合作等目标紧密结合，具有重要的纲领指导作用，提供了欧盟环境政策发展的战略方针和治理框架。

8.《第七环境行动规划》

在借鉴环境领域的战略举措，如《2020 年生物多样性战略》《资源高效路线图》《转变为有竞争力的低碳欧洲的路线图》等成果的基础上，2012 年，欧盟通过《第七环境行动规划(草案)》，并于 2014 年正式开始实施。《第七环境行动规划》(2014—2020 年)提出：欧盟将在充分考虑自然限制的前提下，采取措施保护自然资本；提高资源利用率并促进低碳创新和转变；保障人民的健康和福祉免受环境健康问题的威胁。规划的发展目标是于 2050 年构建生态和谐的可持续发展经济模式，实现生物多样性和自然资源的可持续管理。同时，欧盟也注意到了来自区域及全球层面的挑战，因此，规划增加了两个平行附加目标，第一个目标是深化欧盟城市可持续发展进程，确保到 2020 年，大多数欧盟城市能够实现预期可持续发展和设计，完成可持续发展建设，用以解决相关城市问题，如噪声污染、空气污染、水资源短缺和浪费等问题；第二个目标是将环境保护和可持续发展拓展至全球视野。此外，该规划阐述了九大优先任务、三大领域的优先发展主题及实现措施。

1.2.4　欧盟生态标签

欧盟生态标签(Eco-label)又名“花朵标志”，“欧洲之花”(EU-flower)，其图形为由 12 颗星星围绕的雏菊，如图 1.3 所示。为鼓励在欧洲地区生产和消费“绿色产品”，1992 年欧盟出台了生态标签体系。欧盟生态标签是一种自愿性生态和付费标签制度，生态标签的使用及申请价格不菲，申请标准也很严格，初衷是鼓励生产厂商向消费者展示产品的绿色环保特性。经过十多年的发展，“生态标签”在欧盟被消费者渐渐认可，贴“生态标签”的产品也更受欢迎。

图 1.3　欧盟生态标签

申请条件：

生态标签面向所有日常消费产品(不包括食品、饮料、药品及医疗器械)，欧盟在授予生态标签产品时主要考虑产品的以下几个特点：在欧盟市场上庞大的销量与交易量；在产品的生命周期内，对自然环境存在重大影响；如果消费者选择符合生态标准的该类产品会对环境改善起到积极作用；销售的产品主要用于最终消费。

适用领域：

生态标签主要授予以下产品：各种用途的去污剂、灯泡、床垫、个人计算机、复印机画图用纸、手提计算机、洗碗机洗涤剂、手用餐具洗涤剂、冰箱、洗碗机、土壤改良剂、鞋类、纺织品、棉纸、硬地板、室内用油漆涂料、旅游住宿服务、衣物清洁产品、真空吸尘器、洗衣机。（产品列表每年在不断补充）

企业意义：

企业获得生态标签，可以获得以下几个益处：①生态标签有助于提高产品档次并赢得更多的客户群；②生态标签是产品畅销欧洲大陆的通行证；③产品"绿色化"是国际消费品市场发展的潮流。

世界贸易组织（World Trade Organization，WTO）对环境保护和可持续发展理念的重视，为生态标签制度的产生提供了法律基础。关税及贸易总协定（General Agreement on Tariffs and Trade，GATT）成立伊始，以促进自由贸易为目标，并没有考虑环保问题。GATT 1947 在序言中规定其宗旨是：各缔约方"在处理贸易和经济事业的关系方面，应以提高各缔约方人民的生活水平，保证充分就业，保证实际收入和有效需求的巨大持续增长，扩大世界资源的充分利用以及发展商品的生产与交换为目的。"在自由贸易理念支配下，各国不计环境成本，片面追求经济增长，对人类赖以生存的环境造成了巨大的破坏。面对日益严峻的环境问题，提出了"可持续发展"的新理念并制定一些多边环保条约，GATT 和 WTO 对环境的态度发生明显转变，并在《建立世贸组织协议》序言中规定：成员方"认识到在发展贸易和经济关系方面，应当按照提高生活水平、保证充分就业和保证实际收入和有效需求大幅度稳定增长以及扩大货物和服务的生产和贸易为目的，同时应按照可持续发展的目标，最合理利用世界资源，寻求对环境的保护"。WTO 对环境问题的重视和许多国际环保条约的制定，为各国制定和实施生态标志制度创造了多边法律基础。

1992 年，联合国环境与发展会议通过了重要的《21 世纪议程》和《里约宣言》国际环境法，对各国环境发展和环境政策产生了极大的影响。也为生态标签的实施提供了明确的国际法支持。明确规定产品生命周期评价，并主张推广生态标志制度。具体规定是："在工业界和其他有关团体的合作下，政府应鼓励扩大旨在协助消费者做出知情选择的环境标签方案和其他与环境有关的产品信息方案"，并指出"政府还应鼓励提高消费者民众的认识，并协助个人和家庭做出了解环境问题的选择"，包括"使消费者认识到产品对健康和环境的影响，同时也包括制定消费法规和要求印贴环境资料标签"。

除了国际法的依据外，欧盟政策和法律中有关环境保护的条款和原则也是生态标签制度产生的法律基础。1992 年签署的《欧洲联盟条约》首次在核心条款中明确把环境保护列为欧盟的宗旨和目标之一，规定"共同体的环境政策应该瞄准高水平的环境保护，考虑共同体内各种不同区域的各种情况。该政策应该建立在防备原则以及采取预防行动、环境破坏应该优先在源头整治和污染者付费原则的基础上"。为了控制纺织品生产过程中污染物的产生，在制定纺织品生态标签制度时应当采取预防原则和源头原则。

1997 年生效的《阿姆斯特丹条约》对环境保护给予了更多的重视。该条约在第三条中规定“环境保护的要求应成为制定和实施第三条所指的尤其旨在促进可持续发展的共同体政策和活动的组成部分”。这次修改把促进“可持续发展”作为原则和目标写入了条约，从而进一步突出了对环境保护的重视。

早在欧共体制定纺织品生态标签规范以前，生命周期分析方法已经用于评价产品或服务相关的环境因素及其整个生命周期的环境影响。生命周期分析方法(life cycle analysis，LCA)最早出现在20世纪60年代，开始的标志是1969年美国中西部研究所对可口可乐公司的饮料包装瓶进行的评价研究。生命周期分析方法用来监督和量化一种产品在生命过程中耗用资源的情况，反映产品对环境影响的成本，是促进可持续发展的一种工具。按国际标准化组织的定义，生命周期分析方法是对一个产品系统的生命周期中的输入、输出及潜在环境影响的综合评价。生命周期分析方法是欧盟实施环境管理的重要手段。

1.3　国内废弃物的管理

1.3.1　我国固体废物处理处置产业发展现状

在国家倡导供给侧改革和“绿水青山就是金山银山”的发展理念影响下，各地政府通过严格的环保督查、批建收紧等措施，推动了企业对固体废弃物的认识转变，在废弃物综合利用方面逐步开始进行技术探索，这对固体废物尤其大宗工业固体废物综合利用长足发展具有重大意义。但是，我国大宗工业固体废物新增量大、历史堆存量大、分布不均衡、成分复杂、技术研发不足等原因，导致工业固体废物综合利用依然存在综合利用率低、利用成本高、附加值低、市场接纳度低、同质化竞争和产能过剩、家底不清、区域发展不均衡、相关科研人员和工程技术人员缺口大、整体产业科技支撑不足、法律法规不完备、政策机制不完善、配套政策不协调、总体规划等顶层设计薄弱等诸多制约产业发展的问题。据工信部统计，我国工业固体废物产生量2005—2018年呈持续增长趋势，“十二五”期间平均每年产生量约为36亿t，堆存量净增100亿t。截至2019年，历史累计堆存量已达600亿t，占地超过200万公顷，但综合利用率不足50%。当前我国固体废物投资占环保行业整体投入的比例不足15%。

相较于早期存在随意丢弃、填埋、排放等不当处理方式，复合材料固体废物处理如今得到极大的重视，但当前我国复合材料固体废物形势依然非常严峻，报废复合材料的回收处理产业刚刚起步，复合材料固体废物处理能力近似为零且水平落后，无法匹配每年大量的复合材料固体废物排放量和历史堆存量。复合材料固体废物处理从政策法规建立、监管管理、观念形成，到技术装备水平、产业、市场等方面，呈现系统性缺乏状态。

复合材料行业发展初期，由于法律法规缺失和无人监督，加之许多企业在观念上不重视固体废物处理、法制观念薄弱、规范化意识不强，对玻璃钢边角废料的处置几乎都是随意堆放和倾倒。随着产业发展越来越快，产废量也越来越大，地方政府开始监管，比如设置专门的垃圾填埋场，企业交纳一定的处置费。有些企业为了规避缴费，往往会自己找地方偷偷填埋，甚至一把火将玻璃钢固体废物烧掉，造成严重的大气污染和大量的土地占用和污染。热固性复合材料固体废物的处理一直没有实现产业化，固体废物的规范化处置和资源化再利用,将是复合材料行业可持续发展过程中的一个瓶颈。《固废法》要求企业必须对固体废物进行产量登记,流转过程中流转登记,处理企业及处理方式、再利用方向等都要进行备案登记。当前,还没有可以产业化的复合材料固体废物的成套技术和示范线,必将影响复合材料企业的正常生产。而用户层面报废产品如果没有合理的处理方法和途径,也必将影响复合材料制品的销售和应用。

企业对复合材料固体废物处理缺乏全面的认识,很多企业将固体废物作为没有价值的产物,并且在固体废物处理中突出强调"无害化",而对"减量化"和"资源化"重视不够,无法从源头上控制复合材料固体废物产生及后续的"高值化"资源循环利用。复合材料回收产业链包括复合材料固体废物的回收环节、处理环节(包括分拣、分割、撕碎粉碎、筛分、包装、运输等)、回收物应用环节。各个环节均需要企业投入精力、财力和人力开展系统性的工作,需要打通各个环节,形成体系,方可成功。然而,现在国内部分企业还处于观望状态,究其原因,一是害怕投资失败;二是坐等严格政策和法规的倒逼实施。回收装备企业缺乏对复合材料的了解,对传统设备改进不足,导致现有装备无法持续可靠应用。另外,回收装备企业缺少技术缺少系统性设计,导致处置过程粉尘排放和噪声排放难以达标。再生纤维的产业化再应用技术路线没有实现,与废料收集、撕碎、粉碎的产业规模没有实现有极大的关系。复合材料回收体系建设过程中,缺乏国家和地方的支持性政策;缺少行业规范性标准。总之,以上缺少国家相关政策法规、企业观念落后、技术缺失、市场尚无等种种原因,造成了我国复合材料固体废物处理产业化较为落后的现状。

1.3.2 国内环境法律和政策

1. 我国环保机构与环保理念的发展

中国整个环保机构最先是从 1973 年开始的,国家计委和国家建委成立了专门的国务院的环境保护领导小组办公室。1982 年正式建立环境保护局(厅局级)。2018 年正式成立生态环境保护部。

我国环保工作的几个发展阶段:1973 年到 1983 年是起步阶段,1984 年到 20 世纪 90 年代初是环保工作开拓、机构建设和制度初创阶段,1992 年到 2005 年是环保工作机构和制度建设的发展阶段,2005 年到"十九大"前是机构不断完善、制度体系成型阶段,"十九大"至今是环境全面治理,生态文明建设阶段。

2. 近年出台的主要环保政策法规与文件

党的"十九大"以来,通过全面深化改革,加快推进生态文明顶层设计和制度体系建设,相继出台《关于加快推进生态文明建设的意见》《生态文明体制改革总体方案》《关于全面加强生态环境保护坚决打好污染防治攻坚战的意见》,制定了 40 多项涉及生态文明建设的改革方案。

制定了三项重点环保相关政策:《环境保护督察方案(试行)》《关于省以下环保机构监测监察执法垂直管理制度改革试点工作的指导意见》《控制污染物排放许可制实施方案》。发布了《对外投资合作环境保护指南》《关于推进绿色"一带一路"建设的指导意见》《"一带一路"

生态环保合作规划》，规范企业共商、共建绿色“一带一路”环保行为。制定了监管政策，有序推进生态保护红线监管体系建设。聚焦“生态功能不降低、面积不减少、性质不改变”的监管目标，生态环境部2020年印发《生态保护红线监管指标体系（试行）》，出台《生态保护红线监管技术规范保护成效评估（试行）》等七项监管标准规范，对生态保护红线的日常监管、年度评价、定期评估等业务作出技术规定。

我国现行的环境保护方面的法律主要有：《环境保护法》《水污染防治法》《大气污染防治法》《环境噪声污染防治法》《放射性污染防治法》《环境影响评价法》《清洁生产促进法》《核安全法》《环境保护税法》等。我国现行的环境保护方面的规章制度主要有：《建设项目环境保护管理条例》《水污染防治法实施细则》《排污费征收使用管理条例》《危险废物经营许可证管理办法》《医疗废物管理条例》《自然保护区条例》《环境保护行政处罚办法》等。其中，《水污染防治法》《大气污染防治法》《环境噪声污染防治法》《建设项目环境保护管理条例》自2015年以来均相继进行过修订。

3. 关于固体废物处置重点政策法规

自1996年我国《固废法》正式实施至今，国家颁布了若干固体废物处理政策法规，对这些政策法规研究表明，我国固体废物发展历程主要包括认识阶段（1995—2004年）、管控阶段（2005—2015年）和治理阶段（2016年至今）三大阶段，我国固体废物政策导向也主要分为制定规划、政策引导、监督落实三步。近五年以来，尤其2020年以来，固体废弃物污染治理和管控顶层设计方面表现出两大特点，即支持力度不减、涉足领域愈微。

近年来国家发布的固体废物处置相关的政策和法规中，和复合材料回收再利用相关的重要固体废物政策法规整理如下：

《中华人民共和国固体废物污染环境防治法》（简称《固废法》）。该法于1995年10月30日第八届全国人民代表大会常务委员会第十六次会议通过，1995年10月30日中华人民共和国主席令第五十八号公布，自1996年4月1日施行。《固废法》一共经历了五次修订，最新修订（以下简称新《固废法》）是在2020年4月29日第十三届全国人民代表大会常务委员会第十七次会议，自2020年9月1日起施行。新《固废法》存在以下十大亮点：①应对疫情加强医疗废物监管；②逐步实现固体废物零进口；③加强生活垃圾分类管理；④限制过度包装和一次性塑料制品使用；⑤推进建筑垃圾污染防治；⑥完善危险废物监管制度；⑦取消固废防治设施验收许可；⑧明确生产者责任延伸制度；⑨推行全方位保障措施；⑩实施最严格法律责任。

《一般工业固体废物贮存和填埋污染控制标准》（GB 18599—2020）。

《固体废物鉴别标准通则》（GB 34330—2017 ）。

《危险废物鉴别技术规范》（HJ 298—2019）。

《危险废物鉴别标准通则》（GB 5085.7—2019）。

《国家危险废物名录（2021年版）》。

《危险废物填埋污染控制标准》（GB 18598—2019）。

《危险废物焚烧污染控制标准》（GB 18484—2020）。

《医疗废物处理处置污染控制标准》(GB 39707—2020)。

《商务部办公厅关于进一步加强商务领域塑料污染治理工作的通知》(2020 年)。

《禁止洋垃圾入境推进固体废物进口管理制度改革实施方案》(国办发〔2017〕70 号)。

《关于全面落实〈禁止洋垃圾入境推进固体废物进口管理制度改革实施方案〉2018—2020 年行动方案》。

《进口固体废物加工利用企业环境违法问题专项督查行动方案(2018 年)》。

《关于全面禁止进口固体废物有关事项的公告》,自 2021 年 1 月 1 日起,禁止以任何方式进口固体废物。禁止我国境外的固体废物进境倾倒、堆放、处置。

《关于提升危险废物环境监管能力、利用处置能力和环境风险防范能力的指导意见》,2019 年。

《医疗机构废弃物综合治理工作方案》和《医疗废物集中处置设施能力建设实施方案》,2020 年。

4. 建设项目环境保护许可

复合材料固体废物回收再利用项目建设涉及若干环境保护相关法规文件,主要的文件是《建设项目环境保护管理条例》。该条例自 1998 年开始实施,现行的是 2016 年新修订的《建设项目环境保护管理条例(2017 年版)》(以下简称新《条例》)。新《条例》主要关注以下几方面:一是创新环境影响评价制度,突出重点;二是减少部门职能交叉和环评审批事项,提高效率;三是规范环评审批管理,明确环评审批要求;四是取消竣工环保验收行政许可,强化“三同时”和事中事后环境监管。此外,新《条例》进一步强化了信息公开和公众参与,进一步加大了违法处罚和责任追究力度。

新《条例》对项目建设环境保护方面的规定主要包括以下内容:

(1)对环境影响评价文件的要求。要求环境影响评价文件的登记符合《建设项目环境影响评价分类管理名录(2021 年版)》的规定;环境影响报告书要达到《环评导则》规定的要求。

(2)建设项目概况介绍中,除包括建设规模,生产工艺水平,产品、原料、燃料及总用水量,还包括污染物排放量、环保措施,以及进行工程环境影响因素分析等。

(3)建设项目周围环境现状要求。要求社会环境调查;评价区大气环境质量现状调查;地面水环境质量现状调查;环境噪声现状调查;经济活动污染、破坏环境现状调查等;根据排放污染物性质,要求工业项目与周围敏感建筑保持一定的防护间距,具体的防护距离需根据环评文件结论确定。

(4)环境影响经济损益分析要求。分析要求包括建设项目的经济效益、环境效益、社会效益等。

(5)建设项目竣工环境保护验收工作应按《建设项目竣工环境保护验收暂行办法》(国环规环评〔2017〕4 号)执行。建设项目竣工环境保护验收许可事项已取消,改由建设单位自主验收。

总之,在项目开工建设之前,要首先遵循环境保护许可制度,即必须向有关管理机关提出申请,经审查批准,发给许可证后方可进行该活动的一整套管理措施。环境保护许可证从作用可以分为两大类:一是防止环境污染许可证;二是保障自然资源合理开发和利用的许可证。其中防止环境污染许可证主要有:①排污许可证:在水污染防治法实施细则和大气污染防治法中做出了规定。②海洋倾废许可证:在海洋环境保护法第 55 条第二款、海洋倾废管理条例中做出了规定。③危险废物收集、储存、处置许可证:在固体废物污染环境防治法中做出了规定。④废物进口许可证:在固体废物污染环境防治法中做出了规定。⑤放射性同位素与射线装置的生产、使用、销售许可证:放射性污染防治法中做出了规定。

1.3.3 国内环境行动计划

相对于经济社会发展的形势需要,我国环境与健康工作仍显薄弱,能力和水平存在较大差距。特别是改革开放以来,我国经济迅猛发展,物质文化极大丰富,人民群众对生活环境和健康安全的期望不断提高,而环境污染带来的环境质量下降、生态平衡破坏及公众健康危害,越来越成为制约经济持续增长和影响社会和谐发展的关键因素,切实加强环境与健康工作,努力解决发展、环境、健康之间的突出矛盾,已经成为当前迫切需要解决的重大问题。

近年来,世界卫生组织、联合国环境规划署及其合作伙伴与成员方密切合作,努力推进环境与健康战略和政策的制定,提出了加强环境与健康工作的一系列建议,强调建立环境与健康部门间制度性长效合作机制,制定国家环境与健康行动计划,促进环境与健康工作积极发展。

1.《国家环境与健康行动计划》

为了有力推进我国环境与健康工作,积极响应国际社会倡议,针对我国环境与健康领域存在的突出问题,借鉴国外相关经验,制定《国家环境与健康行动计划(2007—2015)》。该行动计划作为中国环境与健康领域的第一个纲领性文件,指导国家环境与健康工作科学开展,促进经济社会可持续健康发展。《国家环境与健康行动计划(2007—2015)》是中国政府相关职能部门共同制定的我国环境与健康领域的第一个纲领性文件,是控制有害环境因素及其健康影响、减少环境相关性疾病发生、维护公众健康,落实“环境保护”基本国策的重要环境政策。它的制定与实施必将对我国的环境法律政策从宏观思路到具体制度的更新提出新的要求。

总体目标是完善环境与健康工作的法律、管理和科技支撑,控制有害环境因素及其健康影响,减少环境相关性疾病发生,维护公众健康,促进国家“十一五”规划纲要中提出的约束性指标和联合国千年发展目标的实现,保障经济社会持续协调发展。

行动策略是建立健全环境与健康法律法规标准体系,形成环境与健康监测网络,加强环境与健康风险预警和突发事件应急处置工作,建立国家环境与健康信息共享与服务系统,完善环境与健康技术支撑建设。

2.《中国-东盟环境合作行动计划 2011—2013》

2007 年 11 月,时任总理温家宝提出中国将成立中国-东盟环保合作中心,建议双方共同制定环保合作战略。东盟领导人签署的《东盟共同体 2009—2015 年路线图华欣宣言》,也高度关注可持续发展的整体概念,包括环境可持续性、经济增长和社会发展,务实推动区域环境合作。

2009 年 10 月，中国与东盟方面联合制定与通过了《中国-东盟环境保护合作战略2009—2015》，为双方推进具体环境合作提供了基础。战略主要根据中国-东盟环境合作传统领域与东盟共同体蓝图，确定了公众意识和环境教育，促进环境友好技术、环境标志与清洁生产，生物多样性保护，环境管理能力建设，全球环境问题，促进环境产品和服务等作为优先合作领域，并提出将制定行动计划进一步落实战略。

2010 年 10 月第 13 次中国与东盟领导人会议在越南召开，领导人会议发表《中国和东盟领导人关于可持续发展的联合声明》。声明提出，支持发挥中国-东盟环保合作中心的作用，积极落实中国-东盟环保合作战略，特别是在通过与东盟生物多样性中心合作保护生物多样性和生态环境、清洁生产、环境教育意识等领域开展合作。

第 13 次中国-东盟领导人会议通过《落实中国-东盟面向和平与繁荣的战略伙伴关系联合宣言的行动计划(2011—2015)》文件，其中提出，环境合作领域将采取以下共同行动和措施：落实《中国-东盟环保合作战略 2009—2015》，适时联合制定“中国-东盟环境保护行动计划”；支持中国-东盟环保合作中心工作，根据《中国-东盟环保合作战略 2009—2015》，促进环境合作；加强环境友好型产业，包括环境友好技术、环境标志和清洁生产方面的交流与合作，支持中国和东盟实现绿色和环境可持续发展；加强城乡环境保护领域的对话与交流，落实城乡环境合作示范项目，提高本地区人居环境质量；实施联合培训课程、联合研究、人员交流研究生奖学金项目，提升区域环境管理能力与水平；开展协同效应领域合作，如大气和水质管理和健康等方面的研究、能力建设及经验分享。

此外，为推动实施中国-东盟环保合作战略，落实中国和东盟领导人要求，遵循支持东盟发挥主导作用的原则，共同制定《中国-东盟环境合作行动计划 2011—2013》，为期三年的第一份行动计划将为中国与东盟的长期和持续的环境合作打好基础。中国-东盟环境合作行动计划具有综合性、可实施性、开放性和灵活性，是一个分步实施的一揽子行动计划。

2018 年，来自纺织供应链“绿色制造产业创新联盟”的 25 家企业联合发起中国纺织供应链化学品环境管理创新 2020 的产业自治行动，并在上海发布“化学品环境管理行动计划”。

1.3.4 中国生态标签

中国环境标志计划诞生于 1993 年，2003 年国家环保总局将环境认证资源进行整合，中国环境标志产品认证委员会秘书处与环认委、环注委、中国环科院环境管理体系认证中心共同组成中环联合认证中心(国家环保总局环境认证中心)，接替了中国环境标志产品认证委员会秘书处的认证职能，成为国家授权的唯一授予中国环境的机构。中国环境标志产品认证是由国家环保总局颁布环境标志产品技术要求，技术专家验证，行业权威检测机构检测产品，经过严格的认证程序，最后由技术委员会综合评定。中国环境标志要求认证企业建立 ISO 9000、ISO 14000 和产品认证为一体的保障体系。同时对认证企业实施严格的年检制度，确保认证产品持续达标，进而保障消费者权益，维护环境标志认证的权威。

中国环境标志计划已经初步形成严密的法律体系和与国际接轨的管理体制结构。政策框架包括，根据《中华人民共和国产品质量法》《中华人民共和国环境保护法》《中华人民共和国产品质量认证管理条例》，制定并颁布实施《中同环境标志产品认证委员会章程》《环境标志产品认证管理办法》《中国环境标志产品认证收费办法》等，为有效进行环境认证提供了坚实的法律基础。中国环境标志（见图 1.4）已经由国家环保总局在国家工商总局进行了商标注册，成为唯一一个由政府注册的商标，受中华人民共和国商标法的保护。中国环境标志一直配合国家环保总局不同时期的环境管理目标。在综合治理白色污染、废弃物处理、发展生态纺织等一系列环境重点工作中起到了重要的作用。

图 1.4 中国环境标志

申请环境标志的企业大多是产品出口量大、国内市场占有一定份额、消费者认知度较高的企业。这些企业发挥优势，不断开拓国际市场，起到了发展经济和保护环境的双赢目标。当前我国已经与韩国、日本、澳大利亚等国家签订了生态标签的互认合作协议，并与美国、加拿大、德国等 20 多个国家组成全球生态标签，表明中国环境标志作为“绿色通行证”已在国际贸易中发挥重要作用。同时有效推进了中国绿色产品的形成和发展，改善了企业的环境行为，对于促进环境与经济协调发展起到了良好的推动作用。

参考文献

[1] ANANE-FENIN K. Recycling of fibrereinforced composites: areview of current technologies[Z]. Conference: DII-2017 4th International Conference on Development and Investment in Infrastructure-Strategies for Africa, 2017.

[2] WITTEN D E. The market for glass fibrereinforced plastics (GRP) in 2020 market[EB/OL]. https://www.avk-tv.de/files/20201111_avk_market_report_2020.pdf.

[3] RODIN H. Recycled glass fiber reinforced polymer composites incorporated in mortar for improved mechanical performance[J]. Construction and Building Materials, 2018, 187: 738-751.

[4] MAMANPUSH S H. Extruded fiber-reinforced composites manufactured from recycled wind turbine blade material[J]. Waste and Biomass Valorization, 2020, 11: 3853-3862.

[5] ABDOU T R. Recycling of polymeric composites from industrial waste by pyrolysis: deep evaluation for carbon fibers reuse[J]. Waste Management, 2021, 120: 1-9.

[6] MAMANPUSH S H. Heterogeneous thermoset/thermoplastic recycled carbon fiber composite materials for second-generation composites[Z]. Waste and Biomass Valorization, 2021.

[7] GAETA G L. Innovation in the solid waste management industry: integrating neoclassical and complexity theory perspectives[J]. Waste Management, 2021, 120: 50-58.

第2章 热固性复合材料的机械回收技术

2.1 概　　述

机械回收也称物理回收，是指采用机械的方法将在复合材料生产过程中产生的边角料及服役期满的复合材料制品进行分割、破碎、研磨和分离，形成板状、块状、颗粒状或粉状物料及分离出纤维，然后加以利用，在利用的过程中不发生化学反应。

这种方法涉及一系列的操作过程，包括切割、破碎和研磨，以减小回收材料的尺寸。第一步是用慢速的切割机和破碎机将原始的材料碎裂至 50～100 mm 的碎片。随后用锤式磨将这些碎片进一步粉碎至 50 mm 以下[1]。粉碎之后的物料用旋风筒或筛子分离成几个颗粒级配。对于回收的纤维增强塑料(fiber reinforced plastic，FRP，俗称玻璃钢)颗粒尺寸，还没有正式的划分方法，但是一般可以分为两类：填充料尺度的颗粒或粉末，其平均颗粒尺寸在 0.5 mm 以下；粗颗粒部分，其更趋向于纤维的特征。这两类回收料都可以作为填充料甚至作为增强组分用于新复合材料中[2]。

根据废弃物的来源是消费前还是消费后，机械回收又可分为一次回收和二次回收。消费前(即生成过程中)产生的废弃物通常是单一的类型，或至少是知道其组成成分的，所以在回收前不需要做进一步处理。而消费后的废弃物可能是严重污染的，在回收利用前需要附加的步骤，如收集、分类和清洗[3]。

机械回收工艺流程如图 2.1 所示。

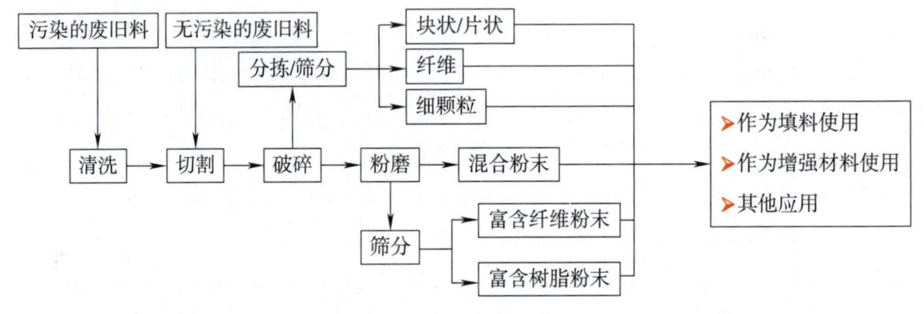

图 2.1　机械回收工艺流程

当前，回收的复合材料经机械方法加工后形成的物料主要用于以下几个方面[4-9]：

(1)制造公共设施，如公园椅子、装饰材料等；

(2)作为砂浆及混凝土的骨料；

(3)分离出的纤维作为水泥砂浆及混凝土的增强材料；

(4)作为填料再回用到复合材料制品中；
(5)作为橡胶的填料；
(6)作为塑料的填料；
(7)用于屋顶及路面沥青材料；
(8)作为人工木材的填料；
(9)作为水泥原料；
(10)用于制备建筑陶粒。

Halliwell 从 FRP 废弃物可发挥的功能作用方面，归纳了其应用范围[10]：
(1)改善化学与物理性能(如酚醛 FRP 可以提高抗火性能)；
(2)提供特殊的表面效果和设计效果；
(3)吸收噪声(墙板或路面)；
(4)作为松软材料用于高绝热材料或无纺材料；
(5)作为聚合物混合料的黏度调节材料；
(6)作为低成本的核芯材料(如用于船中或木材替代产品)；
(7)作为砂浆、混凝土、塑料、沥青等的增强材料；
(8)作为磨细的纤维使用；
(9)作为混凝土维修材料；
(10)用于道路的白色标识线(耐磨损)。

通过不断研究与开发，FRP 循环再利用有着广阔的市场前景。具体的应用情况取决于颗粒的尺寸和尺寸范围，见表 2.1[11]。

表 2.1 机械回收粒料尺寸及应用范围

颗粒尺寸	应用领域
大于 25 mm×25 mm	建材，如废纸制造的纸版、轻型水泥板、农用地膜覆盖材料和隔声材料
3.2～9.5 mm	屋顶沥青、BMC(团状模塑料)、混凝土等填料，铺路材料补强剂或填料
小于 60 μm(200 目)	SMC(片状模塑料)、BMC 和热塑性塑料填料

机械回收工艺简单、生产成本低，且回收的废旧料几乎能全部重新利用，对环境无二次污染，是最有工业化应用前景的方法之一。但物理回收法也存在较大的局限性。一是 FRP 材料机械强度大、硬度高，对其进行机械粉碎处理造成一定的难度，当前主要的研磨机械如锤磨机、球磨机、针磨机等对 FRP 废料的精细加工仍有一定的难度；二是物理回收法适合于对 FRP 边角废料与未受污染的 FRP 回收废料，对于被涂料、油漆、黏结剂等污染的 FRP 废料要对其分类清洗后才能使用。

机械回收时也存在安全问题，在复合材料生产时加入的催化剂和促进剂，在聚合的过程中没有消耗完，剩余的部分在撕裂破碎过程中可能有产生燃烧的危险[6]。

机械方法的应用在某些方面还是不成功的，主要由于存在如下原因[6]：
(1)添加回收料对新的复合材料制品的力学性能有负面影响；

(2)成本平衡问题,在某些地方分拣和机械回收的成本高于原产品的市场价格。

本章主要针对废旧热固性复合材料的回收利用,论述其机械加工方法,以及其回收料在公共设施、高分子复合材料、建筑材料等方面的应用。

2.2 机械加工方法

不论是物理回收,还是化学回收、能量回收,复合材料回收的重要环节都是将废旧材料及制品进行分割、破碎、粉磨、分离等,然后才能进行下一步的利用工作。将废旧复合材料加工成块状或粉状是所有复合材料回收技术的基础。加工后的粉料可以混合使用,也可以根据其粒度大小进行筛分,将其分离成富含树脂的部分和富含纤维的部分,富含纤维部分中的纤维具有不同的长度,而且仍然被包裹在树脂中。

2.2.1 切割

对于尺寸较大的废旧制品,尤其是风电叶片、储罐等大型制品,都要进行切割。根据制品的形状和大小及要求的尺寸,采用不同的切割方法和切割设备,既可以用小型手提式切割机,也可以用大型切割机。图 2.2 所示为现场切割及回收厂区内的切割设备。

图 2.2 切割设备(图片由山东龙能新能源有限公司提供)

2.2.2 破碎与粉磨

粉碎后玻璃钢废旧料的尺寸对其回收利用有很大的影响,因此玻璃钢废旧料的破碎与粉磨是其回收利用过程中的一个非常重要的环节。热固性复合材料由于具有高强度、高韧性、耐磨损、耐腐蚀等特点,其破碎和粉磨非常困难,所以破碎与粉磨又是热固性复合材料回收利用过程中的一个难点。国内外对热固性复合材料的破碎和粉磨设备都进行了研究与开发。

日本竹田化学工业公司成功开发一套破碎能力为 300 kg/h、粉碎粒度为 40～50 mm 的废旧复合材料粉碎专用设备。瑞士碎得(SID)公司开发的双轴和单轴破碎机,破碎能力可达 100 000 kg/h,破碎粒度可在 30～300 mm 之间调整。通过对粉碎设备能力的提高,可以增大物理回收的处理量[8]。

广州科宝有限公司设计了一种用于玻璃钢回收的机器,该机器是利用机械的惯性,根据材料中玻纤与树脂材性的差别来调整刀具与回收件的间距而进行拉拽、切割和破碎,从而得到 3～5 mm 的短玻纤和小于 1 mm 细度的树脂颗粒及其细粉混合物。这套机器还可以利用流体力学的技术把纤维进行单独分离回收，这时纤维长度可调节到 15 mm 左右。这是为把短纤维用于增强热塑性塑料而设计的[12]。

传统的玻璃钢破碎采用的锤式破碎机，利用冲击破碎的原理进行破碎，如图 2.3 所示。但由于玻璃钢的强度高、韧性大，锤式破碎机的破碎效率不高。用高清专业摄像机观察锤式粉碎机的工作过程可以发现，玻璃钢废料在粉碎空间是自由的，当锤式粉碎机的锤头冲击玻璃钢废料时，玻璃钢发生变形，在这种变形中吸收了锤头给予玻璃钢废料的大量冲击功。然后玻璃钢废料迅速弹离锤头。伴随撞击过程有少量粉末状碎屑脱离开玻璃钢废料本体，但分离量很少[13]。

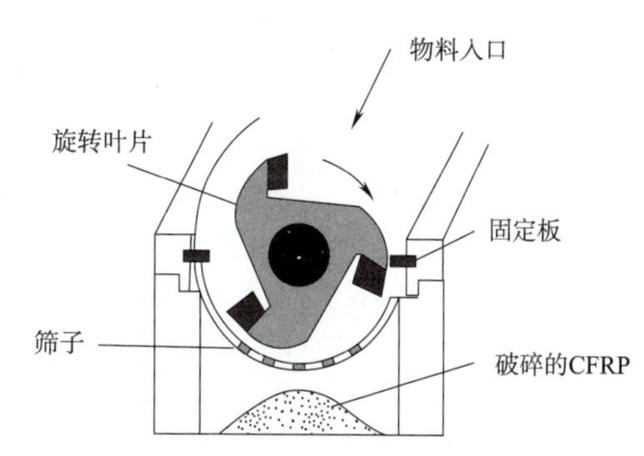

图 2.3　用于纤维增强复合材料破碎的破碎机工作原理[14]

玻璃钢材料的弱点在于其层间的剥离强度很低，检测结果表明，剥离强度在 8～28 MPa 范围内，而拉伸强度在 200～300 MPa 之间。因此，针对玻璃钢层间剥离强度低的弱点，研究开发出了玻璃钢撕碎机[13,15]。由于撕碎机利用了玻璃钢结构上的弱点，使破碎效率大幅度提高。表 2.2 所示为撕碎机与锤式破碎机的对比示例[13]。撕碎机的工作效率(产量/功耗)是锤式粉碎机的 30 多倍。

表 2.2　撕碎机与锤式破碎机的对比

项　　目	撕　碎　机	锤式粉碎机
整机配电容量/kW	47	6
开机时间/h	1	1
产量/kg	1 830	7

图 2.4 所示为美国 SSI(Shredding Systems Inc.)公司的四轴撕碎机的内部结构[16]。

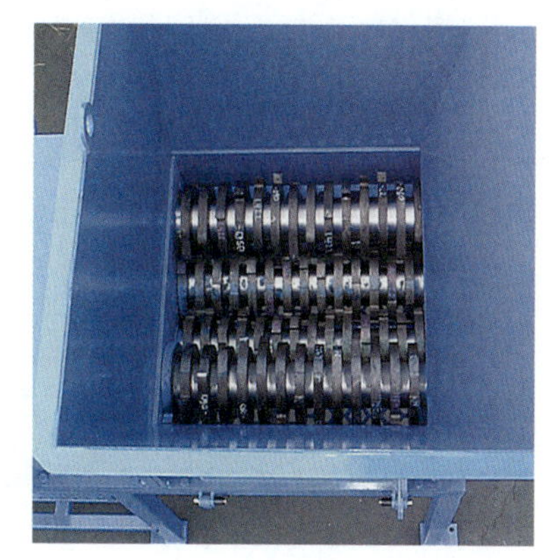
图 2.4　四轴撕碎机

Adams 等[17]设计了一种滚动破碎装置，如图 2.5 所示。通过压辊与复合材料板之间的摩擦力是板内部产生拉应力，将复合材料撕裂。图 2.5(a)中上下压板是平行的，图 2.5(b)是改进型，利用杠杆原理加大摩擦力。这种装置适合处理宽大的薄板状废弃物，并且可以通过调整辊间距和辊径调整破碎参数。

田丰等[18]设计了一种新型废旧玻璃钢物理回收处理工艺，设计了回收处理生产线，并针对现有切割设备难以满足废弃玻璃钢制品切割要求的问题，研发制造了新型的高效切割设备。该设备借鉴了绳锯切割的工作原理，利用金刚石绳作为切割工具，通过磨削方法对废弃玻璃钢制品进行高速切割。

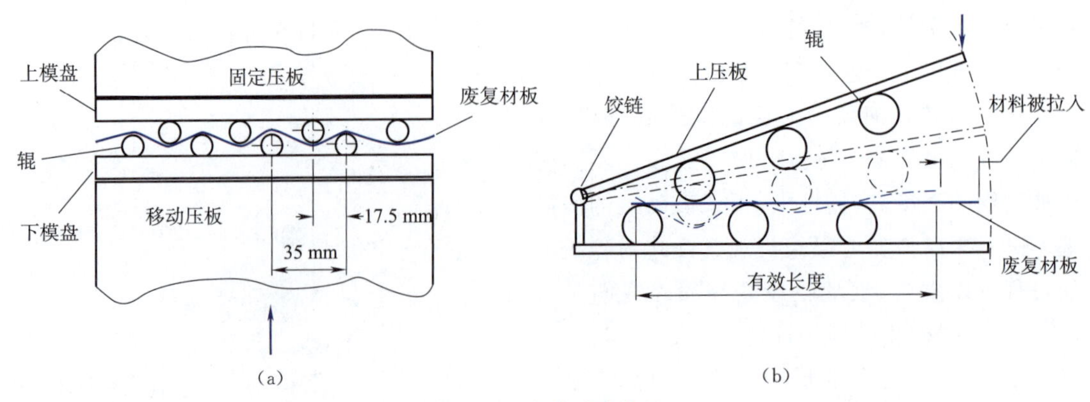

图 2.5 滚动破碎装置

钟艳霞等[19]设计研发了热固性塑料废弃物回收专用设备。该设备参照粉碎机的原理，在锤片、转速、分筛板等方面进行改进，改链击式粉碎为全封闭高速锤击旋转式，经过切割、粉碎、分筛等工序，将玻璃钢废弃物制成一定粒度的再生材料。然后以再生材料为填充材料，辅以树脂、玻纤布(毡)及各种辅料，自动成型生产各种规格的玻璃钢板材。

机械粉碎的方法更多的是用于玻璃纤维增强复合材料，很少用于碳纤维增强的复合材料，这是因为碳纤维增强复合材料的更高的强度和更高的韧性使其更加难于粉碎。Roux 等[20]提出了一种新的粉碎工艺，利用电动力将碳纤维增强热塑性材料撕碎。该方法将要粉碎的材料放在设置有两个电极的水中，使其处在两个电极之间，施加 50～200 kV 的高电压，将材料碎裂成小的碎片。

2.2.3 分离与分级

Palmer 等[21]报道了一种将粉碎的废弃物进行粗细分开的分离器，如图 2.6 所示。该技术利用材料在可控气流中的质量和位移将不同密度、不同形状和不同尺寸的物料分离。每一级都将物料分成“粗”和“细”两种。根据需要可进行多级分离，如图 2.7 所示。

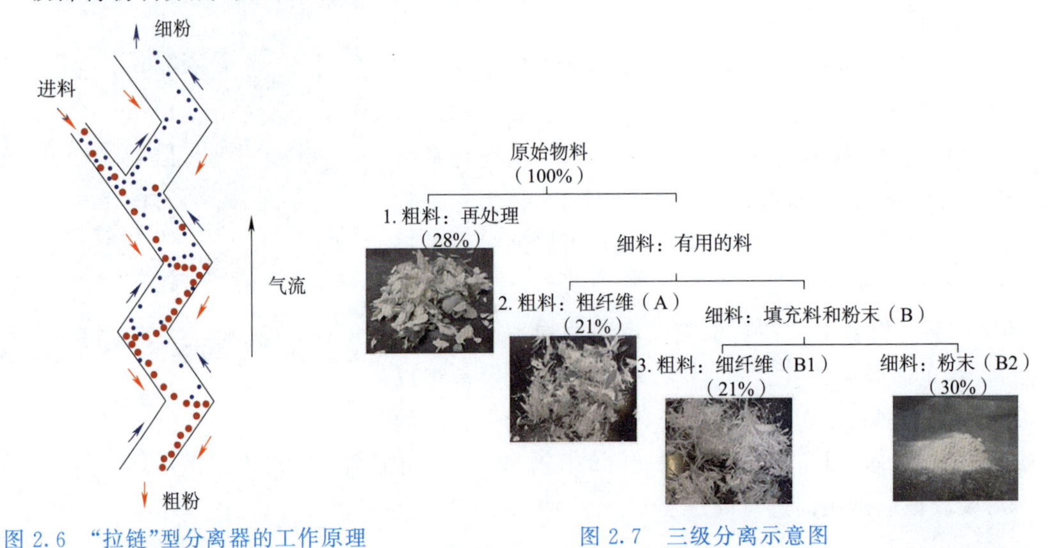

图 2.6 “拉链”型分离器的工作原理

图 2.7 三级分离示意图

2.3　机械回收的热固性复合材料在复合材料中的应用

2.3.1　以颗粒状/粉状形式回收利用

国外将酚醛树脂玻璃钢废料通过锤磨机、针磨机、球磨机等粉碎，将粉碎后的玻璃钢碎料重新加入玻纤增强酚醛树脂中。试验结果显示，以质量分数 4%～12%加入直径 76～200 μm 的细颗粒或以质量分数 15%加入 240～600 μm 的大颗粒，都对其力学性能没有不良影响[8]。陈晓松等[22]研究发现对玻璃钢废旧料粉末表面进行有机化处理后，可以有效改善其与基体树脂的界面黏结，提高所制备的复合材料的力学性能。

将玻璃钢边角料粉碎后作为夹芯料制备夹芯玻璃钢，所得玻璃钢的弯曲强度超过了150 MPa[12]。这种玻璃钢可用于制造音响设备、台面、凳面等制品。

玻璃钢废弃物回收粗粉碎粒料用于 BMC，用量可达 50%；粉料用于 SMC，用量可达30%；以 SMC 废弃物回收粉料为例，全部取代 $CaCO_3$ 和玻璃纤维制得的 BMC 制品力学性能是标准 BMC 的 70%，而充模性能提高 50%～100%，密度下降 15%以上。用于 BMC 的粗粉碎料中的纤维较标准 BMC 中的纤维的增强效果差。玻璃钢废弃物回收粉料用于BMC、SMC 材料性能见表 2.3 和表 2.4。由表 2.3 和表 2.4 可以看出，回收料在 BMC 和SMC 中用量分别达到 50%和 30%时，对材料的机械性能影响不大，但却使材料比重下降较大，可制得轻质产品[11]。

王继辉等[23]报道了一种国外把玻璃钢废料粉碎后用作制造玻璃钢填料的方法。把废SMC 板材用切断型粗碎机先粗碎成 50～200 mm，再用细碎机粉碎成能通过筛孔尺寸为40 mm 的料粒，最后用旋转或粉磨机磨成平均直径很小的球状颗粒粉料。试验证明，用这种方法所得的玻璃钢粉料，可以代替碳酸钙用作玻璃钢填料。如果粉磨前用特殊的分选设备进行分选处理，除去玻璃钢废料中的玻璃纤维，再用旋转式粉磨机进行粉磨，这样制得的粉料的性能与 SMC 用碳酸钙的性能非常接近。在树脂混合物中加入 10%～15%玻璃钢粉料，不会降低 SMC 汽车车身板的强度，也不会降低制品的表面平整性，但可以降低制品的比重。

王辉等[24]在对聚氨酯复合材料的研究中发现，与聚乙烯粉末、碳酸钙粉末等填充物相比，在聚氨酯中加入 10%的 FRP 粉末更有利于树脂的拉伸及弯曲性能的提高。

刘媛[25]采用破碎-分级利用加填的方式，对废弃玻璃钢进行破碎-分级处理，得到颗粒料，然后以其为填料，以聚丙烯作为基体树脂，通过熔融共混-模压法制备聚丙烯基复合材料，探究了颗粒料在未经处理的前提下，不同形态和添加量对复合材料力学性能、断面形貌、热稳定性和结晶性能的影响。发现复合材料的拉伸强度、断裂伸长率和冲击强度随玻璃钢粒料填充量的增加而减小，弹性模量、弯曲强度、弯曲模量变化趋势与之相反。

Schinner 等[26]将碳纤维增强聚醚醚酮树脂（C/PEEK）粉磨，以不同的质量比掺入到原PEEK 树脂中，采用注射成型，得到一种新材料，其机械性能可以与原材料相比，甚至更好。弹性模量随掺加量的增加而增大，掺加量从 30%（质量分数）增加到 50%（质量分数）时，弹

表 2.3　含不同用量玻璃钢废弃物回收粉料的 SMC 配方及性能对比

商品性能	SMC1				SMC2				SMC3			
	树脂/份（质量）100	$CaCO_3$/份（质量）125	回收粉料/份（质量）0	CF(5.4 cm)/% 30	树脂/份（质量）100	$CaCO_3$/份（质量）78	回收粉料/份（质量）32	CF(5.4 cm)/% 30	树脂/份（质量）100	$CaCO_3$/份（质量）36	回收粉料/份（质量）60	CF(5.4 cm)/% 30
收缩率/%	0.06				0.07				0.08			
比重	1.73				1.64				1.59			
拉伸强度/MPa	78				77				79			
拉伸模量/GPa	11.76				11.53				11.15			
弯曲强度/MPa	200				213				186			
弯曲模量/GPa	12.33				11.80				11.35			
冲击强度/(kg·cm·cm^{-2})	82.0				87.4				86.0			

表 2.4　含有玻璃钢废弃物粗粉碎回收料的 BMC 配方及材料性能对比

材料性能	配方 A				配方 B				配方 C			
	树脂/份（质量） 100	粗粉碎物/份（质量） 178	$CaCO_3$/份（质量） 74	其他/份 6.4	树脂/份（质量） 100	粗粉碎物/份（质量） 178	$CaCO_3$/份（质量） 74	其他/份 6.4	树脂/份（质量） 100	粗粉碎物/份（质量） 178	$CaCO_3$/份（质量） 74	其他/份 6.4
固化特征 GT(S)	39				38				42			
固化特征 CT(S)	56				56				59			
比重	1.63				1.65				1.55			
弯曲强度/MPa	43.4				40.2				36.2			
弯曲模量/GPa	5.38				5.37				6.88			
拉伸强度/MPa	17.7				16.2				13.3			
拉伸模量/GPa	6.16				6.42				5.12			
冲击强度/($kg \cdot cm \cdot cm^{-2}$)	8.2				6.3				5.8			
冲击强度/($kg \cdot cm \cdot cm^{-2}$)	12.7				9.0				4.8			
压缩强度/MPa	20.1				77.1				111.1			

材料性能	配方 D				配方 E				配方 F			
	树脂/份（质量） 100	粗粉碎物/份（质量） 178	$CaCO_3$/份（质量） 74	其他/份 6.4	树脂/份（质量） 100	粗粉碎物/份（质量） 178	$CaCO_3$/份（质量） 74	其他/份 6.4	树脂/份（质量） 100	粗粉碎物/份（质量）	$CaCO_3$/份（质量） 270	其他/份 6.4
固化特征 GT(S)	36				43				38			
固化特征 CT(S)	51				62				56			
比重	1.66				1.67				1.93			
弯曲强度/MPa	41.4				35.9				100.5			
弯曲模量/GPa	6.33				5.66				12.62			
拉伸强度/MPa	21.9				18.6				43.4			
拉伸模量/GPa	6.82				6.60				12.50			
冲击强度/($kg \cdot cm \cdot cm^{-2}$)	6.3				6.8				28.0			
冲击强度/($kg \cdot cm \cdot cm^{-2}$)	8.6				6.8				31.5			
压缩强度/MPa	115.7				96.4				130.5			

性模量增大60%。然而抗拉强度降低,但是降幅较小,掺加量从30%(质量分数)增加到40%(质量分数)时,抗拉强度增大2%~15%,随后掺加量从40%(质量分数)增加到50%(质量分数)时,抗拉强度降低6%~8%。C/PEEK粉磨料的掺加量对应变能力影响较大,掺加量从30%(质量分数)增加到40%(质量分数)时,对应变能力几乎没有影响,但是掺加量从40%(质量分数)增加到50%(质量分数)时,应变能力降低18%~36%。当采用模压成型时,在不掺加原PEEK树脂的情况下,可以使抗弯性能改善,压力为0.5 MPa时,提高18%。然而,成型压力越高,抗弯性能越差。这可能是由于纺线现象使纤维之间的树脂减少。他们还用未经粉磨处理的C/PEEK直接进行成型,得到的材料在机械性能上几乎没有什么变化。这种方法可能适用于生产过程中产生的边角料,他们未用服役期满的材料进行试验。他们认为有必要进行拉拔试验,以分析回收纤维表面上的剩余树脂与新树脂之间的结合能力。

Derosa等[27]研究了将磨细的SMC用于制备BMC。他们用含有不饱和聚酯SMC的回收料作为增强材料制备不饱和聚酯BMC,考察了不添加SMC回收料和100%添加SMC回收料的BMC的抗拉强度和模量,发现抗拉强度和模量均有所下降。微观分析发现在回收料与新树脂之间的界面处有裂纹存在。他们认为,尽管纤维长度和纤维含量可能对回收料的BMC强度有影响,但有足够的证据说明回收料与新基质之间较差的结合是强度降低的主要原因,因此加强回收料与新基质之间的结合是改善含回收纤维的BMC强度的关键。

英国的RRECOM(the Recycling and Recovery from Composite Materials)计划聚焦于将适当粉磨的热固性回收料用作聚合物功能性填充料再利用的策略和技术,使其成为高附加值的产品[28,29],开发了一种连续的一体化的混合工艺,该工艺包括粉磨、干燥和挥发组分抽取、增强组分与基质的结合、最优化搅拌、材料装模成型等。回收料与聚合物基质结合,并保证有效分散和浸透。从工业废料中得到了一系列含有纤维增强聚酯树脂和酚醛树脂的聚合物组成。热固性回收料作为填充料成功地掺入聚丙烯,与不掺的相比,机械性能得到加强。纤维增强酚醛树脂回收料也成功掺入聚酯树脂中,与不掺的相比,改善了其阻燃性能(减少了火中的烟气释放量)。

德国的BASF公司申请了一个专利[30],将热固性材料SMC做成颗粒进行回收。该材料含有大量的增强纤维,主要用于结构材料。该专利提出并建立了一个闭环工艺系统,包括多个步骤。废SMC材料用锤式磨减小其尺寸,然后按尺寸进行分离。粗颗粒返回到系统中,细颗粒进行筛分,得到几个纤维等级。分级的纤维用于原增强塑料的制造。这些回收的纤维可以取代10%~30%的传统纤维,且对质量没有负面影响。实际上,他们宣称节约了10%的质量。这个系统也可以用于玻璃纤维增强热塑性塑料。

热固性塑料废弃物已经被成功地作为功能性填料用于热塑性塑料中。这种填料比聚合物便宜,有利于降低最终产品的成本。在这个特殊工艺中,热固性塑料是经过物理和化学改性的。当其与聚合物结合时,它会强化材料的性能。为了强化回收料与原聚合物之间的结合,改性是必需的。这项工作是RRECOM研究工作的一部分,该组织是以英国为基础的联盟,由16个公司和两所大学[布鲁内尔(Brunel)大学和诺丁汉(Nottingham)大学]组成。

Mamanpush 等[31]研究了风电叶片的回收利用。他们用锤磨机将叶片粉碎成不同粒度的颗粒(12.7 mm、6.35 mm、3.18 mm、1.59 mm)，再用多亚甲基多苯基多异氰酸酯(PMDI)树脂作为黏结剂，加压制成复合材料板，制备过程如图 2.8 所示。他们评估了颗粒尺寸、湿含量、密度和树脂用量对再生复合材料的静态弯曲强度、内聚力、吸水率等机械性能和物理性能的影响。试验结果是再生复合材料板的性能得到总体改善。例如，由风电叶片回收材料制备的复合材料板的抗水性能优于木质颗粒基板材。他们认为，风电叶片的机械回收是提供可靠原料且不增加材料成本的低成本可选方法。

(a)寿命到期的风电叶片　(b)粉碎加工　(c)热压成型

图 2.8　风电叶片的回收利用[31]

2.3.2　以纤维形式回收利用

将养护的热塑性模具碎片进行粉磨，得到的碳纤维和凯芙拉(Kevlar)纤维可用于运动器材，如滑雪板和滑水板[32]。碳纤维比凯夫拉纤维能够更好地改善器材的机械性能。试验表明，当回收纤维的掺量和/或纤维的长度过大时，浆体会太黏稠，难于搅拌，树脂不能均匀地充满纤维表面。最好的结果是，纤维长度 0.5 mm，在环氧树脂中的掺量为 1%时，使强度提高 16%；在聚氨酯泡沫中最高掺到 0.5%，使其抵抗破坏的能力提高约 15%。

Kouparitsas 等[33]对粉磨和筛分后的碳纤维、玻璃纤维和芳纶纤维进行了表征，并将分离出的富含纤维部分重新用于热塑性树脂。在聚丙烯中掺入质量分数为 40%的粉磨玻璃纤维，和在离子交联聚合物树脂中掺入质量分数为 15%的粉磨芳纶纤维，所得到的抗拉强度与用原纤维相同。在离子交联聚合物中掺入质量分数为 20%的粉磨碳纤维，结果显示，与用原碳纤维增强的树脂相比，抗拉强度下降约 35%。

Palmer 等[34]将粉磨的热固性碳纤维增强复合材料(CFRC)重新用于 SMC。他们使用一种分级和筛分方法，将粉磨的 CFRC 分成四个颗粒等级。其中一个等级含有细小的纤维束，其长度为 5～10 mm。它们的长度和硬度类似于通常用汽车 SMC 的玻璃纤维束。这个等级的量占回收料质量的 24%，其中纤维的含量占 72%。原玻璃纤维的 20%被这种碳纤维回收料取代，所得到的 SMC 复合材料的性能达到了 A 级汽车等级的标准，并且有很好的表面特性。然而，这种方法只能利用原始材料的 1/4，在新材料中也只能取代 20%。

Pickering[1]报道称热塑性复合材料粉末中的纤维部分难以再利用，尤其是作为增强材料使用，即使在掺加量较低时也是如此，因为使用回收料的制品的性能会显著降低，其原因是回收料与新树脂之间的结合力比较弱。然而，Palmer 等[21]的研究显示，当在 DMC 中掺入质量分数为 10%的来自 SMC 的纤维(类似于原始的纤维束)，搅拌时间对所得材料的力学性能有较大的影响。与标准搅拌时间相比，延长对含有回收料浆体的搅拌时间能够改善所得材料的机械性能，从而能够达到标准材料的性能要求。这说明改善回收料与新树脂之间界面非常重要。

由机械方法回收的纤维部分看起来更适合用于 BMC 或 SMC 中，然而实际上更适合掺入热塑性树脂中。这可能是由于纤维对热塑性树脂有更好的黏着力，因为它们之间黏结不依赖于化学反应，因此它们之间的黏结更多的是靠机械作用而不是化学作用。考虑到掺入这种回收料对所得材料性能的影响，这种回收的纤维不能再用于承重结构中[5]。

2.3.3 以块状/片状形式回收利用

Takahashi 等[35]将热固性 CFRC 破碎成约 1 cm×1 cm 的方片，掺入到热塑性树脂中(ABS 和 PP)，用注射成型法制备新材料。与不掺 CFRC 碎片的树脂相比，加入体积分数为 30%的 CFRC 碎片材料，除断裂弯曲应变外，其他机械性能表现得更好，甚至可以与具有相同掺量原碳纤维增强的 ABS 相比。对于 PP，具有相同的趋势。他们重复进行了四次注射成型试验，试验过程对所得材料的性能没有明显的影响。所得材料的性能可以与现有的玻璃纤维增强热塑性塑料(GFRTPs)相比。

Ogi 等[14]用锤式破碎机将热固性 CFRCs 破碎成碎片，其平均长度×宽度为 3.4 mm×0.4 mm，长度变化在 1～10 mm 之间。一部分进一步用球磨机磨细，磨细的颗粒尺寸大部分为 1～10 μm。所得材料的机械性能表征显示，破碎的 CFRCs 比磨细的 CFRCs 有更好的增强作用，这是由于破碎的 CFRCs 中有更长的纤维。在该研究中，破碎 CFRCs 的最佳掺加量是 50%(质量分数)，超过这个量时，机械性能就会随着掺加量的增加而劣化。根据他们的研究，破碎过程可以从纤维的部分表面去除环氧树脂。但是，从使用不同纤维掺量材料的应力—应变曲线的非线性特征看，其原因是在测试过程中由于纤维与树脂的剥离及树脂的开裂使得内部产生了微观破坏。这意味着热塑性树脂与纤维之间的黏结是材料最主要的弱点。研究同时观察到，纤维在注射流方向上有取向性，以单纤维或纤维束的形式存在。

Adams 等[17]对四种不同形式的复合材料的回收进行了研究，包括 GRFP 浴室组件、GRFP 船体、环氧树脂浸渍的玻璃纤维和碳纤维编织布、单向碳纤维预浸件。他们利用复合材料层间结合力较弱的特点，将船体等撕裂成片状和条状，并进一步将条状破碎，得到纤维和树脂，将得到的 GFRP/CFRP 薄片和条再通过加热成型为新的板材和管材。结果显示，利用该方法，得到的新材料的机械性能可以达到原材料的 50%以上，包括杨氏模量、拉伸强度、层间剪切强度。

2.4 机械回收的复合材料在混凝土中的应用

2.4.1 作为混凝土骨料

在玻璃钢废弃物的回收应用中，将玻璃钢废弃物用于硅酸盐水泥砂浆或混凝土中部分取代骨料，是非常有潜力的应用之一。Yazdanbakhsh 等[36]对国外在该方面的研究情况作了比较全面的评述。已有的研究包括多个变量的影响，如水泥基材料的类型(混凝土、砂浆)、水灰比(W/C)、水泥基材料的组分及配比、FRP 废弃物的类型(GFRP、CFRP、纤维含量、树脂类型)、FRP 回收物的粒度、取代骨料的类型(细骨料、粗骨料)。他们归纳了不同研究者用 FRP 废弃物替代骨料对强度的影响,如图 2.9 所示(图中参考文献编号是指原文中的参考文献编号)。

1. 作为细骨料使用

Correia 等[2] 用 GFRP 细废料代替混凝土中 0%～20% 的砂子,评估了对新拌混凝土和硬化混凝土性能的影响。所使用的 GFRP 细废料中 SiO_2 为 23.67%、Al_2O_3 为 18.73%、CaO 为 11.78%、烧失量(LOI)为 42.96%,细度为 96%小于 63 μm。当取代量大于 5%时,强度和耐久性性能都会下降,但是低掺量时还是可行的,尤其是一些对于机械性能要求不高的混凝土构件。

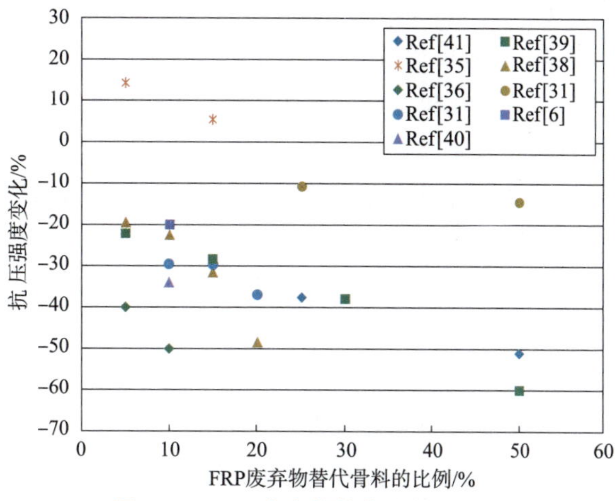

图 2.9 FRP 废弃物替代骨料对混凝土抗压强度的影响[38]

Castro 等[6,37,38] 提出一种方法,将在拉挤成型过程中产生的废弃物经机械粉碎,作为细骨料和填料掺入聚合物基混凝土材料中,尤其是用于聚酯树脂聚合物砂浆中。为了达到良好的成本效益,在配合比设计中考虑了好几个材料参数,如回收料的掺加量、形貌、颗粒级配、添加黏结增加剂等,试图使所得制品的机械性能达到最优化。优化过程还采用了计算机智能方法——模糊布尔网络(fuzzy boolean networks,FBN)。配合比中不饱和聚酯树脂的质量分数为 20%,GFRP 回收料对砂子的取代率为 0%～15%。试验分两个系列,一个系列不加入黏结促进剂,一个系列加入黏结促进剂(1%活性硅烷偶联剂)。研究结果表明,当 GFRP 回收料对砂子的取代率为 12%时,所得聚合物砂浆的抗折强度和抗压强度总体上都是增加的,掺加量为 8%时,抗折强度和抗压强度达到最大值,分别比不掺时增加 60%多和 30%多。加入硅烷偶联剂能显著提高聚合物砂浆的抗折强度和抗压强度。

如果说尺寸较大 FRP 颗粒的纤维性质和细长形状影响其在混凝土中作为粗骨料的使用,那么是否可以将其磨得更细,作为填充料使用呢? Asokan 等[39] 的试验显示,用 GFRP 废弃物颗粒代替砂子(取代率为 5%和 15%),可使混凝土的力学性能(抗压强度、抗拉劈裂强度)和耐久性能(收缩、表面初始吸附和吸水率)得到显著改善。但是他们的早期研究显示,同样的取代过程,其效果却没有这么好[40]。

Tittarelli 等[41] 将 GFRP 废弃物粉末分别用于水泥砂浆(取代率为 10%、15%和 20%)和自密实混凝土(取代率为 25%和 50%),结果显示机械性能有显著降低,尽管有些耐久性能有所改善。他们进一步降低 GFRP 废弃物粉末的用量进行研究。当对砂子的取代率(体积分数)为 5%～10%时[42],GFRP 废弃物粉末的加入延缓水泥浆体的凝结;降低水泥浆体的黏度和屈服应力,从而提高工作度;增加水泥浆体的总开口孔隙率,但降低平均孔径;在湿养护时，明显降低砂浆的抗压强度，干养护时，降低幅度显著减小；降低砂浆的断裂模量，但是提高其延展性；增加砂浆的自收缩；稍微降低约束收缩时的开裂风险。当取代率进一步降低(2.5%、5.0%)时[43]，同时加入硅烷偶联剂，GFRP 废弃物粉末的加入能有效提高砂浆的工作度；低掺量时，对抗压强度没有明显的影响，尤其是同时掺入硅烷偶联剂时，抗折强度有所提高；不降低砂浆的渗透性，但可改善其绝热性能；GFRP 废弃物粉末的加入可明显降低砂浆的毛细孔吸水能力；GFRP 废弃物粉末和具有疏水性能的外加剂同时使用，可以提高砂浆的抗风化能力。

由 Englund 和 Nassiri[44] 带领的研发团队采用机械研磨的方式将从波音公司回收来的碳纤维复合材料废料细化至理想的尺寸和形状，并加入混凝土之中制备透水混凝土。碳纤维复合材料的加入显著提高了原有透水混凝土材料的耐久性和使用强度。

2. 作为粗骨料使用

Shahria 等[45] 将 GFRP 切割成碎片，尺寸在 5～30 mm 之间，作为骨料制备混凝土，研究其对新拌混凝土和硬化混凝土性能的影响。他们将制造水滑道的多余部分切割成小方块，如图 2.10 所示。这种 GFRP 的表面涂有一薄层胶体，以便使其更光滑。用这种 GFRP 方块分别代替粗骨料 25%和 50%(体积分数)制备混凝土，水灰比为 0.4。

GFRP 方块的尺寸与粗骨料的最大尺寸相同，但是 GFRP 方块的尺寸比较单一，而粗骨料有很好的级配。GFRP 块状颗粒代替粗骨料导致混凝土的抗压强度和抗折强度分别下降 50%和 40%。他们认为 GFRP 光滑的表面使其与砂浆之间的黏结力较差是强度下降的主要原因。另外，GFRP 的平板形状和较差的颗粒级配也是导致混凝土机械性能较差的可能原因。

图 2.10　用作混凝土骨料的 GFRP 方块

Ogi 等[46] 研究了三种 CFRP 废弃物片对混凝土性能的影响，将 CFRP 切割成片状，其尺寸(长×宽)包括小尺寸(3.4 mm×0.4 mm)、中尺寸(9.9 mm×2.2 mm)、大尺寸(21.0 mm×7.7 mm)，厚度为 0.05～0.2 mm。保持水灰比(W/C 为 0.45)不变，增加 CFRP 废弃物片的比例，依次为 0、0.05、0.075、0.1。新拌混凝土的状态显示，不论是哪一种尺寸，随着掺量的增加，工作性降低。这说明掺入 CFRP 废弃物片，如果要达到相同的工作度，则需要增加用水量，提高水灰比。硬化混凝土的性能显示，随着 CFRP 掺量的增加，混凝土的抗折强度增加，抗压强度稍微增加。随着回收料尺寸的增大，抗折强度和抗压强度都有下降趋势。但是，这种平均的变化趋势的数据是相当分散的，最大可能是由颗粒细长的形状引起的，这使得混凝土性能产生各向异性。这可能是将 FRP 废弃物用作混凝土粗骨料最难解决的问题。

Yazdanbakhsh 等[47] 将 GFRP 风电叶片通过机械加工，做成细长的棒，称为“针”，如图 2.11 所示。截面尺寸为 6 mm×6 mm，长度为 100 mm。他们用这种细长的棒代替 5%和 10%(体积分数)的粗骨料制备混凝土，研究了对新拌混凝土和硬化混凝土的几个重要性能的影响。他们发现，这种针状物并不对新拌混凝土的稳定性和工作度产生负面影响。尽管针状物对混凝土的抗压强度、抗拉强度和抗折强度没有明显影响，但是却使混凝土的吸收能量的能力(韧性)有显著的增加，当取代量为10%时，吸能能力从对比样的1.2 J提高到33.3 J。聚合物的熔化试验显示，由于叶片切割时有方向性，在大部分针状物中，玻璃纤维垂直于针状物的轴向，因此也垂直于针状物拉应力的方向。尽管纤维横向排列的针状物提高了混凝土的机械性能，但是如果叶片的切割方向能够优化，使得纤维在大部分针状物中能够沿着其长度方向排列，那么对性能的提高作用可望更好。

Yazdanbakhsh等[48,49]还曾将叶片加工成粗短状圆柱体和细长圆棒，如图2.12所示。粗短柱的圆柱体因其较光滑的表面，与混凝土基体的黏结力较弱，混凝土的各项性能均下降。细长圆棒尽管使混凝土的抗拉强度和吸能能力提高，但是却使抗压强度下降。所以，对于混凝土性能来说，这两种形状都不如图2.11所示的形状好。

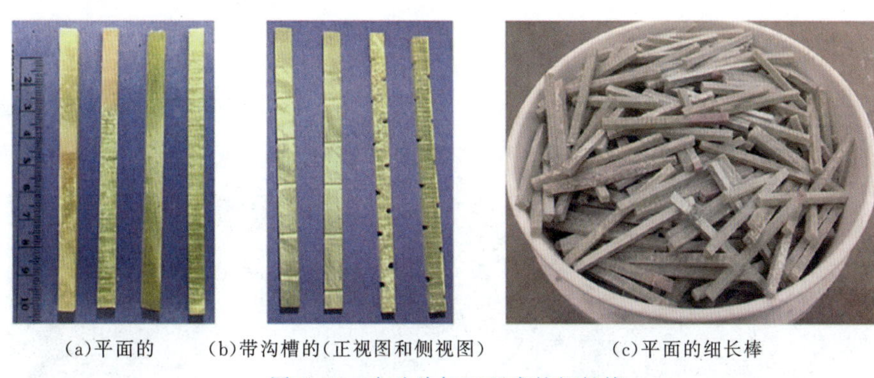

(a)平面的　(b)带沟槽的(正视图和侧视图)　(c)平面的细长棒

图2.11　由叶片加工而成的细长棒

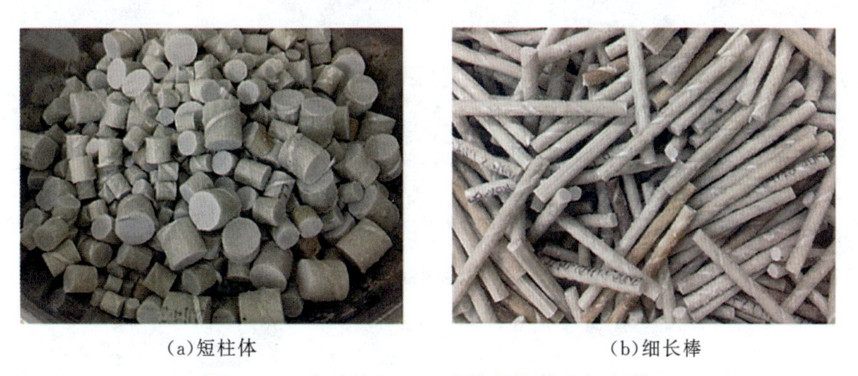

(a)短柱体　(b)细长棒

图2.12　由叶片加工而成的短柱体和细长棒

2.4.2　作为混凝土增强材料/填料

苏仕宾等[50]将回收的玻璃纤维用于砂浆中，并研制了与之配套的纤维分散剂，在不改变配比的情况下，可以提高砂浆的工作性能。

田正波等[51]报道了某铜冶炼厂将玻璃钢粉碎料应用于树脂混凝土泵基础、地坑、设备等的制作。将破碎后的玻璃钢粉料作为填料按比例添加在树脂混凝土中，然后浇捣成泵基础、地坑和树脂混凝土槽等设备。因为粉碎料中有短纤维、已固化的树脂颗粒，能显著提高树脂混凝土的抗收缩性、韧性和抗裂性。

Rajabipour 等[52]研究了玻璃纤维颗粒在水泥基材料中的碱硅酸反应（ASR）活性问题。他们按照砂浆棒法（ASTM C1260[53]）进行了碱硅酸反应活性检测，并用 SEM-EDS 进行了观察和分析。他们的观察表明，对于小于 0.6 mm 的颗粒，ASR 是极小的和微不足道的。基于他们的研究，把废玻璃纤维或玻璃毡磨细后用于水泥基材料中，将不会引起 ASR。Tittarelli 等[41]也研究了磨细 GFRP 的碱硅酸反应活性，他们没有发现存在于废弃物中的玻璃有任何的潜在破坏反应活性。

2.5 机械回收的复合材料的其他应用

1. 机械回收的复合材料在公共设施中的应用

对于大型复合材料制品，如风电叶片，经切割后可以作为公共设施，如下水管道、公园的座椅、护栏、建筑装饰品、下水篦板等[54]，如图 2.13 所示；还可以制作儿童公园的构筑物、公交候车厅等[55]，如图 2.14 所示。

图 2.13 利用风电叶片制备的公共设施制品

图 2.13 利用风电叶片制备的公共设施制品(续)
(图片由山东龙能新能源有限公司提供)

图 2.14 用风电叶片制作的公园构筑物

2. 机械回收的复合材料在沥青中的应用

研究表明[56],在 20 mm 厚的密实沥青中掺入少量的 GFRP 废弃物(约为总量的 1%),用于道路建设,对材料的性能只有微不足道的影响。

Woodward 等[57]研究了玻璃纤维增强复合材料废弃物是否可以用于道路建设用的沥青拌合物中。撕碎的玻璃纤维增强复合材料废弃物添加量达 6%,发现由旋转压实成型得到的试件,冷却以后有 15%的体积膨胀,这导致了试件较差的结构凝聚力。

封孝信课题组将玻璃钢生产过程中产生的边角料粉磨后用于制备沥青路面材料,进行了两方面的研究:一是将玻璃钢废弃物料作为沥青的填料使用;二是将玻璃钢废弃物料作为沥青改性剂使用。研究了取代量对搅拌温度、搅拌时间、流值及稳定度等参数的影响。图 2.15 所示为取代量对沥青的流值和稳定度的影响。试验结果表明,玻璃钢废弃物可以作为沥青的填料使用,适宜的参数为:取代量 3.0%,油石比 5.0,搅拌时间 5 min,搅拌温度 160 ℃。也可以用玻璃钢废弃物对沥青进行改性,其适宜参数为:掺加量 3.0%,油石比 5.0,搅拌时间 7.5 min,搅拌温度 170 ℃。

3. 代替水泥原料

Pickering 等提出一种利用 FRP 中非燃烧组分(石英、石灰石等)的方法,即在水泥窑中燃烧 FRP。这种方法就是用 FRP 中的非燃烧组分代替水泥原料黏土和石灰石,同时减少标准燃料的需要量。他们报道,在水泥窑中用玻璃-聚合物复合材料代替标准燃料的比例达到

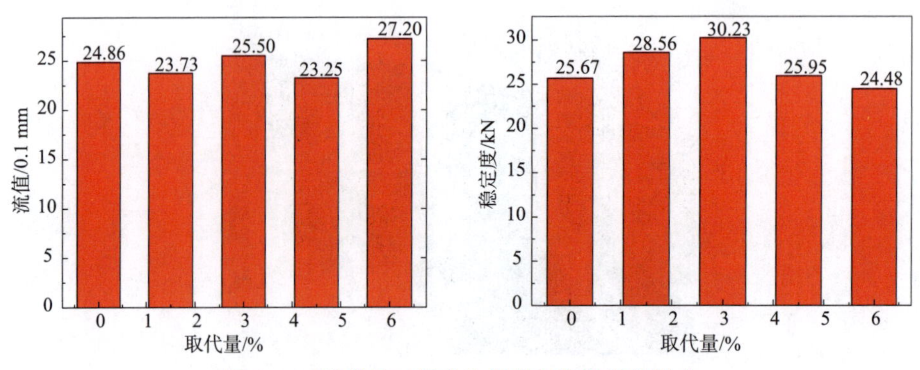

图 2.15 取代量对沥青的流值和稳定度的影响

10%时，对水泥的性能没有明显的影响。当更高取代比例时，氧化硼的存在将会对水泥的早期性能有不利影响[58]。

4. 制备陶瓷制品

Kinoshita[59,60]等用黏土和破碎的 FRP 制备了陶瓷路面砖及高强多孔陶瓷。Yusuke 等[61]用黏土和破碎的 FRP 制备了高透水性陶瓷便道砖，废 FRP 的质量分数占 40%～60%。制备的便道砖符合强度和透水性要求。

Yasui 等[62]用黏土和 GFRP 废弃物制备了多孔陶瓷，并用作染料吸附材料，并用于污水处理。结果显示，在还原气氛下用黏土和 GFRP 废弃物制备的多孔陶瓷的吸附性比用黏土制备的多孔陶瓷的吸附性大，且随着 GFRP 废弃物掺量的增加吸附性增大。

5. 制备人造木材

Demura 等[63]用废 FRP 粉制备人造木材。将废 FRP 粉与其他组分混合，包括水泥组分、碳纤维等，然后蒸压而成。该材料可以像天然木材一样进行钉和锯。

George 等[64]将回收的玻璃纤维复合材料用于高密度聚乙烯制备木塑制品。研究表明，粉磨的玻璃纤维复合材料能显著增加抗拉和抗弯曲强度，但是降低抗冲击强度。而粉磨的玻璃纤维比木粉有更大的增强效果，但是木粉对抗冲击强度没有明显的影响。

6. 制备人造花岗岩

吴建军等[65,66]提出用废 FRP 制备人造花岗岩的方法。废 FRP 的加入量为 7.5%时，与不加的相比，人造花岗岩的抗折强度和抗压强度分别提高了 11.3%和 65%。

7. 用作造纸填料

为了拓宽废弃玻璃钢的再利用范围，刘媛[25]尝试用其粉末代替传统填料，通过内部加填的方法与纤维进行混合，制备纸张。研究发现，相比于植物纤维纸，虽然添加玻璃钢使得 PET 浆粕纸强度下降，但是玻璃钢中的玻璃纤维对 PET 纸在一定程度上也起到增强作用。

8. 用于夹砂管道

利用热固性纤维增强塑料废弃物制成粒料，取代或部分取代玻璃纤维增强塑料夹砂管道（简称 RPM 管）中间层的石英砂，该粒料由树脂和玻璃纤维组成（纤维质量分数约为 65%），该种粒料与树脂的黏结性比石英砂与树脂之间的黏结性更好。加入一定比例的粒料部分取代 RPM 管芯层中的石英砂，提高芯层的强度和芯层与内外结构层的黏结，在不影响产品性能，且生产成本不增加的前提下，使玻璃钢废弃物得以充分利用[19]。

9. 用于防腐面层

田正波等[51]报道将玻璃钢粉碎料用于混凝土楼地面的防腐面层和钢平台及走道的防腐面层。

(1)用于混凝土楼地面的防腐面层。采用乙烯基酯树脂作为基体材料，破碎后的玻璃钢粉料作为填料。混凝土基层干燥至含水率小于 5%后对混凝土基层进行处理，铲去浮砂层，使混凝土基层表面牢固，然后刷底漆；再施工玻璃钢隔离层；最后将树脂和玻璃钢粉料等骨料的混合料作为防腐蚀面层进行施工。采用该方法施工的混凝土楼地面防腐面层厚度一般为 6～8 mm，与铜冶炼厂常用的呋喃树脂混凝土防腐面层相比，厚度大幅降低，成本也大幅降低，且施工的楼地面防腐蚀面层可进行着色，比黑色的呋喃树脂混凝土防腐面层美观。

(2)用于钢平台及走道的防腐面层。先对钢平台进行表面处理，通过喷砂或手工除锈至钢材露出金属光泽并有均匀的粗糙度即可；表面处理完成后，8 h 内涂刷底漆；再铺覆玻璃钢隔离层；最后将乙烯基酯树脂和玻璃钢粉料的混合料直接涂敷至隔离层上。该方法相比使用防腐涂料：一是可以提高整个平台或走道的耐磨性；二是成本低廉；三是防腐蚀性能更为优良；四是使用寿命长。

10. 用作橡胶填料

叶林忠[67]在丁腈橡胶中填充了 20%的玻璃钢废旧料粉末，结果表明玻璃钢废旧料粉末的填充对橡胶有补强作用。

11. 制备陶粒及砌块

封孝信课题组将玻璃钢生产过程中产生的边角料粉碎后用于制备建筑陶粒[68]。将磨细的玻璃钢废弃物与粉煤灰、砂土等配合，经成球、煅烧得到陶粒。图 2.16 所示为经过不同温度和不同煅烧时间得到的陶粒，图中(a)、(b)和(c)的原料中玻璃钢废弃物的质量分数分别为 38%、36%和 40%。实验结果证明，玻璃钢废弃物与粉煤灰、砂土等配合，可以制备出符合国家标准的陶粒。例如，当原料配比为玻璃钢废渣 38%，砂土 22%，粉煤灰 35%，碱渣 5%，煅烧温度为 1 210 ℃，煅烧时间 30 min 时，所制备陶粒的堆积密度为 870.2 kg/m^3，筒压强度为 5.26 MPa，1 h 吸水率为 1.42%。

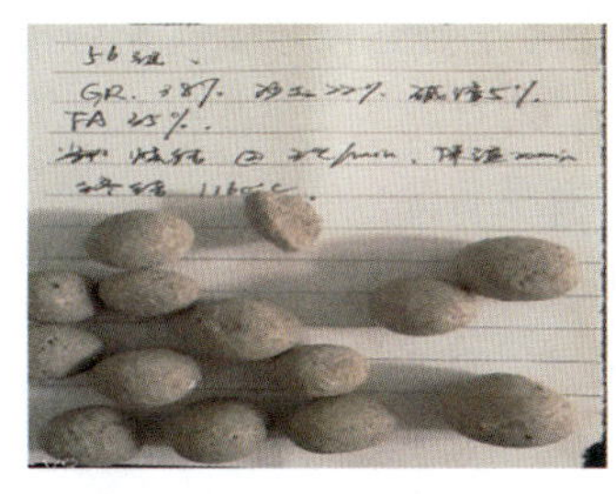

(a)1 160 ℃，20 min

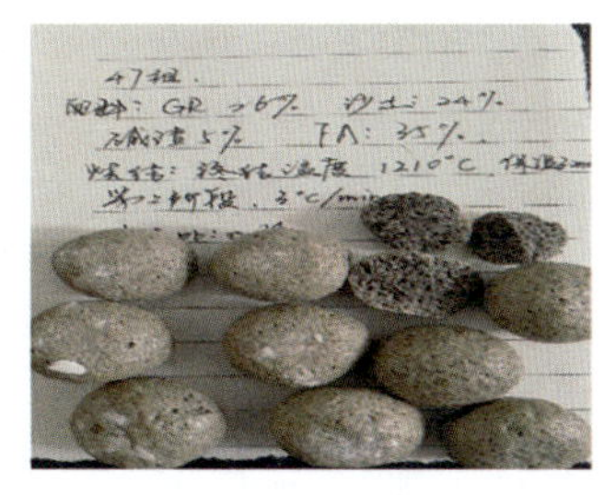

(b)1 210 ℃，20 min

(c)1 210 ℃，20 min

图 2.16　用掺玻璃钢废弃物原料制备的陶粒

封孝信课题组还将磨细的玻璃钢废弃物用于轻质石膏砌块的制备，如图 2.17 所示。试验结果显示，随着磨细玻璃钢废弃物掺加量的增加，标准稠度需水量增加，凝结时间延长，抗压强度下降，绝对密度减小。当掺量不超过 10%时，磨细玻璃钢废料对其需水量、凝结时间、抗压强度和密度没有明显的影响。

图 2.17　含有玻璃钢废弃物的石膏发泡砌块

12. 用于提升机械回收复合材料性能的添加剂

添加剂是塑料配料中的必要组分，添加剂可以维持、扩展或改变聚合物的性质、性能和使用寿命。对于复合材料的回收利用，也需要加入添加剂以提升再制造产品的性能，使其达到要求的指标。为此，提出再稳定、分子修复和提高相容性的概念，再稳定、修复分子和提高相容性的方法是提高再生料性能的有效方法。稳定剂能够改善加工过程和维持长期性能，活性分子能够修复在某些情况下已经破坏的分子结构，增容剂/相容剂能够改善聚合物的机械性能。

添加剂的使用既要考虑聚合物基质，又要考虑复合材料中其他组分，如填料和纤维的影响。应用于回收材料的适宜添加剂通常都是在聚合物熔体中发挥作用，所以这种技术仅限于热塑性材料，而在热固性材料的回收利用中基本上被排除在外[69]。

为了加强回收料与新制备复合材料之间的结合，加入相容剂、无机填料等，如加入用马来酸酐接枝聚烯烃和丙烯酸接枝聚烯烃等相容剂可促进回收料与聚丙烯的相容性，加入 10%～20%的硅烷处理的超细(1.8 μm)滑石粉也可促进回收料与聚丙烯的相容性[9]。

仅有少量文献涉及在热固性复合材料的回收中使用偶联剂。偶联剂是活性分子，能够与填料/纤维和/或聚合物基质发生化学反应，因此能够增强这些组分之间的结合。如前所述，Ribeiro 等[38]将挤拉成型产生的 GFRP 废弃物经机械方法处理，掺入到聚酯树脂聚合物砂浆中，GRFP 回收料的掺入量(质量分数)为 0%、4%、8%和 12%。回收料分为两种：粗的纤维混合物，代替砂子；细的粉末混合物，作为填料。掺入硅烷偶联剂进行对比研究。结果显示，硅烷偶联剂的掺入明显改善了聚酯树脂聚合物砂浆的机械性能，尤其是抗折强度。并且硅烷偶联剂对粗纤维混合物配比砂浆的提高作用更明显，无论是抗折强度还是抗压强度。Tittarelli 等[43]将 GFRP 废弃物粉末用于水泥砂浆取代部分砂子(取代率为 2.5%和 5.0%)，同时加入硅烷偶联剂。结果表明，掺入硅烷偶联剂时，抗折强度有所提高。

可见，用于热固性复合材料再利用的添加剂还很少研究，是还需进一步研究的领域。

2.6　本章结语

从当前的回收利用来看，研究最多的是将 GFRP/CFRP 回收料代替部分填料，再用于制备新的复合材料，其次是将 GFRP/CFRP 代替部分骨料用于制备水泥基材料(砂浆或混凝土），以及沥青路面材料、人造板、多孔陶瓷等。对于应用最多复合材料和水泥基材料，不同的研究者得到了不同的结果，甚至是相互矛盾的结果。其原因是研究对象存在各种各样的差异，概括地说，可将这些差异分为两类：一是废弃复合材料的差异；二是再生材料的差异。

（1）废弃复合材料的差异包括：不同类型的树脂；不同性能的玻璃纤维/碳纤维；不同组分的复合材料（纤维、树脂、填料）；不同配合比的复合材料；不同成型方法得到的复合材料；不同的杂质成分；不同的受污染程度；不同的表面状况；不同形状的回收料；不同尺寸/粒度的回收料。

（2）再生材料的差异包括：不同类型的胶结剂；不同的回收料用量/取代比例；不同的配合比，包括树脂基和水泥基；不同的成型方法；不同的成型参数，包括温度、压力等；不同的养护条件。

因此，对已有的研究结果，要具体情况具体分析，但总体来说，这些大量的研究成果为今后的研究奠定了坚实的基础。

为了使 FRP 废弃物的利用在经济上合理、技术上可靠，在制备新产品时，应考虑如下因素[70]：

（1）磨细 FRP 的应用应该对产品有利，也就是说，FRP 应该有结构/增强作用，或有减小质量的作用，而不仅仅作为惰性的填料；

（2）与其他材料之间的混合应该是协同的/相互促进的；

（3）所得产品不应再用其他材料进行增强，或不应增加厚度以弥补因磨细 FRP 的加入所产生的某些不足；

（4）不应仅仅是一种新处理方法，如作为岩土填充的某些组分；

（5）对于可得到的相当量的回收料，再利用的方法应该是能够实现的；

（6）FRP 的再利用不应使得产品的最终循环更加困难；

（7）新产品在使用过程中，不能造成环境问题、健康问题和安全问题；

（8）新产品不应是更可持续发展材料的替代品，如人造林木；

（9）磨细 FRP 与某些其他废弃物材料的结合使用，不能使这些废弃物从现有的更高再利用链中脱离出来；

（10）新产品应该有适当长的服务寿命；

（11）新产品应该是在节约成本上有效果的。

这些因素可作为 FRP 废弃物通过机械方法再利用是否可行的判断准则。

总体来说，对于复合材料废弃物的再利用，最节能的、最环境友好的方法是机械回收利用方法[69]。复合材料废弃物的机械法回收利用是一个复杂的领域，为了得到高效成功的解决办法，还有很大的进一步研究空间。

参考文献

[1] PICKERING S J. Recycling technologies for thermoset composite materials-current status[J]. Composites Part A，2006，37：1206-1215.

[2] CORREIA J R,ALMEIDA N M,FIGUEIRA J R. Recycling of FRP composites:reusing fine GFRP waste in concrete mixtures[J]. Journal of Cleaner Production,2011,19:1745-1753.

[3] RUDOLPH N,KIESEL R,AUMNATE C. Understanding plastics recycling:economic,ecological,and technical aspects of plastic waste handling[M]. Hanser Publishers,2017.

[4] JOB S,LEEKE G,MATIVENGA P T,et al. Composites recycling:where are we now? [R]. Composites UK,University of Birmingham,University of Nottingham,University of Manchester,2016.

[5] OLIVEUX G,DANDY L O,LEEKE G A. Current status of recycling of fibre reinforced polymers:Review of technologies,reuse and resulting properties[J]. Progress in Materials Science,2015,72:61-99.

[6] CASTRO A C M,CARVALHO J P,RIBEIRO M C S,et al. An integrated recycling approach for GFRP pultrusion wastes:recycling and reuse assessment into new composite materials using Fuzzy Boolean Nets[J]. Journal of Cleaner Production,2014,66:420-430.

[7] 王勇,王涛,王翔. 玻璃钢废弃物的处理及再利用[J]. 国外建材科技,2002,23(1):19-21.

[8] 李平. 玻璃钢废旧料回收处理方法[J]. 广东化工,2013,40(11):149,160.

[9] 张玉霞. 热固性塑料回收利用技术[J]. 中国塑料,1997,11(5):56-64.

[10] HALLIWELL S. Chapter 59:recycling of FRP materials in construction[M]//ICE manual of construction materials,Volume 2,Thomas Telford Limited,2009:695-705.

[11] 吴自强,付桂珍. 废旧玻璃钢的回收利用[J]. 再生资源研究,2002(3):11-14.

[12] 谭仲德,张茂安,李家驹. 玻璃钢废旧边角料的回收与再生应用[C]//第十二届全国玻璃钢/复合材料学术年会论文集,1997:243-244.

[13] 牛绍祥,崔虎,张恒久. 玻璃钢废料循环利用方式的探索:玻璃钢撕碎机的研制[J]. 纤维复合材料,2014(4):28-31.

[14] OGI K,NISHIKAWA T,OKANO Y,et al. Mechanical properties of ABS resin reinforced with recycled CFRP[J]. Advanced Composite Materials,2007,16(2):181-194.

[15] 李建奇. 机械粉碎热固性复合材料废弃物系列装备的产业化[C]//首届复合材料回收国际论坛论文集,北京,2018:201-209.

[16] Four-shaft shredder[Z/OL]. https://www.ssiworld.com/en/products/four_shaft_shredders/quad_q140.

[17] ADAMS R D,COLLINS A,COOPER D,et al. Recycling of reinforced plastics[J]. Applied Composite Materials,2014,21:263-284.

[18] 田丰,刘卫生,孙伟,等. 废弃玻璃钢的资源化利用研究[J]. 资源节约与环保,2017(1):35,37.

[19] 钟艳霞,邢洪章,杨勇. 热固性塑料废弃物综合利用及回收设备研究[J]. 节能与环保,2008(5):33-35.

[20] ROUX M,DRANSFELD C,EGUÉMANN N,et al. Processing and recycling of a thermoplastic composite fibre/peek aerospace part[C]//Proceedings of the 16th European conference on composite materials (ECCM 16),22-26 June 2014,Seville,Spain.

[21] PALMER J,GHITA O R,SAVAGE L,et al. Successful closed-loop recycling of thermoset composites[J]. Composites Part A,2009,40:490-498.

[22] 陈晓松,张枝苗,李珊珊,等. 废玻璃钢粉/环氧树脂复合材料的研究[J]. 热固性树脂,2012,27(6):61-64.

[23] 王继辉,邓京兰.玻璃钢废弃物的回收与利用[C]//第十二届全国玻璃钢/复合材料学术年会论文集,1997:275-277.

[24] 王辉,沈帆,彭家顺,等.不同填料对聚氨酯及其复合材料性能的影响[J].玻璃纤维,2015,(5):6-9.

[25] 刘媛.废弃玻璃钢破碎:分级资源化利用研究[D].西安:陕西科技大学,2017.

[26] SCHINNER G,BRANDT J,RICHTER H. Recycling carbon-fiber-reinforced thermoplastic composites[J]. Journal Thermoplastic Composite Materials,1996,9:239-245.

[27] DEROSA R,TELEFEYAN E,GAUSTAD G,et al. Strength and microscopic investigation of unsaturated polyester BMC reinforced with SMC-recyclate[J]. Journal of Thermoplastic Composite Materials,2005,18:333-349.

[28] RRECOM Project[Z]. Recycling and Recovery from Composite Materials,1994-1997.

[29] BEVIS M J,BREAM C,HORNSBY P R,et al. Comminution and reuse of thermosetting plastic waste [J]. wolfson centre for Materials Processing,Brunel University,1996.

[30] GOODSHIP V. Introduction to plastics recycling[M]. 2nd ed. Smithers Rapra Technology Limited,2007.

[31] MAMANPUSH S H,LI H,ENGLUND K,et al. Recycled wind turbine blades as a feedstock for second generation composites[J]. Waste Management,2018,2:50.

[32] MOLNAR A. Recycling advanced composites[R]. Final report for the Clean Washington Center (CWC),December 1995.

[33] KOUPARITSAS C E,KARTALI C N,VARELIDIS P C,et al. Recycling of the fibrous fraction of reinforced thermoset composites[J]. Polymer Composites,2002,23(4):682-689.

[34] PALMER J,SAVAGE L,GHITA O R,et al. Sheet moulding compound (SMC) from carbon fibre recyclate[J]. Composites Part A,2010,41:1232-1237.

[35] TAKAHASHI J,MATSUTSUKA N,OKAZUMI T,et al. Mechanical properties of recycled CFRP by injection molding method[C]// Proceedings of the 16th international conference on composite materials,8-13 July,2007,Kyoto,Japan.

[36] YAZDANBAKHSH A,BANK L. A critical review of research on reuse of mechanically recycled FRP production and end-of-life waste for construction[J]. Polymers,2014,6(6):1810-1826.

[37] RIBEIRO M C S,FIUZA A,CASTRO A C M,et al. Mix design process of polyester polymer mortars modified with recycled GFRP waste materials[J]. Composite Structures,2013,105:300-310.

[38] RIBEIRO M C S,CASTRO A C M,SILVA F G,et al. Re-use assessment of thermoset composite wastes as aggregate and filler replacement for concrete-polymer composite materials: a case study regarding GFRP pultrusion wastes[J]. Resources,Conservation and Recycling,2015,104(Part B): 417-426.

[39] ASOKAN P,OSMANI M,PRICE A D F. Improvement of the mechanical properties of glass fibre reinforced plastic waste powder filled concrete[J]. Construction and Building Materials,2010,24(4): 448-460.

[40] ASOKAN P,OSMANI M,PRICE A D F. Assessing the recycling potential of glass fibre reinforced plastic waste in concrete and cement composites[J]. Journal of Cleaner Production,2009,179: 824-832.

[41] TITTARELLI F,MORICONI G. Use of GRP industrial by-products in cement based composites[J]. Cement and Concrete Composites,2010,32(3):219-225.

[42] TITTARELLI F,SHAH S P. Effect of low dosages of waste GRP dust on fresh and hardened properties of mortars:part 1[J]. Construction and Building Materials,2013,47:1532-1538.

[43] TITTARELLI F,SHAH S P. Effect of low dosages of waste GRP dust on fresh and hardened properties of mortars:part 2[J]. Construction and Building Materials,2013,47:1539-1543.

[44] 美国开发回收的碳纤维铺路材料技术[J]. 合成纤维,2018,47(4):54.

[45] SHAHRIA A M,SLATER E,MUNTASIR B A H M. Green concrete made with RCA and FRP scrap aggregate:Fresh and hardened properties[J]. Journal of Materials in Civil Engineering,2013,25:1783-1794.

[46] OGI K,SHINODA T,MIZUI M. Strength in concrete reinforced with recycled CFRP pieces[J]. Composites Part A:Applied Science and Manufacturing,2005,36(7):893-902.

[47] YAZDANBAKHSH A,BANK L C,RIEDERC K A,et al. Concrete with discrete slender elements from mechanically recycled wind turbine blades[J]. Resources,Conservation and Recycling,2018,128:11-21.

[48] YAZDANBAKHSH A,BANK C,CHEN L C. Use of recycled FRP reinforcing bar in concrete as coarse aggregate and its impact on the mechanical properties of concrete[J]. Construction and Building Materials,2016,121:278-284.

[49] YAZDANBAKHSH A,BANK C,CHEN L C,et al. FRP-Needles as discrete reinforcement in concrete[J]. Journal of Materials in Civil Engineering,2017,29 (10):1-9.

[50] 苏仕宾. 玻璃纤维废料回收暨在砂浆抗裂中的应用[C]. 首届复合材料回收国际论坛论文集,北京,2018:160-169.

[51] 田正波,伍伟. 玻璃钢废旧料的回收与应用[J]. 铜业工程,2011(4):34-36.

[52] RAJABIPOUR F,MARAGHECHI H,FISCHER G. Investigating the alkali-silica reaction of recycled glass aggregates in concrete materials[J]. Journal of Materials in Civil Engineering,2010,22:1201-1208.

[53] ASTM C1260,Standard test method for potential alkali reactivity of aggregates(mortar-bar method) [S]. American Society for Testing Material (ASTM) International:West Conshohocken,PA,USA,2007.

[54] 孙泽晓. 退役风电叶片回收处理再利用[C]. 首届复合材料回收国际论坛论文集,北京,2018:201-209.

[55] 退役的风电叶片该何去何从? [OL]. http://www. sohu. com/a/148218302_99901149,2017. 6. 12.

[56] BREWEB. Fibre reinforced plastic as road reinforcement material[Z]. Building Research Establishment and University of Ulster. BREWEB Project Report 044,2005.

[57] WOODWARD D,WOODSIDE A,JELLIE J,et al. Use of glass fibre reinforced composite waste in hot mix asphalt[C]. 2005 International Symposium on Pavement Recycling,Sao Paulo ,Brazil,Apr. 2005.

[58] PICKERING S J,BENSON M. Recovery of materials and energy from thermosetting plastics[C]. The Sixth European Composite Materials Conference-Recycling Concepts and Procedures. European Association for Composite Materials,Bordeaux,France,1993:41-46.

[59] KINOSHITA H,YOSHIZONO S,YASUI K,et al. Application of ceramic made from clay and waste GFRP to pavement block[C]//The Proceedings of Conference of Kyushu Branch,The Japan Society of Mechanical Engineers,2013:95-96. (in Japanese)

[60] 木之下 広幸,安井 賢太郎,湯地 敏史,等. 廃棄ガラス繊維強化プラスチックと粘土を混合・焼成

した高強度多孔質セラミックスの応用. 宮崎大學工學部,2015,44:187-193.

[61] YUSUKE Y,HAYATO I,KENTARO Y,et al. Development of walkway blocks with high water permeability using waste glass fiber-reinforced plastic[J]. AIMS Energy,2018,6(6):1032-1049.

[62] YASUI K,SASAKI K,IKEDA N,et al. Dye adsorbent materials based on porous ceramics from glass fiber-reinforced plastic and clay[J]. Applied Sciences,2019,9:1574.

[63] DEMURA K,OHAMA Y,STOH T. Properties of artificial wood using FRP powder[C]// Proceedings of the International RILEM Workshop:Disposal and Recycling of Organic and Polymeric Construction Materials,1995,26-28 Mars,Tokyo,Japan. Session II-14.

[64] GEORGE S,DILLMAN S. Recycled fiberglass composite as a reinforcing filler in post-consumer recycled HDPE plastic lumber[C]// Proceedings of the Annual Technical Conference of Society of Plastics Engineers,7-11 May,2000,Orlando,USA,vol. 3,pp:2919-2921.

[65] WU J J,LIU N,LIU F G,et al. Influence of FRP residue on the properties of epoxy based artificial granite[J]. Materials Science Forum,2015,809-810:248-251.

[66] 葛曷一,吴建军,刘宁,等. 一种利用 GFRP 废弃物制备环氧树脂基人造花岗岩的方法[P]. 中国:CN104446138A,2015.

[67] 叶林忠. 废玻璃钢粉填充丁腈橡胶的性能研究[J]. 再生资源与循环经济,2009,2(11):39-41.

[68] 胡晨光,白瑞英,刘刚,等. 利用废弃玻璃钢制备陶粒及其性能研究[J]. 墙材革新与建筑节能,2018(7):28-31.

[69] GOODSHIP V. Management,recycling and reuse of waste composites[M]. Woodhead Publishing Limited, 2010.

[70] CONROY A,HALLIWELL S,REYNOLDS T. Composite recycling in the construction industry[J]. Composites Part A:Applied Science and Manufacturing,2006,37:1216-1222.

第3章 复合材料的热分解回收技术

热分解是指在高温加热条件下使聚合物链断裂分解成小分子化合物,这种方法可以回收原料或能量(又称三级回收)。热分解是当前回收混合聚合物的最佳方法,可以将其转化成石油化工原料。聚合物基复合材料中的有机物质均可以在加热条件下分解生成小分子化合物,从而实现复合材料中无机材料与有机材料的分离,因而热分解是当前回收聚合物基复合材料的主要方法。在热分解反应过程中,环氧树脂被分解为低分子量的化合物,可用作化学原料或精细化学品,也可作为燃料油为整个回收过程提供能量。

热分解在惰性气氛的情况下进行时称为热裂解,在可控量的氧气存在下进行时称为气化。采用的热分解方法不同,不仅所得的树脂降解产物组成和质量不同,对复合材料中纤维性能的影响也不同。热分解反应器类型包含移动床、流化床和旋转窑等。本章论述几种主要的热分解回收方法,如复合材料的热裂解和气化、流化床回收、微波热分解回收以及复合材料的能量回收。

3.1 热裂解和气化技术

纤维增强热固性聚合物基复合材料所用的基体树脂主要有不饱和聚酯、环氧树脂和酚醛树脂等,另外还包含各种污染物,如热塑性聚合物、纸、油漆、泡沫等,而这些有机物质均可以在加热条件下分解生成小分子化合物,因而热分解是当前聚合物基复合材料回收的主要方法。逸出的小分子化合物热值较高,可以作为燃料燃烧以提供回收过程所需的能量。热裂解通常是在惰性气氛下进行的,但热固性树脂热分解后往往在纤维表面生成大量积炭或结焦,为了除掉这些积炭或结焦,需要通入可控量的氧气。含氧气氛可以直接作为反应气氛,也可以在裂解后单独使用,因此,纤维增强聚合物基复合材料的热裂解有时不仅仅是一个单独的过程,还可以是气化过程的第一步。对于相同的处理条件,玻璃纤维和碳纤维的性能所受的影响也大不相同[1]。本节首先论述纤维复合材料的热分解动力学,然后分别总结GFRP和碳纤维复合材料的热裂解和气化过程,介绍一些已实现工业放大的回收技术,并比较各种技术的优缺点。

3.1.1 纤维复合材料的热分解动力学

热处理装置不仅能解决有机固体废弃物处置的问题,还能回收从废弃物转化而来的能量或燃料。对于裂解过程来说,为了提供更精确的热流分析数据和对焚烧炉更准确的性能评估,必须先确定供热速率和消耗的总能量这两个非常重要的设计参数,这首先要确定活化能和复合材料的分解速率。因此，对复合材料在热裂解和气化条件下的动力学研究十分必要[2]。

热分析动力学是指在程序控制温度下，采用物理方法（如热重法）监测研究体系在反应过程中物理性质随反应时间或温度的变化。该方法在测量过程中无须添加任何试剂，可以原位、在线、不干扰地连续检测一个反映，从而可以得到复合材料热分解过程的完整动力学信息。热重法测试反应动力学参数的方法包括等温法和非等温法。等温法是在恒温下测定变化率和时间的关系，非等温法是线性升温下测定变化率和时间的关系。非等温法又可分为单升温速率法和多升温速率法。多升温速率法是指采用多个升温速率下的多条热重曲线进行热分析动力学处理的方法，由于该方法经常采用相同转化率下的热分析数据进行活化能的计算，因此又称等转化率法。等转化率法在计算活化能时不需要预先假定动力学模型函数，所以又称“非模型动力学法”(model-free method)。在进行动力学分析时，通常采用实验数据与动力学模型函数相配合的方法来判定模型函数能否用于描述该反应，但当采用单升温速率法来确定动力学参数时，通常会产生多个动力学模型函数能够描述同一个热重曲线的现象，使其结果具有不确定性。等转化率法避免了单升温速率法必须假定动力学模型函数的不足，既可以用于等温实验，又可以用于处理非等温实验数据。同时，这种方法能够在不需要对反应动力学模型进行假设的前提下得到活化能与转化率或反应温度的关系，是一个能从等温法和非等温法中获得动力学信息的可靠方法，有助于揭示热分解反应的复杂性。常用的等转化率法有：Flynn-Wall-Ozawa（FWO）法[3,4]、Kissinger-Akahira-Sunrose（KAS）法[5]及 Friedman 法[6]等。

固体反应速率 $\mathrm{d}\alpha/\mathrm{d}t$ 可以用转化率 α 和温度 T 的函数表示：

$$\frac{\mathrm{d}\alpha}{\mathrm{d}t}=k(T)f(\alpha)$$

式中，t 为时间；$\alpha=(m_0-m_t)/(m_0-m_\infty)$，其中 m_0、m_t、m_∞ 分别为热重测试中样品起始质量、实际质量和最终质量；$f(\alpha)$是转化率 α 的函数。

反应速率常数 $k(T)$与温度 T 的关系通常用阿仑尼乌斯方程来描述：

$$k(T)=A\mathrm{e}^{-E/RT}$$

式中，A 为指前因子；E 为反应活化能；R 为气体常数，其值为 8.314 J/(K·mol)。

在线性升温条件下，升温速率 β 为常数，$\beta=\mathrm{d}T/\mathrm{d}t$，固体反应速率为温度的函数，而温度只与时间有关，因此

$$\frac{\mathrm{d}\alpha}{\mathrm{d}t}=\frac{\mathrm{d}\alpha}{\mathrm{d}T}\frac{\mathrm{d}T}{\mathrm{d}t}=\beta\frac{\mathrm{d}\alpha}{\mathrm{d}T}$$

$$\frac{\mathrm{d}\alpha}{\mathrm{d}T}=\frac{A}{\beta}\mathrm{e}^{-E/RT}f(\alpha)$$

动力学研究的目的就是计算反应的指前因子 A、活化能 E 和动力学模型函数 $f(\alpha)$。热分析实验中给出的 α-t 的曲线通过计算机处理可以得到 $\mathrm{d}\alpha/\mathrm{d}t$-$T$ 曲线，采用上式即可进行动力学处理。$f(\alpha)$又称微分形式的动力学模型函数。

$$g(\alpha)=\int_0^\alpha\frac{\mathrm{d}\alpha}{f(\alpha)}=\frac{A}{\beta}\int_0^T\mathrm{e}^{-E/RT}\mathrm{d}T$$

式中，$g(\alpha)$为积分形式的动力学模型函数，只与 α 相关。

早在 1996 年，Chen 等[2]就利用热重仪研究了环氧树脂在氮气气氛中不同升温速率下的热解动力学。采用阿仑尼乌斯方程模拟整个速率方程，通过 Friedman 法确定了活化能、指前因子和反应级数。在惰性气氛中环氧树脂的热分解只有一段过程，初始反应温度区间为 258～279 ℃，平均活化能为 172.7 kJ/mol，反应级数为 0.4。随后他们又研究了不同氧气体积分数（5%、10%和 20%）条件下环氧树脂的热分解动力学[7]。不同于惰性气氛下环氧树脂的热解，有氧条件下的热分解包括两个阶段：树脂热分解和积炭氧化。初始反应温度区间为 197～299 ℃，并且随着氧气体积分数和升温速率的增加而降低。同样采用 Friedman 法计算出的第一阶段和第二阶段的表观活化能分别为 129.6～151.9 kJ/mol 和 103～117.8 kJ/mol。而且随着氧气体积分数增加，两个阶段的表观活化能都相应下降。每一段反应都可以导出一个速率方程，总反应速率由两段反应速率分别乘以权重因子 α_c 和（$1-\alpha_c$）然后加和得到，权重因子 α_c 的值为 0.71～0.74。

Yun 等[8]在非等温条件下研究了 GFRP 在 500～900 ℃之间的热分解行为和动力学，发现主要的失重温度区间在 230～430 ℃。采用 Freedman 法计算出转化率为 0.1～0.7 时表观活化能的范围为 41.4～78.4 kJ/mol。裂解气主要是由聚合物中的醚和羰基分解出的 CO 及芳香环断裂分解出的 H_2。当升温速度从 5 ℃/min 升高到 205 ℃/min 时，最大产氢速度从 0.03 mol/min 升高到 0.072 mol/min，CO 释放速度从 0.02 mol/min 升高到 0.07 mol/min。采用 FT-IR 和 SEM 研究了积炭的结构和表面织构，随着温度的升高，积炭的比表面积逐渐增加，在 600 ℃时达到最大，随后由于孔壁的坍塌开始下降。

Yun 等[9]还利用热天平和金属筛反应器研究了 GFRP 在 500～1 000 ℃范围内等温条件下的裂解特性，分析了焦炭的物理和化学性质，以及气体、焦油和焦炭的组成。当热天平反应器温度在 500～800 ℃时，计算出的活化能为 28.17 kJ/mol，指前因子为 2.12 s^{-1}，反应级数为 0.48～0.8。在金属筛反应器中，当反应温度为 600～1 000 ℃，反应时间为 2～10 s 时，反应温度和时间的增加有利于聚合物的链断裂和重新聚合。Diels-Alder 反应、分子间自由基转移和无规的链断裂反应是气体产生的主要原因。Pender 等[10]研究了空气气氛中环氧树脂的非等温和等温催化热分解，动力学分析方法为 FWO 法和 KAS 法。CuO、CeO_2 和 Co_3O_4 催化剂均降低了环氧树脂降解的活化能，CuO 降低的最多，活化能可低至不超过 90 kJ/mol。Yu 等[11]利用热重分析仪研究了聚酯为基体的 GFRP 在非等温条件下和空气气氛下的热解特性，并采用基于多曲线法的 Friedman、Kissinger 和 Ozawa 方法及改进的基于单曲线法的 Coats-Redfern 方法计算了活化能、指前因子和反应级数，模拟结果与实验结果能够很好地吻合，通过模拟结果计算出的分解率建立了温度依赖的传质模型。考虑到复合材料包含可分解的有机聚合物和不能分解的无机物，从分解和传质模型中得到了每一相的体积份数，据此推断出了温度依赖的热导性，并且热导性在热解过程中快速降低。通过每一相的质量分数和混合方法得到了的比热容。利用 Einstein 和 Debye 模型导出每一相的真实比热容，通过真实的比热容和分解热得到了有效的比热容，有效比热容对于了解树脂分解吸热非常有用。Chen 等[12]研究了酚醛树脂增强 GFRP 在空气和氮气中的热分解行为，利用 Tang、

Senum-Yang、Vyazovkin 和 DAEM 方法计算了不同转化率下的活化能。当转化率为 0～0.25 时，惰性气氛中的转化率大于含氧气氛中的转化率，当转化率为 0.25～1 时，含氧气氛中的转化更高。在惰性气氛中，升温速率对最大反应速率影响不大，而在含氧气氛中，最大反应速率随升温速率升高而降低。在不同气氛中，整个过程的平均反应速率相同。在含氧的情况下，裂解过程会加速进行，裂解过程可以分为两个阶段。惰性气氛和含氧气氛中的表观活化能平均值分别为 172.92 kJ/mol 和 115.04 kJ/mol。裂解的挥发成分中含有水蒸气、醇、芳香化合物、脂肪族化合物、CO_2、CO、羧酸及氨。醇和脂肪族化合物主要产生在第一阶段，芳香化合物、CO_2、CO 和羧酸主要产生在第二阶段。水蒸气和氨气在氮气气氛中主要在第一阶段生成，在含氧气氛中主要在第二阶段生成。氧的引入生成了更多 CO_2、CO 和氨，对其他气体的含量则没有太大影响。另外，惰性气氛中生成的无定形碳更多。

Regnier 等[13]利用热重分析仪研究了 CFRP 在氮气和空气条件下的热分解动力学，加热速率为 0.5～20 ℃/min。空气条件下的热失重曲线包括三个失重阶段，氮气条件下在高升温速率时只有两个失重阶段。他们采用 Kissinger 法得到了一级反应的动力学参数，氧化气氛下每一步反应的表观活化能量都比氮气条件下的高 40～50 kJ/mol。采用 Ozawa 法得到了整个热解反应的动力学参数，得到的空气条件下的表观活化能为 130 kJ/mol，而氮气条件下的活化能则在失重 15%时达到最高值 160 kJ/mol。动力学分析表明，在氮气中初始热解速率由挥发的低分子量物质形成新的交联炭层（活化能为 100 kJ/mol）控制，而空气中的初始热分解速率由过氧自由基的降解（活化能为 130 kJ/mol）控制。过氧自由基的形成是可逆的，而升温有利于过氧自由基分解生成氧和新的自由基。无论是在氮气还是空气中，热分解第二个阶段都是由聚合物网络的断链控制的，这一阶段的活化能分别为 160 kJ/mol 和 140 kJ/mol。最后的分解阶段对应着碳纤维的热降解，活化能分别为 100 kJ/mol 和 140 kJ/mol。

Lee 等[14]利用热重分析仪测试了 CFRP 在氮气条件下不同升温速率时的热分解曲线，然后用传统的 FWO 法、Coats Redfern 法、Friedman 法、Kissinger 法及改进的峰值特性法(PPM)计算了 CFRP 在氮气条件下热分解的活化能 E_a、反应级数 n 和指前因子 A，改进的峰值特性法能够更好地预测实验数据。这一方法不需要数据的曲线拟合和长迭代计算，因而计算更为方便。

徐艳英等[15,16]使用热重-差热同步分析仪研究了升温速率对碳纤维编织布和单向碳纤维/环氧树脂预浸料热分解特性的影响，并用 Kissinger 法和 FWO 法进行了热分解动力学分析，两种方法得到的结果基本一致。他们认为碳纤维编织布的热分解分为过氧化自由基的降解、聚合物的断裂和碳纤维的分解三个阶段。

杨杰等[17]发现二氨基二苯甲烷固化的 CFRP 在有氧条件下的热分解过程可分为三个阶段，330～500 ℃范围内基体树脂分解并产生积炭，550～600 ℃发生积炭氧化，600 ℃以上发生碳纤维氧化，氧气体积分数对热分解过程有重要的影响。采用 Kissinger 法、FWO 法和 Coats-Redfern 法三种动力学分析方法，确定了不同条件下 CFRP 热分解的动力学参数及机理函数。Kissinger 法和 FWO 法均不考虑反应机理，所得反应的表观活化能 E_a 和指前因子 A 比较准确。Coats Redfern 法是一种单速率法，为降低实验误差的影响，同时降低单速率法引起的误差，因此通过多速率结果综合验证取平均值。

在氮气条件下，选择升温速度为 20 ℃/min 时的 TG 和 DTG 曲线，转化率 α 取值为 0.05～0.80，根据总失重量计算不同转化率所对应的剩余质量分数。依据 TG 和 DTG 曲线导出数据，以内插法计算得到每个转化率对应的温度值。求得 $1/T^2$ 及 $1/T$，根据 30 种机理函数，求得每种机理函数条件下的 $\ln[g(\alpha)/T^2]$ 并与 $1/T$ 进行线性拟合。经过拟合和调整，同时验证其他升温速率下的实验结果，确定该阶段热分解机理函数形式为 $g(\alpha)=(1-\alpha)^{-3/2}$。活化能 E 和指前因子 A 均取四种速率平均值作为最终结果。用同样的方法确定其他热分解阶段的动力学参数及机理函数，分别列于表 3.1 和表 3.2 中。

表 3.1 三种不同动力学方法计算的动力学参数

气 体	分解阶段	Kissinger 法		FWO 法	Coats-Redfern 法	
		E_K/kJ	$\ln A_K$	E_F/kJ	E_C/kJ	$\ln A_C$
氮气	第一阶段	168.58	11.00	178.84	169.63	11.63
$5\%O_2/95N_2$	第一阶段	163.55	11.01	170.80	161.02	11.46
	第二阶段	146.08	6.35	160.29	139.31	5.76
空气	第一阶段	164.75	11.13	184.99	161.03	11.46
	第二阶段	138.63	6.49	136.99	129.98	5.80

表 3.2 不同气氛中的热分解过程机理函数

反 应 气 氛	机理函数 $g(\alpha)$
氮气	$(1-\alpha)^{-3/2}$
$5\%O_2$-$95\%N_2$第一阶段	$(1-\alpha)^{-5/3}$
$5\%O_2$-$95\%N_2$第二阶段	$[-\ln(1-\alpha)]^{4/5}$
空气第一阶段	$(1-\alpha)^{-5/3}$
空气第二阶段	$[-\ln(1-\alpha)]^{2/3}$

由表 3.1 和表 3.2 可以看出，不同动力学分析方法计算出的活化能及指前因子略有差别，FWO 法与其他两种结果偏差相对较大。Coats Redfern 法所得动力学参数比较合理并且机理函数拟合效果较好。氮气条件下和有氧条件下树脂热分解阶段活化能大致相等，并且机理函数类型相同，仅是指数项略有差别，说明有氧条件下第一阶段仍以热分解为主。空气条件下第二阶段的活化能低于 5%（体积分数）O_2 条件，表明氧气体积分数的增加提高了热分解第二阶段的反应速率。

假设有氧条件下复合材料热分解分阶段进行，即树脂基体热分解、积炭氧化和碳纤维氧化依次进行，即可以通过动力学结果计算一定温度和氧气体积分数下 CFRP 中树脂基体完全分解所需要的时间。图 3.1 所示为不同温度和氧气体积分数下反应达到不同转化率所需要的理论时间。温度和氧气体积分数对热分解的两个过程都有一定影响。温度增加，所有反应速率均会加快，反应时间减少。氧气体积分数增加，第一阶段反应时间没有明显变化，而第二阶段所需要的时间明显减少，表明氧气体积分数对热分解第二阶段影响更加明显，显著加快积炭氧化。在转化率大于 99%时，随着转化率提高，所需要的反应时间也会大幅延长，采用动力学分析树脂基体完全分解所需的时间时，转化率的取值有很大影响，这一方面说明函数误差随着转化率增大而增大，另一方面也表明碳纤维表面上的残炭更难除去。

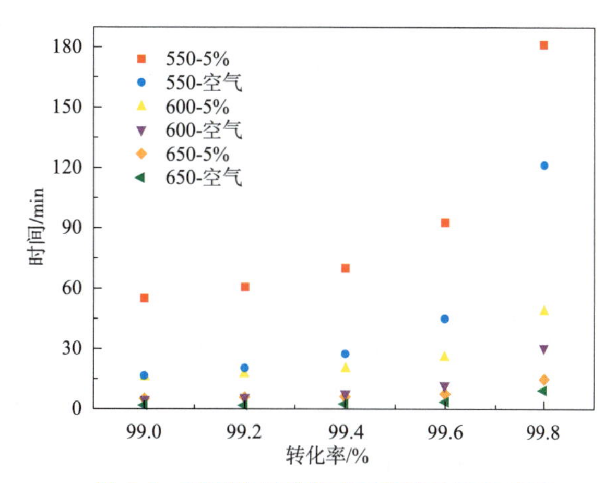

图 3.1　不同分解转化率所需要的反应时间

Kim 等[18]为了设计最优的裂解条件，在空气、CO_2 和水蒸气中进行不同升温速率的热重分析，并采用 Kissinger 方程计算了裂解活化能。就树脂裂解成积炭这一过程来说，在 CO_2 气氛中裂解的活化能最低(9.6 kJ/mol)。如果想要去除积炭，CO_2 和水蒸气组合的多步裂解过程更有可能减少能量的消耗。

当前纤维复合材料的热分解和气化动力学过程多采用非等温法来研究，但非等温法也有一定的局限性。非等温法的结果很难与等温法保持一致。另外，多相反应实际上包含多个平行、连续的基元反应，其转化百分率是多个反应综合的结果，当前对其认识尚不够深入。阿仑尼乌斯公式能否用于非等温多相体系来描述反应速率常数与温度的关系，如何寻找更合适的关系式一直是亟待解决的问题。最后，多相反应非常复杂，样品几何形状、树脂类型的变化等经常导致实际动力学过程与推导出来的机理不符。

3.1.2　GFRP 的热裂解和气化

SMC 中通常含有 70%(质量分数)的玻璃纤维和碳酸钙以及 10%～25%(质量分数)的不饱和聚酯热固性树脂。复合材料中树脂完全分解的温度在 450～500 ℃之间，GFRP 的热分解回收在此温度区间左右，同时低于碳酸钙分解温度，产生的玻璃纤维和碳酸钙可以再次用于生产 SMC 产品，树脂部分的热分解产物也可为回收过程提供燃料。回收的玻璃纤维表面有积炭，需要在含氧气氛中去除。在空气气氛中，氧化处理温度通常在 500～600 ℃之间[1]。不饱和聚酯的裂解气体产物主要有 H_2、CH_4、CO 和 CO_2，主要由二次裂解产生，气体的量主要由加热速率的快慢、裂解温度和时间决定，在高温下会有大量的 CO_2 产生。裂解油主要含有苯、甲苯、乙苯和苯乙烯，除了芳香化合物，裂解油中还含有含氧化合物。

调节 SMC 热分解的温度和气氛可以得到不同组成的裂解油和气体。Cunliffe 等在固定床[19]中裂解了 GFRP，反应温度区间为 350～800 ℃，热分解产物中包含 38.2%～82.9%(质量分数)的固体产物、14.5%～47.4%(质量分数)的液体产物和 2.6%～14.4%(质量分数)的气体产物。在 450 ℃裂解了不饱和聚酯为基体的 GFRP，75%(体积分数)的气体为 CO 和 CO_2，检测到的其他气体还有 H_2、CH_4 和 C_2～C_4 低碳烃。裂解油占 40%(质量分数)，其热值为 33.6 MJ/kg，其中苯乙烯占 26.2%(质量分数)。回收的玻璃纤维需要再次氧化处理掉积炭。将回收的玻璃纤维制成了团状模塑料板，其力学性能与原纤维相当[20]。

Torres 等[21-23]分别在 300 ℃、400 ℃、500 ℃、600 ℃和 700 ℃裂解了 SMC,并采用气相色谱-质谱联用仪分析了的液体裂解产物。液体产物有分子量为 86～340 的 C_5～C_{21} 化合物,64%～68%(质量分数)的芳香化合物及 23%～26%(质量分数)的含氧化合物。液体油品的闪点低于美国和英国健康和安全法规的下限,因此使用受限。将液体产物中的轻组分蒸出,可以得到约 70%(质量分数)的闪点高于 55 ℃的油品,40%(质量分数)的油沸点区间与石油相同,可以与石油进行混合使用。另外 60%(质量分数)的油可以作为商业燃料使用。但是,油品的质量仅占到最初复合材料质量的 14%(质量分数),在裂解和后处理后只能回收不到 10%(质量分数)的油品。从聚合物中回收材料经济性并不高,这主要是因为油的组成比较复杂,包含许多不同的化合物尤其是含有苯乙烯和邻苯二甲酸单元的芳香化合物,沸点较宽同时氧含量也很高,因此很难通过沸点的不同来进行分馏。因为是结晶产物,邻苯二甲酸和间苯二甲酸化合物可以通过冷凝来进行分离。另外,并不是液体产物中所有的化合物都是有价值的,即使是有价值的化合物其量也很难达到需要分离的程度,而无价值的化合物仍然需要处理。在 400 ℃以上温度并没有对裂解油和气的产率和组成有明显影响,而且此时 $CaCO_3$ 也不会被分解,因此合适的裂解温度为 400～500 ℃。López 等[24]采用热分解-气化两步装置(见图 3.2)处理了不饱和聚酯为基体的 GFRP,热分解温度为 550 ℃,热分解时间为 180 min,热分解产物中包含 68%(质量分数)的固体产物、24%(质量分数)的液体产物和 8%(质量分数)的气体产物。液体产物中包括约 84%的芳香化合物和约 16%的含氧 C_5～C_{21} 化合物。其中苯乙烯含量最高,约占 27%,其他产物还包括甲苯、乙苯、α-甲基苯乙烯、1-甲基-2 异丙基苯、苯甲酸和 1,2-苯甲酸酐等化合物。液体产物的总热值为 33.9 MJ/kg,与燃料油相当。50%(体积分数)的产物沸点在 70～194 ℃之间,这也是商业化燃料油的沸点区间。气体产物主要是 CO 和 CO_2,碳氢化合物总共不超过 10%,气体的总热值只有 26 MJ/Nm^3。固体产物包括 97%(质量分数)的玻璃纤维和 3%(质量分数)的碳材料。尺寸大于 1 000 μm 的纤维很难形成玻璃陶瓷,尺寸小于 63 μm 的精细颗粒其结晶相主要是硅灰石和斜长石。通过对玻璃粉末进行烧结可以得到紧实的玻璃陶瓷砖,瓷砖的样式可以通过不同颗粒尺寸的含量来调控。

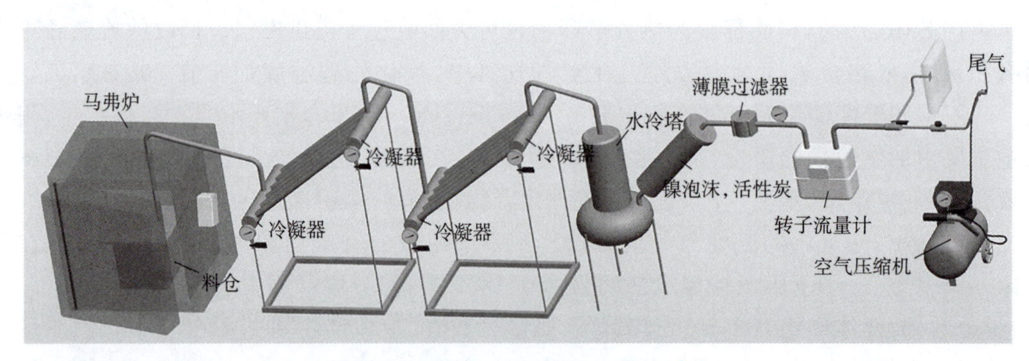

图 3.2 热解-气化两步装置示意图[24]

Giorgini 等[25]在一个 70 kg 级的间歇式中试装置(见图 3.3)上裂解了 GFRP,该过程能够节省破碎材料所需的能耗,还比较了反应温度对产物组成的影响。裂解产物主要包括约

40%(质量分数)的固体、20%(质量分数)的油和40%(质量分数)的气体,气体产物成分主要为CH_4、H_2、CO和CO_2,裂解油主要成分为苯乙烯、苯、甲苯和乙苯。温度升至600 ℃会使固体和液体产物减少,气体产物增加;组成方面,H_2和CH_4体积分数增加,CO和CO_2体积分数减少,而油类各个组成均有所减少。得到的玻璃纤维在马弗炉中500 ℃或600 ℃氧化处理10~60 min,SEM结果表明随着温度的增加炭层厚度下降,Raman光谱结果表明在600 ℃处理20 min就可以完全去除积炭。

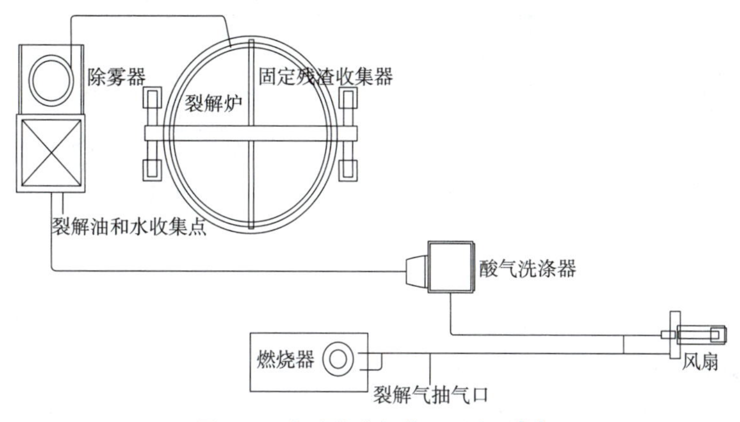

图 3.3 中试热分解装置示意图[25]

Onwudili等[26]也在该间歇式中试装置上裂解了GFRP,并比较了反应温度对产物组成的影响。裂解产物主要包括约65.9%(质量分数)的固体、8.4%(质量分数)的油和25.7%(质量分数)的气体。纤维表面的积炭可以通过氧化去除。回收的玻璃纤维与低密度聚乙烯复合制备新的复合材料,不论是对纤维进行氧化处理还是化学表面改性,均能够得到更好性能的复合材料。

王凤奎[27]发明了一种热分解法回收玻璃钢的装置及工艺,回收装置包括粉碎装置、风送管路、封闭送料装置、反应槽、液化装置和燃气存储罐。其中反应槽为一个由耐高温的金属材料制成的环状反应器,且其内环壁上设置有传送带,该传送带上设置有数个耐高温的金属板将所述反应槽分隔成数个小隔间。粉碎后的玻璃钢经风送管路进入封闭送料装置,然后连续地进入反应槽进行热分解,玻璃钢在电加热和无氧环境下产生油气混合物,之后经液化装置分享,得到油状物。Pender等[10]考察了几种催化剂气化GFRP的反应规律,发现CuO、CeO_2和Co_3O_4催化剂分别可以将得到玻璃纤维的反应温度降低120 ℃、50 ℃和50 ℃,反应时间减少20 min左右,这将减少约40%的能量消耗。CuO和CeO_2可以提高20%玻璃纤维拉伸强度的保留度。

表3.3总结了文献中裂解法回收GFRP的工艺参数和产物组成。

表 3.3 裂解法回收 GFRP 工艺参数和产物组成对比

作者	反应器	温度/℃	时间/min	氮气流速/(L·min^{-1})	产物收率/%		
					固体	液体	气体
Cunliffe等[19]	竖式固定床	350~800	—	—	82.9~38.2	14.5~47.4	2.6~14.4
Cunliffe等[20]	固定床	450	90	3	39.3	39.6	5.8

续表

作 者	反 应 器	温度/℃	时间/min	氮气流速/(L·min^{-1})	产物收率/%		
					固体	液体	气体
Torres 等[21]	不锈钢反应釜	300～700	30	1	82.6～72.6	9.7～14.9	7.7～13.7
Lopez 等[24]	马弗炉	550	180	—	68	24	8
Giorgini 等[25]	干燥炉	500～600	150	—	44.3～38.7	19.8～16.9	35.9～44.4
Onwudili 等[26]	半间歇炉	500	45	0.08	65.9	8.4	25.7

3.1.3 CFRP 的热裂解和气化

裂解过程并不是一个单纯的吸热反应过程，它是一系列吸热和放热反应过程的耦合[28]。在裂解过程中，高分子物质裂解成小分子碎片会放出能量，小分子会发生二次反应并挥发吸热。总体来说，环氧树脂在氮气中的分解是吸热过程，在空气中的分解是放热过程。图 3.4 所示为 CFRP 在氮气和空气气氛下的热失重及其变化率曲线。从图中可以看出，在氮气气氛下，环氧树脂的分解温度约为 300～500 ℃，最大失重速率出现在 400 ℃左右。环氧树脂在惰性气氛下会在碳纤维表面生成积炭。积炭量与树脂的结构有关，芳香环结构越多的树脂其生成的积炭量越大，典型的积炭形貌如图 3.5 所示。在热裂解过程中，积炭的生成是不可避免的，而表面的积炭会使碳纤维的接触电阻增加，降低与树脂的界面作用，影响回收碳纤维的再次使用。在含氧气氛中复合材料的分解分为三个阶段：第一阶段的温度为 300～500 ℃，以树脂基体热分解并产生积炭为主，从前面的动力学分析过程中可以知道其分解过程并没有因为氧化作用而明显加快。第二阶段温度为 500～600 ℃，主要为积炭的氧化反应。Jiang 等采用 TGA 研究了 CFRP 在氩气和空气中的热分解，质谱图对 CO_2 同步检测结果表明第二个阶段为环氧树脂热分解时留在碳纤维表面残炭的氧化[29]。第三阶段的温度在 650 ℃以上，碳纤维开始氧化。各阶段的温度区间与碳纤维及树脂的类型有关，生成的积炭不易被氧化，并且积炭会和碳纤维同时发生氧化反应。

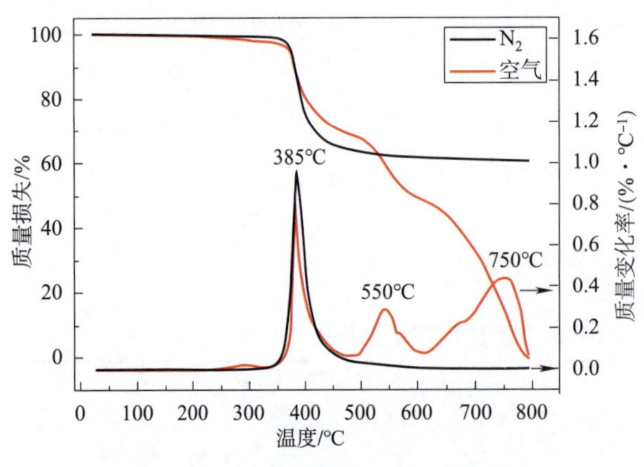

图 3.4 一种 CFRP 复合材料在氮气和空气气氛下的热失重及其变化率曲线

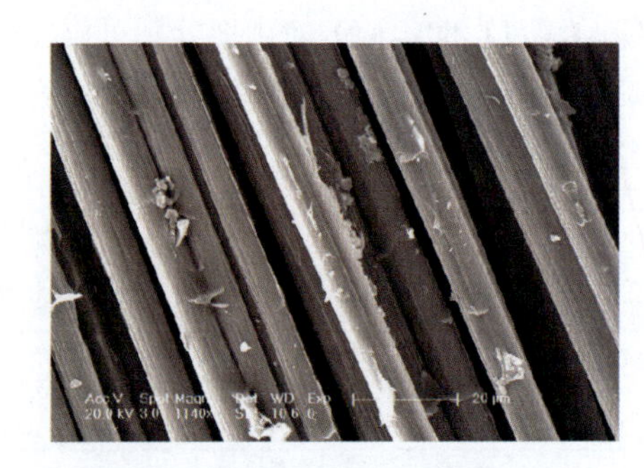

图 3.5 氮气气氛下 CFRP 热分解回收碳纤维的 SEM 照片

热固性树脂在惰性气氛中热分解后表面往往有积炭生成，这会影响回收碳纤维的进一步应用，必须通入氧化性气氛来除掉积炭。在有氧气氛下，树脂在热分解时会放出热量，释放出的气体也会发生氧化反应释放出热量，放出的热量可能会使部分碳纤维过度氧化。样品的厚度对热分解反应和回收碳纤维的性能也有较大影响，较厚样品的外部对热的阻隔作用使得内部的复合材料不能达到指定的反应温度，提高反应温度可以使复合材料内部达到指定的反应温度，但复合材料外部则不可避免地发生氧化，这会导致回收碳纤维力学性能的均匀性降低，通常热裂解回收的碳纤维其单丝拉伸性能会降低10%～15%，因此热裂解工艺的关键是控制温度、反应气氛和反应时间。

为了除去表面的积炭，通常在惰性气氛中通入不超过20%的氧，氧气体积分数过高容易导致纤维的过氧化，同时也会带来爆炸的风险。Ushikoshi 等[30]早在 1995 年就开始了 CFRP 热裂解的实验室研究，在 500 ℃空气气氛中从复合材料回收的碳纤维拉伸强度仅有少量损失，但是直接将纤维在同样条件下处理拉伸强度会损失 25%，温度升高拉伸强度损失更多。对碳纤维增强 4,4′-二氨基二苯甲烷（DDM）固化环氧树脂基复合材料在不同氧气体积分数下的热分解动力学的研究发现，在有氧条件下，复合材料在 330～500 ℃范围内发生基体树脂分解，550～600 ℃发生积炭氧化，600 ℃以上发生碳纤维氧化。残炭的去除过程中不可避免地会发生碳纤维氧化，因此，其去除过程是以牺牲碳纤维的力学性能为代价，尤其是单丝拉伸强度。表 3.4 给出了树脂基体为 DDM 固化的环氧树脂的复合材料在不同处理温度、气氛和时间的条件下得到的回收碳纤维的单丝拉伸性能[31]。可以看出，温度、氧气体积分数和反应时间的增加均会导致回收碳纤维的单丝拉伸强度降低，当反应气氛为空气时下降尤为明显。另外，空气气氛中回收碳纤维的拉伸模量也发生了明显下降。通过控制温度、反应气氛中氧气体积分数及反应时间，可以将碳纤维力学性能的损失到最低。

表 3.4　不同温度、气氛和反应时间回收的碳纤维及原生纤维的单丝拉伸性能[31]

不同反应条件	直径/μm	韦伯参数 β	拉伸强度/GPa	拉伸模量/GPa	断裂伸长率/%
原生纤维	7.17±0.52	8.69	2.71±0.32	189.2±7.6	1.30±0.15
550 ℃-空气-60 min	7.05±0.64	5.54	1.80±0.39	169.2±9.4	0.85±0.21
600 ℃-空气-30 min	6.60±0.47	4.41	1.23±0.28	170.7±8.0	0.49±0.16
600 ℃-10%O_2-30 min	6.59±0.55	5.22	1.34±0.28	196.6±11.6	0.46±0.16
600 ℃-5%O_2-30 min	6.91±0.54	6.30	2.32±0.40	194.9±7[illegible]	0.98±0.18
650 ℃-空气-15 min	6.40±0.66	3.47	1.41±0.40	[illegible]	0.52±0.20
650 ℃-10%O_2-15 min	6.50±0.61	6.68	1.43[illegible]	[illegible].6±15.9	0.47±0.15
650 ℃-5%O_2-15 min	6.65±0.58	6.50	[illegible]0.41	220.4±10.9	0.92±0.19
650 ℃-5%O_2-30 min	6.87±0.65	[illegible]	2.19±0.37	195.6±11.3	0.83±0.20
650 ℃-5%O_2-45 min	7.05±0.52	5.18	2.11±0.47	154.8±12.4	1.19±0.25

从图 3.6 可以看出，复合材料的质量损失与反应时间呈现出良好的线性关系，反应温度和氧气体积分数越大，质量损失速率越大。但温度与氧气体积分数的影响程度不是固定不变的，在氧气体积分数低时，温度的影响更大，而氧气体积分数高时，温度的影响变弱。例

如，反应气氛为空气时 600 ℃的失重速率与反应气氛为 10%O_2-90%N_2时 650 ℃的失重速率接近。

在气化过程中，树脂在高温下裂解产生的有机物氧化后会放出热量，使得炉内温度不均衡，而回收碳纤维的性能对温度较为敏感，这导致回收产品的稳定性缺乏保证。一些研究中采用了热分解-气化两步处理方法，即首先将复合材料在惰性气氛中热分解，热分解后向裂解器中通入空气除去碳纤维表面的残炭，得到的树脂降解产物还可以作为化工原料使用。Meyer 等[32]发现复合材料在 400～550 ℃之间时，无论是空气还是氮气气氛均有积炭生成，在 550 ℃以上积炭开始被氧化。在空气中 600 ℃左右可以完全除去积炭，而在650 ℃以上碳纤维开始氧化。在研究 400～600 ℃恒温时间的影响时，发现在 400 ℃氮气中反应前 30 min 有质量损失，在 500 ℃质量损失相对较小，在 600 ℃时甚至消失。相比而言，氧化反应对时间有更大的依赖性。最后，他们将复合材料在 550 ℃氮气气氛下先处理 2 h，然后对得到的碳纤维进行氧化处理，优化的积炭氧化温度为 500～600 ℃之间，当温度低于 500 ℃时积炭不能快速除掉，当温度高于 600 ℃时碳纤维会被氧化，因此他们将惰性气氛处理后的纤维冷却到 200 ℃，然后在 550 ℃空气气氛中将积炭除去，在半工业化装置中得到了表面干净且无积炭残留的回收碳纤维，且拉伸强度可以保持原纤维的水平。Lopez 等同样采用了热分解-气化两步装置(见图 3.2)回收空中客车公司提供的预浸料[33]，废料中包含 83%(质量分数)的碳纤维增强聚苯并噁嗪预浸料和 17%(质量分数)的用来防止预浸料层间黏结的线性低密度聚乙烯(LLDPE)。首先将 2 kg 废料在 9.6 L 的马弗炉中 500 ℃进行热分解，除去 LLDPE 及树脂，但同时表面会生成积炭。气体产物中含有大量的 H_2、N_2、CH_4、CO、CO_2和 C_2H_6。随后在同样温度下通入流速为 12 L/h 的空气以除去纤维表面的积炭，发现空气最佳停留时间为 30 min，纤维力学性能损失最小，此时回收碳纤维的单丝拉伸强度为原纤维的 72%。

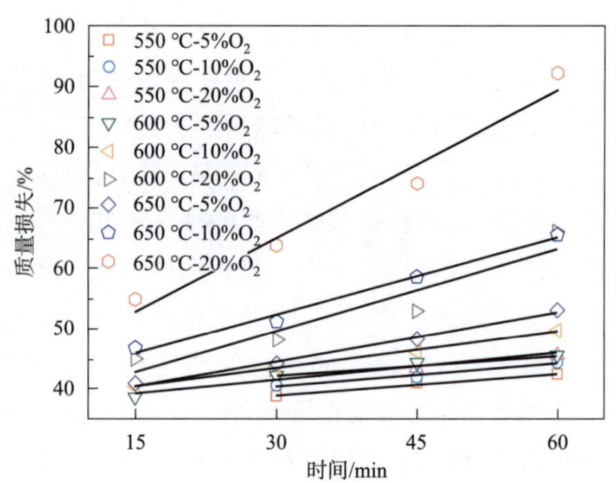

图 3.6　不同温度和气氛下 DDMCFRP 质量损失与反应时间的关系[31]

Giorgini 等[34]在 Curti S. P. A 公司的中试干燥炉中裂解了覆有聚乙烯膜的预浸料和厚的 CFRP 样品，并比较了反应温度和炉内压力对产物组成的影响。SEM 结果表明裂解厚的交联的样品比预浸料需要更高的温度。即使在负压的条件下，碳纤维的表面仍有一层积炭生成。

Onwudili 等[35]采用不锈钢反应釜为反应器，在 350～500 ℃之间裂解了碳纤维增强聚苯并噁嗪复合材料，处理时间为 60 min，得到了 72%～77%(质量分数)的固体产物，22%～25%(质量分数)的液体产物和 5%～7%(质量分数)的气体产物。回收碳纤维的表面有积炭且力学性能降低。气体产物主要是 CO_2和一些烷烃，烷烃的热值为 35 MJ/m^3。液体产物中含有 15%～20%(质量分数)的水，可能是酰胺/酯交联键的降解产生。剩余的液体产物为黑棕色可溶于二氯甲烷的油状物，主要组成有苯胺、甲基苯胺及苯酚。

Mazzocchetti 等[36]采用裂解-后处理氧化两步过程处理了 T700 原纤维和复合材料。热裂解形成的炭层可以保护纤维不受过度的损害，但生成的炭将纤维黏成一个块状，难以浸渍树脂且无法应用。通过热重分析测试发现，在空气气氛中，500 ℃处理下碳纤维没有失重，而在 600 ℃下碳纤维质量随时间增加一直下降，表明氧化严重，尽管 600 ℃处理 20 min 就能得到表面干净的碳纤维。500 ℃氧化处理 60 min 可以得到表面干净的碳纤维，氧化处理形成的表面官能团有利用与树脂的相互作用，但处理的温度和时间都需要小心控制。

水在高温下可以和聚合物的裂解产物发生水蒸气重整反应，加快聚合物基体的分解，另外，水蒸气的弱氧化作用还可以除掉碳纤维表面的积炭而不损伤碳纤维，同时还避免了在放大实验中氧含量过高带来的爆炸危险。Shi 等[37]用水蒸气处理了 CFRP，碳纤维为日本东丽公司的 CO6343，树脂为 XNR6815，固化剂为 XNH6815，树脂和固化剂质量比为 100∶27，复合材料采用真空辅助树脂传递模塑成型工艺制成。他们研究了温度为 340 ℃、390 ℃和 440 ℃，反应时间为 15 min、30 min、60 min 和 90 min 时回收碳纤维力学性能的变化规律。复合材料在 390 ℃和 440 ℃下处理 30 min 后，回收碳纤维表面几乎没有积炭生成，在 340 ℃下处理时间越长，表面积炭越少。处理时间为 30 min 时，在 390 ℃和 440 ℃碳纤维的拉伸强度下降约 15%，而在 340 ℃时拉伸强度则略有升高，这可能是因为形成了表面积炭。在其他热裂解处理中也有类似的报道，超过 60 min 则纤维性能开始下降。其缺点是得到的回收碳纤维与树脂的界面作用较差，还需要进一步的表面处理[38]。

Ye 等在水蒸气中处理了两种环氧树脂固化物[39]，试样 A 所用的树脂为四官能环氧预聚物，固化剂为芳香胺，固化温度为 180 ℃，玻璃化转变温度为 196 ℃；试样 B 所用的树脂为双酚 A 树脂和双功能芳香环氧树脂的混合物，固化剂为烷基多胺和环胺，固化温度不到 100 ℃，玻璃化转变温度为 130 ℃。树脂的热失重曲线表明温度升到 500 ℃左右时，固化的环氧树脂在惰性气氛中不再发生失重，而在水蒸气中则继续失重，表明水蒸气可以氧化碳纤维表面上的积炭。采用田口方法分析了水蒸气热分解温度、时间和水蒸气流速对环氧树脂分解率和回收碳纤维拉伸强度的影响，对于试样 A 来说，影响因素的次序为水蒸气＞处理温度＞水蒸气流速。试样 B 在第一阶段裂解后生成的积炭量很少(因为 H/C 比更高)，但仍需要高温水蒸气处理才能得到表面干净的碳纤维。然而，回收碳纤维在处理后表面上浆剂被去除，单丝变脆容易折断，而且单丝拉伸测试也存在较大的误差，因而未能模拟出工艺参数对碳纤维单丝力学性能的影响。日本精细陶瓷中心与大同大学共同开发了采用含氮气的过热水蒸气处理 CFRP 的方法[40]，过热水蒸气使碳纤维表面的酸度和羟基增加，从而增加了与树脂的吸附活性点。氮气使得碳纤维表面的碱度上升，与树脂的黏合性也进一步提高。在 700 ℃以上温度处理后，可获得与市售经上浆剂处理碳纤维同等的黏合水平。

Jeong 等[41]同样采用水蒸气作为氧化剂来快速分解 CFRP，反应温度区间为 600～800 ℃，处理时间为 60 min。复合材料中碳纤维的含量为 64%(质量分数)，当反应温度为 600 ℃、650 ℃、700 ℃、750 ℃和 800 ℃时，碳纤维的回收率分别为 68.09%、66.67%、63.83%、51.06%和 17.02%(质量分数)，表明在 600 ℃和 650 ℃时碳纤维表面仍有积炭残留，而在

750 ℃和 800 ℃时已有大部分碳纤维被氧化，SEM 形貌分析和碳纤维直径减小也验证了这一结论。700 ℃回收的碳纤维的单丝拉伸强度和模量最低，分别为(1.53±0.51) GPa 和(159.04±4.98) GPa。而 800 ℃得到的回收碳纤维的单丝拉伸强度最高为(2.68±1.05) GPa，但也只有原纤维的 66%，且样品的离散系数变大，此时回收碳纤维的单丝拉伸模量为(197.05±12.64) GPa，与原纤维相当。650 ℃得到的回收碳纤维的界面剪切强度最大，为原纤维的 120%[(34.2±5.2) GPa]，这可能是因为尽管过高的温度能够除去积炭，但是能会除去纤维表面官能团，导致表面极性降低。

Kim 等[42]裂解了 T700/DDM 固化环氧树脂复合材料，先将复合材料在 550 ℃水蒸气气氛中处理 30 min，再将气体切换为 200 mL/min 的空气处理 30～75 min。SEM 结果表明水蒸气处理后碳纤维表面仍有较多积炭，而随后的空气处理时间达到 60 min 时才能得到表面干净无积炭的碳纤维。随着处理时间的延长，碳纤维单丝拉伸强度和模量呈现近似线性的降低，在处理时间为 60 min 时为原纤维的 90.42%，界面剪切强度也在此时达到最大，随后降低。

Kim 等[18]还测试了 T700 型碳纤维和 DDM 固化环氧树脂在氮气、空气、CO_2和水蒸气中的热失重行为，发现不论在何种气氛中，环氧树脂都是在 400 ℃左右开始分解，裂解过程可以分为四步：树脂裂解生成积炭、积炭氧化、表面清洁和碳纤维的刻蚀。在空气和水蒸气气氛中，积炭在 500～1 000 ℃之间发生氧化，但在水蒸气气氛中，氧化的速度更快。在 CO_2气氛中，树脂在 400～500 ℃之间分解迅速，但在 500 ℃之后速度变缓。从对碳纤维的热失重分析可以看出，碳纤维在空气和 CO_2气氛中 600 ℃之后开始快速失重。通过热重结果可以计算出积分程序分解温度(integral procedure decomposition temperature，IPDT)，进而用来衡量聚合物材料的热稳定性[43,44]。该温度的计算公式如下：

$$\text{IPDT}=A^{*}\times K^{*}\times(t_{f}-t_{i})+t_{i}$$

其中，

$$A^{*}=\frac{S_1+S_2}{S_1+S_2+S_3}$$

$$K^{*}=\frac{S_1+S_2}{S_1}$$

式中，t_i 为初始实验温度，℃；t_f 为最终实验温度，℃；S_1、S_2 和 S_3 如图 3.7 所示的面积值。

环氧树脂在水蒸气中的 IPDT 最低，只有 437.4 ℃，在 CO_2气氛中的 IPDT 最高，达到了 643.34 ℃，表明从室温至 1 000 ℃这一温度区间水蒸气最适合作为环氧树脂的裂解气氛。当然，在低于 400 ℃的温度区间会得到不同的结果。结合动力学分析结果，作者首先采用 CO_2 作为反应气氛，5 ℃/min 升至 400 ℃快速将环氧树脂分解生成积炭，然后在水蒸气气氛中 5 ℃/min 升至 700 ℃并保持 20～100 min 以除去积炭。SEM 结果表明，当水蒸气处理超过 60 min 时，碳纤维表面很难观察到积炭。单丝

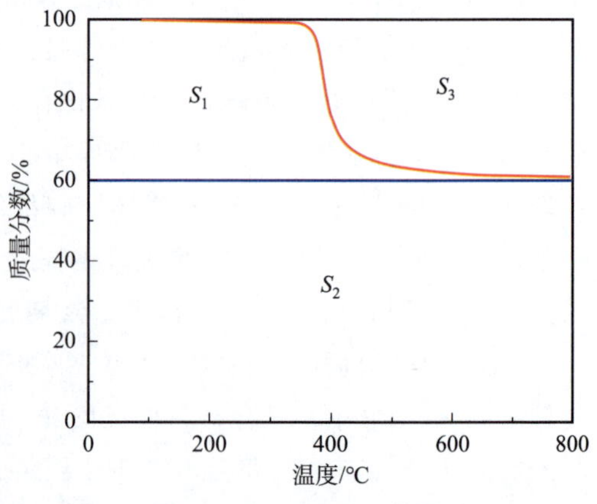

图 3.7　S_1、S_2 和 S_3 的图示

拉伸结果表明随着在水蒸气气氛中处理时间的延长，拉伸强度逐渐降低，而拉伸模量逐渐升高，作者认为这是由于碳纤维的无定形部分先被氧化导致纤维变脆，而无定形部分的减少使得结晶结构部分含量增加，因而模量升高。

Limburg 等[45]发现基体树脂的不同对积炭的生成比温度影响更大。他们比较了 Araldite LY 556、Biresin CR141 和 REM TM14 这几种树脂在氮气中的裂解行为，发现在氮气气氛中只有 Biresin CR141 树脂有少量积炭生成。积炭可以在 600 ℃下 CO_2 或水蒸气的作用下去除，同时不损坏碳纤维，但并没有给出回收碳纤维力学性能的对比数据。而 Zöllner 等[46]则发现粒径更小的碳纤维和环氧树脂的分解速度更快。

Nahil 等[47]在固定床反应器惰性气氛中对碳纤维增强聚苯并噁嗪复合材料进行了热裂解，热裂解温度分别为 350 ℃、400 ℃、450 ℃、500 ℃和 700 ℃，得到了 70%～83.6%（质量分数）的固体产物、14%～24.6%（质量分数）的液体产物和 0.7%～3.8%（质量分数）的气体产物。热裂解液体产物主要为苯、甲苯、乙苯、苯酚、苯胺及其衍生物，裂解气体中主要为 CO_2、CO、CH_4、H_2 和其他烷烃。为了除掉碳纤维表面的积炭，在马弗炉空气气氛中 500 ℃和 700 ℃对裂解后得到的碳纤维进行了处理。700 ℃处理的碳纤维拉伸强度损失严重，仅为原纤维的 30%左右，500 ℃裂解后接着 500 ℃空气处理得到的回收碳纤维拉伸强度保持最高，可以达到原纤维的 93%，但此时碳纤维表面仍有少量积炭残留。对两步得到的样品在 850 ℃又进行了水蒸气活化处理，随着处理时间的增加，活性碳纤维的比表面积增加，在处理 5 h 后可达到 802 m^2/g，随后比表面积开始下降。将废旧复合材料中的碳纤维转化为一种吸附材料开辟了一种新的回收思路，尽管这在一定程度上降低了碳纤维的附加值。

表 3.5 为不同研究机构采用裂解法回收的碳纤维单丝性能对比汇总。

表 3.5　不同研究机构采用裂解法回收的碳纤维单丝性能对比

作　者	过　程	纤维类型	处理及测试条件	单丝拉伸强度/GPa	界面剪切强度/MPa
Meyer 等[32]	ReFiber	Toho-Tenax HTA	550 ℃-N_2-2 h，550 ℃-空气	3.712（−4%）	—
Connor 等[48]	Adherent	Hexcel AS4	—	3.91(−11%)	42.70(−1%)
Akonda 等[49]	ELG	TR50S	500 ℃-空气-10 min	3.19(−10%)	—
Stoeffler 等[50]	Materials Innovation Technologies	Unknown	<400 ℃	−22%	—
Pimenta 等[57]	ELG	Hexcel AS4	r-A	4.551(−85%)	—
			r-B	−81%	—
			r-C	−76%	—
			r-D	−4%	—
Greco 等[62]	Kaborek Spa	Torayca T800S	500 ℃-N_2-20 min，550 ℃-90 min	5.90(−25%)	12.90

3.1.4 工程应用与产业应用

要在商业化的裂解炉上得到力学性能损失小、质量均一的回收碳纤维仍有较大难度，这主要是因为实验室的间歇过程通常采用几克的材料作为样品，处理时间也很长，而连续化的裂解炉其保留时间通常在30 min以下。为了在短时间内达到树脂和积炭完全分解，必须采用更高的处理温度或加大氧气体积分数，这就不可避免地损害碳纤维的力学性能；实验室的裂解炉尺寸较小，加入的样品量也少，分解的气体可以很快地吹出反应器，这使得温度和气氛很容易精确控制，而半开放的传送带裂解过程要达到整个炉内均匀的反应条件则有些困难，分解的废气不及时排出还会发生氧化放热反应。工业废弃物的复杂组成也是一个影响因素，CFRP来源不同，树脂组成也不同，很难找到一个优化的反应条件，因此预先了解更多的废弃物组成信息并进行分类十分必要。工业裂解过程通常整批回收复合材料，很少对不同级别的碳纤维进行归类，因此产品通常为不连续的和不规则的，并且不含上浆剂。

2003年，Milled Carbon集团公司在英国西米德兰兹郡的科西利建立了以连续带式炉为反应器的CFRP热裂解中试装置。该公司后更名为回收碳纤维有限公司（Recylced Carbon Fibre Ltd.），并在2008年建立了世界上第一个商业化连续回收CFRP装置[51]。该装置年处理量为2 000 t，采用半开放的连续带式裂解炉（长30 m，宽2.5 m），包含热裂解炉、传送带、检测反应气氛中氧含量的检测器以及冷却系统。装置的反应温度控制在425～475 ℃之间，或者直接设定为500 ℃[52]。该公司专利的核心技术在于控制反应压力在－500～500 Pa之间，使得加热区域产生的裂解气可以可控移除，这样加热区域就会有足够高的氧体积分数（1%～16%）使生成的裂解气充分燃烧，碳纤维表面的积炭也会被氧化除掉。在第一加热段后还有用于除去积炭的第二加热段，第二加热段的温度要高于第一加热段，其温度区间最好在550～650 ℃之间。因为温度过高会使碳纤维发生氧化，所以加热温度要根据积炭来决定，而积炭的类型则与所用复合材料的树脂有关。物料在第二加热段的停留时间也需要进行精确控制，通常不超过5 min。该公司认为将树脂回收为材料并不经济，因而将树脂降解产物进行燃烧以供应回收过程的能量。加热区域中的惰性气体量也需要控制，体积分数一般不超过10%。从反应炉中移出的裂解气在1 000～1 500 ℃的燃烧器上燃烧，排出的尾气进一步冷凝或进行其他尾气处理。2011年9月，该公司被德国的ELG海尼尔股份有限公司收购，改名"ELG碳纤维有限公司"，提供的产品主要为研磨碳纤维、非织布、回收碳纤维粒子及各种长度的短切碳纤维，表面均不含上浆剂。从该公司的网页上可以看到，短切的碳纤维产品纯度大于95%，还有不高于5%的其他纤维。纤维的长度有3～10 mm、10～30 mm、30～60 mm和60～90 mm，每1 kg产品中的金属污染物不超过0.5 g。

美国研究人员Heil表征了ELG公司的商业化回收样品[53]，发现回收碳纤维的测试长度越短，其力学性能损失越小。以6 mm回收碳纤维为例，从未交联样品得到的回收碳纤维单丝拉伸强度降低33%左右，拉伸模量和界面剪切强度则没有明显变化。从交联样品得到的回收碳纤维单丝拉伸强度升高了8%，因为交联样品环氧树脂容易生成积炭，拉伸模量没有太大变化，而界面剪切强度几乎提高了一倍以上。工业上使用的裂解炉其温度没有实验室中的裂解炉均匀，在工业裂解过程中，加热速率通常也是很难保持恒定的，在不同的反应阶段呈现动态加热的特征[54]。将未交联的 T800S 样品分别放置于回收炉左边、中间和右边，回收处理后发现不同位置所得回收碳纤维的力学性能有显著差异，碳纤维的单丝拉伸强度比原纤维降低了 30%～50%，拉伸模量也降低了 10%～25%，这表明炉内温度和反应气氛的均一性还需要进一步改进[55,56]。Pimenta 等也对 ELG 商业化传送带裂解炉在不同条件下(裂解温度在 500～700 ℃，具体条件未公开)回收的碳纤维进行了分析[57]。废料为美国赫氏的预浸料，树脂为 M56，碳纤维为美国赫氏的 AS4-3K 碳纤维。回收碳纤维的单丝拉伸测试结果表明，裂解条件对回收碳纤维的力学性能有较大影响，最苛刻条件下纤维直径损失达 21%，纤维表面有大量的凹坑和损伤，单丝拉伸强度下降 84%。采用温和的条件可以使回收碳纤维的单丝拉伸强度几乎不降低，但是回收碳纤维表面有 7.6%(质量分数)的树脂残留。

德国的 CFK 瓦利施塔德(CFK Valley Stade Recycling GmbH)回收有限公司与汉堡-哈尔堡工业大学一起开发了一种连续热分解一气化方法，并于 2010 年在维施哈芬建立了年处理量 1 000 t 的回收工厂，该方法适用于几种类型的碳纤维废料，其主要产品包括磨碎的纤维、短切纤维和纺织产品[58]。

美国碳转化(Carbon Conservation)公司的回收碳纤维部门于2008 年开始回收 CFRP，在 2010 年末建立了处理量为 500 t/a 的商业化装置，他们的裂解装置可以为自主研发的三维立体预成型过程提供回收碳纤维[59]。

意大利的 Karborek 回收碳纤维公司公布了一种两步组合的专利技术[60,61]，该技术在传送带炉、旋转炉或流化床中均可实现。首先程序升温到 250～550 ℃，恒温 20 min 后在氧化性气氛中(如 CO_2、O_2、空气或水蒸气)550～700 ℃处理 1～2 h 以除掉积炭。该公司宣称回收的纤维保留了原纤维 90%的力学性能，其主要产品是磨碎碳纤维以及碳纤维和热塑性树脂纤维的混合无纺布，并计划建立处理量为 1 000 t/a 的处理工厂，为了便于收集废料，工厂位置选在意大利阿莱尼亚波音 787 飞机制造工厂的附近。格雷科等[62]对 Karborek 公司的回收碳纤维进行了表征，同时比较了不同化学处理方法对表面组成和界面剪切强度的影响。首先将 CFRP 在 500 ℃热分解 20 min，然后对所得碳纤维在 550 ℃的氧化过程中处理 90 min，回收碳纤维的表面改性条件分别为空气中 450 ℃处理 90 min、空气中 600 ℃处理 90 min 和 5%(质量分数)的硝酸溶液中 100 ℃处理 30 min。回收碳纤维的平均拉伸强度和模量只有原纤维的 75%和 85%，经过不同方法表面处理后，力学性能损失更加明显，600 ℃空气气氛下处理 90 min 后碳纤维已经被严重氧化，采用其他两种方法处理后表面氧含量都有不同程度的升高，这使得其界面剪切强度也明显提高。

日本碳纤维制造商协会(JCMA)再生委员会成员包括日本东丽、东邦及三菱，从 2006 年开始致力于 CFRP 的回收，自 2009 年起该协会获得了日本福冈县和大牟田市政府的支持，攻克了一些回收过程中的难题，主要是降低了树脂残余量、控制了纤维长度及去除了残留金属，并在日本福冈县大牟田市的生态城内建立了年处理量为 1 000 t 的热裂解回收工厂，但是具体回收方法以及回收碳纤维的力学性能未公开[63]。2012 年，三家公司达成协议建立了新的碳纤维回收技术发展联盟，继续开展基于中试阶段技术的研究。该联盟于 2015 年 3 月解散。

真空裂解法是由美国 Adherent Technologies 公司(ATI)开发出的一种回收技术[64]。ATI 在 1994 年就开始了碳纤维的回收工作,并得到了约 240 万美元的政府资助,建立了真空裂解的中试装置("Phoenix 反应器",见图 3.8)。该反应器可以处理各种废料,反应器温度通过四个燃气炉进行控制,废料通过自动的传送器进料。真空条件下热分解产物分子扩散能力提高,而且反应体系中的产物能够很快清除,但也导致损失大量热量。另外,该反应器回收得到的碳纤维表面仍会有积炭残留,因此未见到 ATI 对该装置进一步商业化或放大的报道。

图 3.8 ATI 公司开发的 Phoenix 中试真空裂解反应器[64]

我国上海交通大学杨斌研究团队在上海市发改委"上海交通大学大型民机创新工程"项目资助下,于 2010 年开始从事规模化碳纤维复合材料废弃物裂解回收技术的研究开发。经过 5 年艰苦的技术攻关,针对裂解法固有的缺陷,创新性地提出了完善的解决方案,同时解决了工程放大中遇到的一系列关键问题,于 2016 年成功开发出国内第一项拥有完全自主知识产权的规模化的新型裂解回收技术和装备,碳纤维复合材料废弃物的年处理能力超过 200 t。上海交通大学杨斌研究团队回收技术获得的再生碳纤维力学强度保持率在 85%以上、回收能耗小于新碳纤维制造能耗的 1/4。此外,该技术还具有废弃物处理前可保留大尺寸的特点,这样免除了废弃物切割、粉碎的工序,更重要的是保持了再生碳纤维的足够长度,提高了碳纤维再利用的价值。该项技术已被中国汽车技术研究中心增补到新版的《车用材料可再利用性和可回收利用性通用判定指南》行业规范。随后,南通复源新材料科技有限公司经过两年多的产业化转化,于 2019 年在南通建成了 1 500 t 年处理规模的连续裂解回收生产线,成为我国第一家专业从事碳纤维回收的企业。在该工艺中,将树脂的裂解气经过高热值燃烧系统燃烧,释放的热量用来加热连续裂解炉,这样极大地节省了外部能量需求,能使碳纤维以极低的能耗进行回收。当前,复源新材的回收生产线已经顺利运行近两年,为国内 50 余家各个应用领域的碳纤维复合材料生产制造公司提供着 CFRP 回收服务,主要处理制造边角废料,包括百吨以上碳纤维自行车轮圈/三角架、40 多万根废钓鱼竿/球杆/球拍、20 万件蔚来 ES6 的汽车件成型边角料、沃尔沃极星超跑汽车试验件/边角件、百吨以上压力容器罐、百吨以上拉挤碳板等。

表 3.6 为采用当前热裂解技术从事碳纤维回收活动的机构列表[65,66]。

表 3.6 采用热裂解技术从事回收碳纤维的机构列表

国 家	机 构	主要进展及活动
英国	ELG Carbon fibre 有限公司	建立了世界上第一条连续化的商业热裂解生产线,处理量为 2 000 t/a,产品有不含上浆剂的研磨碳纤维(80～120 μm)、不同长度的短切碳纤维、回收碳纤维与 PP、PA 和 PPS 的混合无纺毡和纯碳纤维无纺毡

续表

国　家	机　　构	主要进展及活动
美国	材料创新技术公司	建立了热裂解处理线，开发了三维工程预成型技术
	ATI 技术公司	开发了真空裂解、低温热流体和高温热流体及组合回收技术，建立了中试工厂
	火鸟先进材料公司	建立了连续化的微波处理中试装置
意大利	Karborek 公司	热裂解-气化两步处理技术，产品有 10～15 mm、30～60 mm、60～90 mm、120～150 mm 的短切碳纤维和 200～800 g 的碳纤维无纺毡
德国	CFK 瓦利施塔德回收有限公司	处理量为 1 000 t/a 连续热解装置
日本	日本碳纤维制造联盟回收委员会	建立了 1 000 t/a 的热裂解处理线
中国	南通复源新材料科技有限公司	建立了我国第一条连续化的商业热裂解生产线，处理量为 1 500 t/a，产品为不上浆的和不同表面改性的短切碳纤维、碳纤维表面毡、碳纤维无纺毡及碳纤维/热塑纤维混合无纺毡。

3.1.5　技术优缺点与经济性

总体来说，热裂解和气化过程处理 CFRP 不需要使用化学原料，工艺简单，处理成本低，容易实现工艺的连续化和放大化，可以处理掉 CFRP 中混杂的热塑性树脂、油漆、布等污染物，环氧树脂热分解产物还可以作为化工原料或燃料油再次使用，与流化床工艺相比，碳纤维的力学性能保留相对较高，因此是当前最成熟也是唯一商业化的处理工艺。其缺点是碳纤维的力学性能和表面组成对热裂解工艺的温度、反应气氛和处理时间比较敏感，其缺点是技术难度高。具体而言，连续的工业化裂解工艺与设备的放大设计与制造难度非常大，放大后的工艺参数调节和控制也很困难，要得到性能均一的产品需要很多挑战技术。另外，环氧树脂热裂解释放的尾气中可能含有氮、磷、硫等由固化剂或阻燃剂引入的成分，对于这些尾气成分的处理也会增加回收的难度和处理成本。

3.1.6　未来预测和发展前景

当前，热分解法仍然是工业化回收 CFRP 最合适的方法。尽管工业化技术已经成熟，热分解法仍有改进的空间。回收碳纤维的性能、成本及回收过程的能耗和排放是影响回收碳纤维商业化进程的重要因素，因此，优化热裂解设备及工艺条件，如根据树脂原料的来源控制氧气体积分数，在裂解的过程中放热补充整个热量的消耗。如何有效利用其他绿色能源（如太阳能等）也是未来热裂解的发展方向。热裂解产物的处理也是影响成本和二次污染的关键，除了树脂之外，复合材料中的聚乙烯膜、纸及聚氨酯泡沫等也使裂解油和气更难于处理，采用催化氧化的方法可能是未来需要重点研究的一个课题。另外，表面积炭是影响回收碳纤维性能的一个重要因素，完全除去耗时耗能，且不可避免地损害碳纤维的性能。如何调控回收碳纤维表面炭层的结构，研究表面炭层结构与 CFRP 性能之间的关系也是未来需要研究的重要内容。

值得说明的是，热解或裂解技术当前只是被证明适合于碳纤维复合材料的工业化回收，并不适合于玻璃纤维复合材料的工业化回收处理，因为玻璃纤维本身的附加价值较低，使该技术在经济上尚不具有可行性。

3.2 流化床热解回收技术

流化床技术特别适用于需要良好混合和严密控制温度的固体物处理,被广泛用于固体燃料的燃烧和化学工业中的气固反应。流化床热解回收是在有氧情况下的热解技术,英国诺丁汉大学的 Pickering 开发出一种利用流化床工艺回收热固性复合材料的技术[67]。该技术旨在通过热氧化工艺从增强纤维中去除热固性聚合物,从而留下清洁的纤维,然后将其回收再利用为复合材料。它所得碳纤维表面干净、无积炭残留,力学强度保持率为 50%~80%,该技术当前处于中试阶段。

3.2.1 流化床原理

流化是指固体颗粒通过悬浮在流体(通常是气体)中而转变成类似流体的状态[68,69]。固体颗粒放在安全壳内的多孔空气分配板上,气体从下方的充气室进入床中。分配板可以由烧结的多孔材料制成,但更常用的是带有许多小孔的实心板或空气喷嘴。在低空气速度下,由于颗粒上的空气动力学阻力较低,并且空气仅渗透通过颗粒间空隙,因此颗粒保持静止。随着空气流速的增加,由于阻力的增加,颗粒开始移动并振动,导致床层膨胀和压降增加。将空气流速提高到通常称为最小流化速度的临界值以上会导致颗粒悬浮在气流中,并且向上的阻力可以平衡整个颗粒床的质量。随着空气流速的进一步增加,床层不断膨胀,更多的空气通过,而压降不再增加。图 3.9 所示为空气速度和压降从填充床到流化床的典型转变。

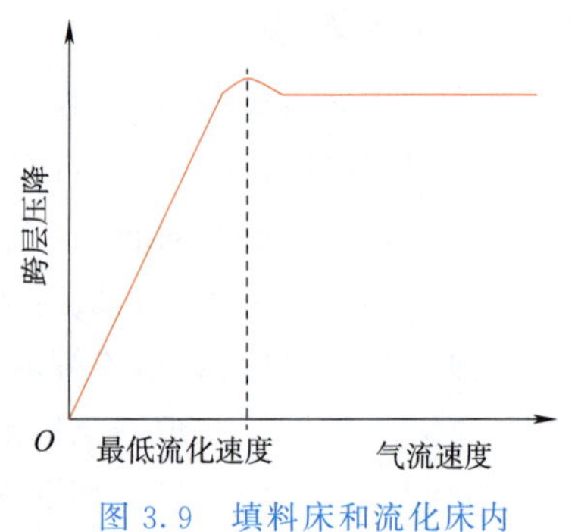

图 3.9 填料床和流化床内气流速度与压降的关系

悬浮的颗粒表现为流体,气泡以较高的速度开始在分配器处形成,然后穿过床层上升并在上砂面破裂。在该阶段达到良好的混合,从而促进了床温度和组成的均匀性。较高的流速会导致气泡的产生和床压降的波动。当气流速度超过颗粒末端速度时,床的上表面消失并且夹带变得可观。所有颗粒与空气以更高的速度一起从床中带出,类似于细颗粒的气动输送。

3.2.2 工艺要求

商业回收过程当前的目标是 1 000 t/a 的产能。这为 CFRP 废料(当前由废料丝和干燥织物主导)的当前生产水平提供了合理的匹配,但未来规划的航空航天应用需求的扩大及碳纤维在汽车中的潜在广泛应用意味着未来将有更多复合材料废料。

碳纤维回收方法必须在各种材料类型(主要是环氧树脂)中表现出一致的性能,如层压板厚度的变化。回收过程的低能耗和低人工是首要要求。来自制造过程的废料可能是相对清洁的类型,也可能是混合物或明显的污染物,如金属嵌件、金属或聚合物蜂窝或泡沫芯(夹层板)和其他聚合物/涂料。回收纤维应保持高的机械性能,并且最好是以易于转化为有价值产品的物理形式存在。典型的转化路线是切割至亚毫米纤维长度,然后造粒用于注射成型和制造无纺毡。虽然现有的商业纤维回收方法非常适合于相对清洁、纯度较高的废料,但对于有混合和污染的废料,回收仍十分困难。

3.2.3 流化床回收工艺

十多年来,英国的诺丁汉大学一直致力于开发用于回收碳纤维的流化床工艺,最初是实验室规模,现在达到了商业运营的规模[70-73]。流化床工艺回收过程的示意图如图 3.10 所示,通过在超过 500 ℃的温度下的空气流化的硅砂床中从复合材料废料中除去聚合物,然后释放和收集分散的碳纤维长丝。氧化气氛使通过聚合物基质的热分解形成的热解炭被氧化而留下清洁的纤维。选择流化床的操作温度使聚合物足以分解并留下干净的纤维,但不能太高以免损害纤维性能。这些纤维在流化床中淘析(一般为 20 min),被气流带出,随后在旋风分离器中与气流分离。将这些废气流加热至高温(约 1 000 ℃)以完全氧化所有剩余的挥发性气体,并进行能量回收以预热进入回收系统的冷空气流。由于该工艺将空气分级与纤维回收相结合,试验表明它在处理可能含有不同材料和其他污染物的混合物的寿命终止组件废料时特别稳定和有效。有机材料被氧化并与纤维分离,其他金属材料则保留在流化床中,它可以在连续或分批换砂过程中被除去。

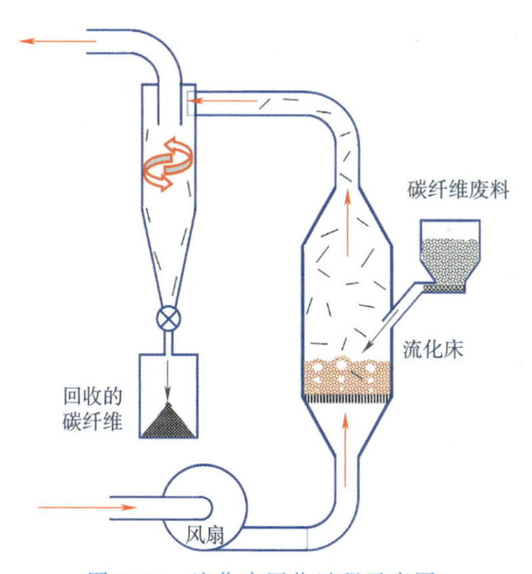

图 3.10 流化床回收过程示意图

流化床方法适用于平均纤维长度小于 25 mm 的粉碎材料。因此,整个过程需要的人工水平较低。流化床方法的缺点是需要大量高温空气及鼓泡砂床中的机械作用对纤维性能的降低。

诺丁汉大学的中试设备能够处理来自各种来源的材料(见图 3.11)。废料首先被低速切割,然后用锤磨机再次切割获得符合流化床要求的复合材料碎片,给料纤维尺寸应小于 25 mm。然而,较短的纤维可以以较高的生产率加工,因此进料中的平均纤维长度将取决于回收纤维的应用。切碎的 CFRP 可以通过计量供料系统和气闸连续进料到流化流中。流化床在略低于大气压的压力下操作,以确保气体不会泄漏到环境中。从旋风分离器的底部连续除去回收的纤维,并可直接包装到袋中。流化床中残留的残余污染物可通过气动砂再分级系统除去。

图 3.11 诺丁汉大学流化床回收过程中试设备[74]

离开旋风分离器的废气仍然具有一些残留的有机物含量,因为流化床中的温度不足以使聚合物完全氧化,因此,它们被送入高温氧化器,该氧化器还配备有高效热回收系统,以在连续操作期间减少所需的气体燃料消耗,最终冷却后干净的废气排入大气。精细的热交换器和系统设计可以提供不同回收条件下所需的高热回收。高温管道系统也建议采用较好的绝缘材料,以尽量减少热量损失。由于该过程在大气压以下运行,管道、风扇和阀门也应尽量避免空气泄漏,因为这会增加回收过程的能耗。虽然处理含卤化树脂的废弃 CFRP 需要更复杂的污染控制系统,但绝大多数废弃 CFRP 并不需要此步骤。

流化床工艺旨在连续且稳定地运行。由于流化床和高温管道中存在大量的热能,因此每天的加热和冷却将显著增加该过程的能耗。高温氧化器中的气体燃烧器提供了使过程达到操作温度的能量输入,该加热器可在预热过程中以高水平燃烧,一旦床层温度升高即可降低。其优点是高传热率和高温控制,可缩短循环时间、提高能源效率并提高产品的可靠性。

3.2.4 纤维制备过程

当前工艺为两级尺寸减小。首先需要将大型结构尺寸减小到米级尺寸的部件,然后将其送入双轴破碎机,将尺寸进一步减小到 25～100 mm。此后,将废物送入锤磨机,筛出适合于该过程尺寸的废料。表 3.7 所示为数据摘要,能源使用水平取决于所需的最终尺寸。

表 3.7 废料尺寸[75]

粉碎过程	尺寸/mm	方　法	能耗/(MJ · kg^{-1})
二级尺寸减小	25～100	双轴破碎机	0.04
三级尺寸减小	5～25	锤磨机	0.22

图 3.12 所示为二级和三级尺寸减小后 CFRP 废料的形式,其尺寸普遍为 25～100 mm。

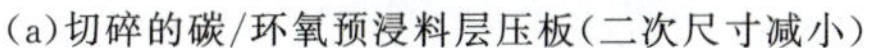

(a)切碎的碳/环氧预浸料层压板(二次尺寸减小)

(b)复合材料准备喂入流化床

图 3.12 二级和三级尺寸减小后 CFRP 废料的形式[75]

3.2.5 污染耐受性

复合材料制成的部件通常涉及许多不同的材料,它们被黏合或模制在一起。例如,一个复合材料部件可以由两层 CFRP 制成,其中一个或两个表面具有涂漆,模制或结合到泡沫或铝蜂窝芯上,并在固定点处带有金属嵌件。这种材料的混合物难以分离,而流化床工艺可以容忍复合材料中不同的混合物和污染物。进料中的任何有机物质在流化床中都会完全分解。这意味着来自油漆、泡沫芯或热塑性塑料的污染不再是问题,并且测试表明这些不会影响工艺过程,因此,在将材料切碎并送入流化床之前,无须去除预浸料上的热塑性衬膜。通常,热塑性塑料可通过重塑回收,这是最适合这些材料的回收方法,因此,可以预料,在将碳纤维复合材料加入流化床之前,其实已经从碳纤维复合材料中分离出了大量的热塑性塑料。

研究发现流化床中的任何金属在加工过程中都会落到床的底部并被回收。试验表明,金属的污染可能是由于用于连接点的金属插件、铝蜂窝芯、布线甚至电镀在复合材料上的金属而造成的。在工业规模的方法中,床材料可以被连续地替换和重整以去除这些金属碎片。

因此,流化床工艺特别适合处理报废部件的复合材料废料,其中废料不仅可能是不同材料的混合物,而且在使用过程中可能还会产生污染。测试表明,在航空航天和汽车工业中,可以从报废的部件中回收干净的优质玻璃纤维和碳纤维,而这些部件中混合了各种材料。

3.2.6 能耗模型

流化床工艺的热力学模型可以用来计算商业化运行的能量需求[76]。该中试生产线的设计旨在提供操作灵活性,以便进行工艺开发,并且管道系统的长度比实际要求的更复杂、更长。热模型可用于模拟各种年产能的设备,每单位面积流化床的进料速率为变量。模型假设如下:

(1)优化的高温管道绝缘水平;

(2)优化的工厂配置,以最大限度地减少管道长度,但可以方便实际操作和维护;

(3)低于大气压管道泄漏的空气极少;

(4)采用再生热交换器技术的高效热回收系统;

(5)工厂连续运行。

该模型考虑了一个可规模连续化运行的生产线，年回收碳纤维的产量为 50～800 t。废物的进料速率为每平方米流化床面积 5～20 kg/h。结果如图 3.13 所示，能量需求包括氧化剂的气体和风扇和其他辅助设备的电力。结果表明回收产能对能量需求没有很大影响，但最重要的参数是流化床每单位面积的废物进料速率。原碳纤维的制造能源需求通常超过 300 MJ/kg。可以看出，回收碳纤维所需的能量仅为制造原始碳纤维所需能量的 10%，并且如果提高每平方米流化床更高的进料速率，就可以实现小于 5%的能量输入。

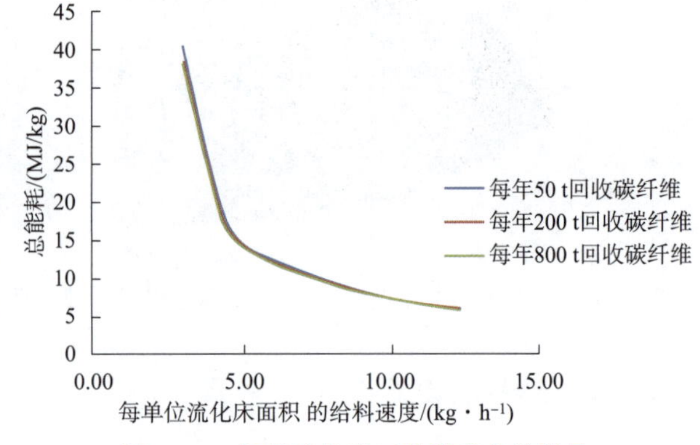

图 3.13 运行流化床工艺所需的总能量

3.2.7 回收纤维性能

在一些回收方法中，有可能回收长碳纤维，但是大多数适用于寿命终止材料的方法将提供短的不连续纤维，这对于重复使用和测试都具有一定的挑战性。流化床工艺产生蓬松形式的回收物，如图 3.14 所示，其中碳纤维是单根长丝形式，具有纤维长度分布，它是清洁纤维回收物，表面没有明显残留物。

对 Toray T800 碳纤维增强环氧树脂复材废料进行处理，回收碳纤维并测试其机械性能。回收纤维的机械性能通常很好。刚度的测量表明，回收过程通常产生的纤维具有与原始纤维相似的刚度[71,73,77]。

回收碳纤维呈蓬松、不连续、3D 随机和高度缠结的结构，通常具有 50 kg/m^{3}的低堆积密度(见图 3.14)。回收碳纤维的纤维长度取决于废料的纤维长度。通过烧掉树脂以从废物中分离纤维然后进行图像分析来实现纤维长度测量。根据 BSISO 11566 标准，在 4 mm 标距长度样品上使用 5 N 测力传感器测量再生碳纤维的拉伸性能，表明模量没有损失。

图 3.14 再生碳纤维的结构

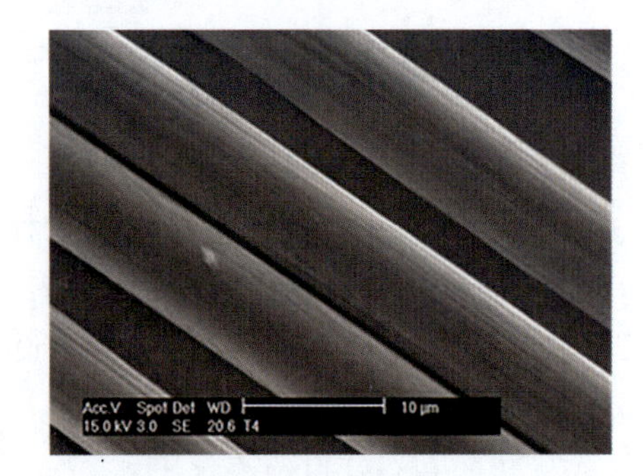

图 3.15 从流化床工艺中回收的碳纤维的 SEM 照片

再生碳纤维在扫描电子显微照片下显示清洁的纤维表面，如图 3.15 所示。根据 BS ISO 11566，通过单纤维拉伸试验测量不同再生碳纤维的直径、长度和机械性能，见表 3.8 和

表 3.9。再生碳纤维的拉伸模量与原碳纤维几乎没有变化。然而，拉伸强度已经显示出18%～50%的损失。这可能是由于在该过程中由于砂粒磨损造成的机械损坏以及受氧化气氛和高温的影响。

表 3.8　原生和再生碳纤维的直径和长度

纤维类型	直径/μm	数量平均长度/mm
原生纤维 HTC 124	7	12
原生纤维 T600SC	7.01±1.2	连续性
回收纤维 T600SC	7.11±1.0	1.43

注："数量平均长度"是根据纤维数量计算的平均长度，$L_n = \sum \frac{N_i L_i}{N_i}$。这里 N_i 是纤维长度 L_i 的数量。

表 3.9　流化床回收的碳纤维的拉伸性能[73,78]

纤维类型	拉伸模量/GPa	拉伸强度/GPa	回收纤维拉伸强度的降低幅度/%
Toray T300s 原生	227	4.24	2
550 ℃下再生	218	4.16	
Toray T600s 原生	208	4.84	34
550 ℃下再生	218	3.18	
Toray T700 原生	219	6.24	54
550 ℃下再生	205	2.87	
Hexcel AS4 原生	231	4.48	38
550 ℃下再生	242	2.78	
Grafil MR60H 原生	227	5.32	51
550 ℃下再生	235	2.63	
Grafil 34-700 原生	242	4.09	25
450 ℃下再生	243	3.05	

3.2.8　未来技术发展

诺丁汉大学开发了一个中试流化床生产线，以便实现从实验室到完全商业规模的过渡。然而，当前仍然存在一些关键技术和经济挑战，例如，开发成本有效的高通量工艺。

以前的工作表明工艺温度对加工时间和纤维性能的显著影响。此外，研究发现流化床工艺中的纤维聚集由纤维纵横比和浓度决定，一般发生在较高的进料速率下。原因可能是渗透状态(即纤维彼此接触)的形成。对于直径为 0.33 m 且砂床为 7 kg 的流化床，当加入厚度为 0.2 mm 的单向复材预浸料废料时，在凝聚前可达到的最大回收碳纤维产量为 1.6 g/min。复材废料中的纤维越短并且流化速度越高，进料的速率更高。当前正在研究如何实现高进料速率，并考虑连续重新分级砂以减少结块的可能。此外，在回收过程中，为了更有市场竞争力，必须更加注意增加产量和维持回收纤维高性能之间的平衡。

3.3 微波热解技术

3.3.1 微波及其加热原理介绍

1. 微波的定义

微波是波长为 0.001～1 m、频率为 300 MHz～300 GHz 的电磁波，在电磁波谱上位于红外与无线电之间。微波是一种能量的传播，是一种由同相且互相垂直的电场与磁场以波动形式传播的电磁场。联邦通信委员会（FCC）规定，民用微波频率为 0.915 MHz 和 2.45 GHz。

2. 微波加热的基本原理

微波加热是利用微波的能量特征，将电磁能转变为热能，对材料进行加热的过程。材料在微波中所产生的热量大小与材料的种类及其介电性能有很大关系。一般来说，材料的种类可根据其与微波的相互作用分为三类：绝缘体：微波可进行无损耗的穿透；导体：微波被反射而无法穿过；吸收体：吸收微波的材料（见图 3.16）。能够吸收微波的材料称为介电材料，介电材料通常都不同程度地吸收微波能，与微波电磁场相互作用，从而将微波能转化为热量，因此微波加热也称介电加热。微波对介电材料加热的基本机制主要有两种方式[79,80]。第一种方式称为电阻加热，是利用材料中有限的自由电荷。材料中的自由电荷有限，像一个大电阻，自由电荷在微波场下运动产生电流，电流通过大电阻产生热效应，导致材料温度升高[80]。第二种方式是利用材料中偶极子转动，摩擦生热。在外加电场的作用下，材料中偶极子沿着电场方向排列[81]。当微波电场发生变化时，偶极子随电场翻转，做高频往复运动，导致材料内能的增加，这种内能因摩擦转变为热量，从而使材料温度升高[82]。整个过程不需要热传导与热对流过程，直接对物体进行加热。

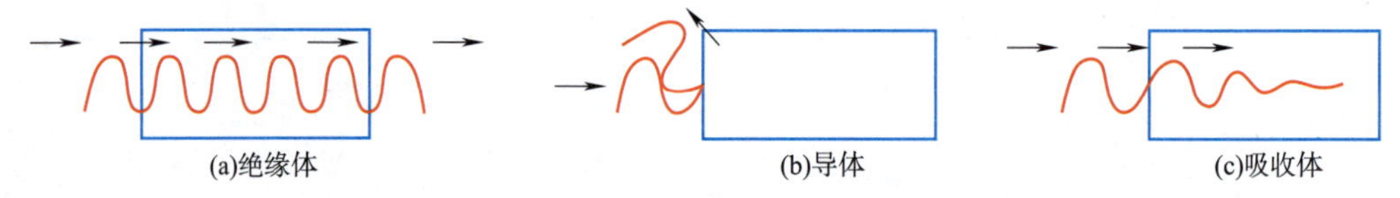

图 3.16　材料与微波相互作用的种类

3. 材料的介电性能

材料的在微波下的加热特性取决于材料的介电性能。材料的介电性能可以通过测量材料的介电常数（ε'）和介质损耗因数（ε''）量化。介电常数表现的是材料中电荷和偶极子存储电磁能的能力[79,83]。介电损耗因数是衡量材料将储存的内能转化为热能的能力[84]。介电损耗因数和介电常数的比值衡量了材料吸收电磁能量并以热能形式扩散的能力[85]。这个比值称为损耗因子，用损耗角正切 $\tan\delta$ 表示，$\tan\delta=\frac{\varepsilon''}{\varepsilon'}$，常被用来描述材料在外加电磁场中被加热的能力[79]。通常，材料的介电常数和损耗因子越大，对微波能量的吸收性能越好，能够将微波能量转化为热能的效率就越高，被微波加热的速度就越快。材料的介电性能变化很大，不仅与材料成分有关，而且与频率、温度和密度都有关[86,87]。含水量对物质介电性能的测量有相当大的影响[79,82,88,89]。尤其对于低损耗因子材料，水在 2.45 GHz 下具有相对较高的介电常数和损耗因子，因此，对于介电性能差，低含水量的材料，增加含水量可以提高材料的吸波性能。根据这一特性，可以使用介电特性的测量来确定样品的水分含量[90]。

材料介电性能随微波频率的变化也是非常显著的[89,91]。在许多情况下，材料的介电常数和损耗因数则会随频率增加而增加。在微波辐射下，材料中偶极子试图翻转并跟随电场方向变化，这种变化受介质弛豫时间的控制。介电弛豫时间是当外加电场被去除时，偶极子回到平衡位置所需要的时间[91,92]。当偶极子不能及时跟随电场变化时，就会发生相位滞后，降低加热的效率[82,93]。

材料介电性能随温度变化的变化取决于材料的加热机制。在大多数情况下，介电性能随温度的增加而增加[88,92,94,95]。材料中的偶极子随着温度的升高，介电弛豫时间减小，偶极子翻转速度加快，介电常数增大[96-98]。随着温度的升高，材料的损耗因子发生显著的变化，因此，对于某些在低温下对微波能量没有反应的材料，可使用其他技术进行预加热提高其介电常数。

材料的密度也是影响材料介电性能的一个重要的影响因素。例如，在测量粉末的介电性能时，粉末的密度会引起其显著的变化[90,99-101]。粉末表现为吸收体与空气的两相混合物，随着密度的增加，粉末材料介电性能增加。

常用材料的介电性能见表 3.10。

表 3.10 常见材料的介电性能[102]

介质名称	介电常数	介质名称	介电常数	介质名称	介电常数
空气	1	环乙醇	2	甲醚	5
聚苯乙烯颗粒	1.05～1.5	柴油	2.1	硫酸铝	6
液态煤气	1.2～1.7	生橡胶	2.1～2.7	酚醛树脂	8
玻璃片	1.2～2.2	乙醇	2.5	丁醇	11
液氮	1.4	环氧树脂	2.5～6.0	盐酸	12
PVC 粉末	1.4	重油	2.6～3.0	湿沙	15～20
聚丙烯颗粒	1.5～1.8	煤油	2.8	丙酮	20～30
塑料粒	1.5～2	聚醚醚酮	3.3	炭灰	25～30
ABS 颗粒	1.5～2.5	玻璃纤维	3.74	矿石	25～30
聚乙烯	1.5	水泥	4	甲醇	30
聚丙烯	1.5	沥青	4	甘油	37
二氧化碳	1.6	尼龙	4	水	81
铝粉	1.6～1.8	聚酰亚胺	4	硫酸	84

4. 微波加热的优势

微波加热是一种能量的传播，不需要热传导与热对流过程，可直接对被加热物体进行加热，因此具有许多与众不同的优点。

(1)加热速度快。微波加热不需要热传导过程,因此能使材料内部和外部同时被加热。这种加热方法与燃气加热、热对流加热、电加热、蒸汽加热等方法相比,速度要快得多,通常为其数倍至数十倍,甚至更高。

(2)加热均匀。微波加热原理决定了物料的温升过程与常规方法不同,常规加热方法的温度梯度是外热内冷;而微波加热方法会使材料内部外部温度相差不大,有时甚至会产生内部温度高于表面温度的情况,因此,总体上来说,微波加热产生的温度要均匀得多。

(3)加热效率高,省电节能。微波加热是电磁波与材料直接相互作用的结果。常规热辐射或热传导的方法会使一部分热能在传播过程中损耗掉,而微波在空气中传播时的损耗很小,加上微波功率转换效率高,因此使用微波加热可以节省电能消耗。

(4)选择性加热。微波对不同种类材料的作用是不同的,在加热过程中产生的温升也是不同的,微波只能对吸收体进行加热。例如,在微波炉中加热食品时,食品加热了而盛放食品的容器及旋转的底盘却是冷的,这就是微波选择性加热的结果。

(5)加热过程的即时控制性。微波加热不具有热惯性,所以控制起来迅速方便,具有即时性。打开微波设备电源,微波即产生并开始对材料加热。当将关闭微波电源,微波立即消失,加热过程便停止,不具有热惯性,这是其他方法加热不具有的特点。

(6)环保、工作环境较好。微波加热时,除被加热材料升温外,设备及环境温度温度低,符合环保要求,操作简单,工作环境较好。

5. 常见的微波反应器

常见的微波反应器包括单模式反应器、多模式反应器和波导式反应器。反应器的模式指其腔体中存在的电场形式,反应器内的模式越多,电磁场的分布结构就越多,微波能分布也就越均匀。不同的模式的反应器具有其独特的加热特点和应用,微波反应器的选择取决于许多工艺因素,如被加热材料的种类、大小和形状等,要根据不同种类的应用和需求选择合适的微波反应器。

(1)单模式反应器。单模式反应器当前广泛应用于低功率微波工程,如频率计数器和滤波器[103]。在单模微波反应器中,微波波形分布模式是一致的。为了获得持续一致的波形,微波源的频率必须基本不变[104]。波型分布模式的大小决定了腔体的大小,因此单模腔的长度通常是一个波长的量级(12.2 cm、2.45 GHz)。单模微波反应器中波形分布模式一致导致腔内的电场强度分布不均匀,通常会在场强最大值处产生一个热点。材料如果能够放置在最大电场强度的位置,就能达最大的加热速率。通常,单模反应器加热速率能够超过 100 ℃/s[105]。对于相同的应用功率,单模谐振腔通常比多模谐振腔具有更高的电场强度,因此,可以用于处理低损耗因子材料的处理[79],如等离子体发电和电子调谐系统陶瓷烧结[106,107]。

(2)多模式反应器。多模式反应器是当前最常用的反应器类型,占工业微波应用的 50% 以上[83]。多模式反应器是能够同时维持多个电场模态的反应器。它们结构简单,用途广泛,能够处理各种尺寸和介电性能的材料。当微波进入反应器腔体时,会形成复杂的高电场强度和低电场强度区域。对于大多数材料,电场负责加热材料,但由于高电场强度区域的复杂分布,实现高加热速率是非常困难的,而且会导致材料内部加热不均,产生热点。一些方法可以用来提高多模式反应器场强均匀性，提高加热均匀性。一种方法是增加反应腔的尺寸，使腔内模数的增加。虽然这是一种相对简单技术，但是要实现整个腔体场强的完全均匀性，其最大尺寸必须是工作频率波长的100倍左右[108]。例如，频率为2.45 GHz的家用微波炉，长度需要超过12 m才能使电场达到均匀，这在多数情况下是不实际的。另一种方法是移动加热材料，最常见的形式是使用转盘使样品不断通过高场强和低场强区域，实现了时间上的平均均匀性。另外，安装机械模式搅拌器也可以用来帮助改善整个腔体的场强均匀性。机械模式搅拌器在外观上类似于风扇，放置在微波进入反应腔入口附近，通过不断搅拌改变微波的反射路径和模式分布，提高材料加热的均匀性。

(3)波导式反应器。波导式反应器通常可以具有对称的复杂几何结构，一般适用于连续系统，并有传送带配合[109]。图3.17所示为一个典型波导式反应器示意图，能量直接从微波发生器送入反应器，其中大部分能量被加热材料吸收，任何剩余的能量都被终端负载(通常是水)所吸收。波导式反应器的加热效率非常依赖于材料的介电常数及材料的横截面积，所以不适合用于低损耗因子和较为细长的材料，因为其被加热效率低，终端水负载可能会吸收很大一部分能量[110]。

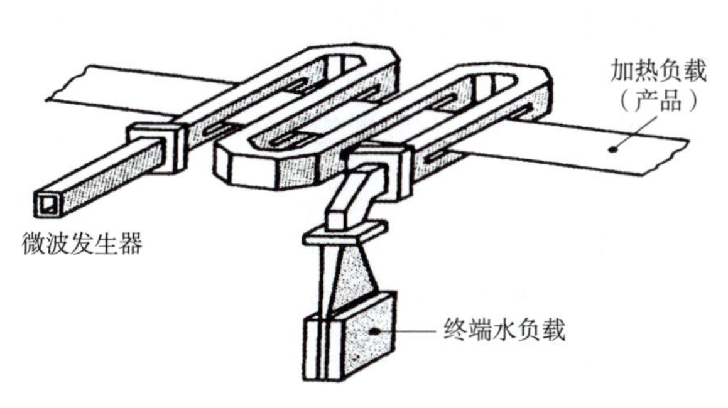

图3.17　典型波导式反应器示意图[109]

3.3.2　微波加热在复合材料回收方面的应用

在过去的十年中，微波加热开始被应用于碳纤维回收技术。微波加热的主要优点是材料核心直接被加热，加热效率非常高。当前用于回收的碳纤维复合材料主要由碳纤维和热固性树脂基体构成。碳纤维具有良好的导电性能和杰出的吸收微波能力，在微波场中，碳纤维中的自由电荷在微波场下运动产生电流，纤维像一个电阻，电流通过电阻产生热效应，导致碳纤维温度升高。同时，碳纤维中偶极子在微波作用下随电场翻转，做高频往复运动，摩擦生热。两种机制共同作用，导致碳纤维在微波中被快速加热，树脂基质被碳纤维产生的热加热，在惰性气氛中裂解成热解气和热解油。微波热解将碳纤维复合材料由材料内部加热，与其他热解方法相比，可以加速纤维回收和树脂分解，使整体回收时间更短，回收设备规模更小。

1. 复合材料的介电性能

介电性能是评价材料在微波场中被加热能力的重要参数，因此复合材料的介电性能是微波热解回收碳纤维中值得研究的重要性能。

(1)热固性树脂的介电性能研究。对于热固性树脂基体的介电性能，研究人员做了一些初步的研究。Zong等[111,112]研究了双酚A型环氧树脂双酚A(DGEBA)和间苯二胺(mPDA)固化体系在微波频率为2.45 GHz，温度范围为30～90 ℃时，不同固化程度下的介电性能。

DGEBA/mPDA 环氧树脂的介电特性，包括介电常数和介电损耗因子。结果表明，固化温度在 70 ℃时，当固化程度从 0%上升至 85%时，材料的介电常数从 6.4 下降到 3.6，介电损耗因子从 0.4 下降到 0.14。当树脂固化度为 35%时，随着固化温度从 30 ℃上升到 90 ℃，材料的介电常数从 4.1 上升到 6.0，介电损耗因子从 0.24 上升到 0.6。固化聚合物的介电常数和介电损耗因子与温度和固化成线性关系，随着温度的升高而增加，且随着固化程度的增加而降低。

赵玮等[113]根据不同树脂的性能采用不同配比制作出不同比例的环氧树脂、氟树脂复合材料，测量不同比例复合树脂的介电常数及介电损耗，进而分析出适用于高频电路板基材的最佳复合树脂比例。实验通过混合共聚的方法并选择合适固化剂，制备了不同配比的环氧树脂/氟树脂基复合材料。结论表明，室温下在环氧树脂/氟树脂的配比为 3∶5 时，其介质损耗角正切为 2.7，介电常数为 2.1。与普通环氧树脂材料相比，在介电常数上有较明显优势。说明在环氧树脂体系中加入适量的氟树脂，可有效提高其介电性能，满足在电子工程应用的需要。

(2)碳纤维复合材料的介电性能研究。碳纤维复合材料的介电性能是表征复合材料被微波加热能力的重要参数，并且受到碳纤维的含量，长度和种类等的影响。

Elimat 等[114]测量了环氧树脂/短切碳纤维复合材料在不同含量(质量分数为 0%、5%、10%、15%)，不同厚度(2 mm、4 mm)，以及在 20 Hz～1 MHz 频率范围内的介电性能，测量了复合材料的介电常数、介电损耗等性质。试验结果表明，不同频率、填料浓度和复合材料厚度影响环氧/碳纤维复合材料的交流电性能。对于不同含量和厚度的短切碳纤维/环氧树脂复合材料，测试出的介电常数值随着碳纤维含量呈正相关，如图 3.18 所示。该结果可归因于由于碳纤维浓度的增加而导致的所有复合材料的极性增加，介电常数增大，导致微波加热效率的增加。

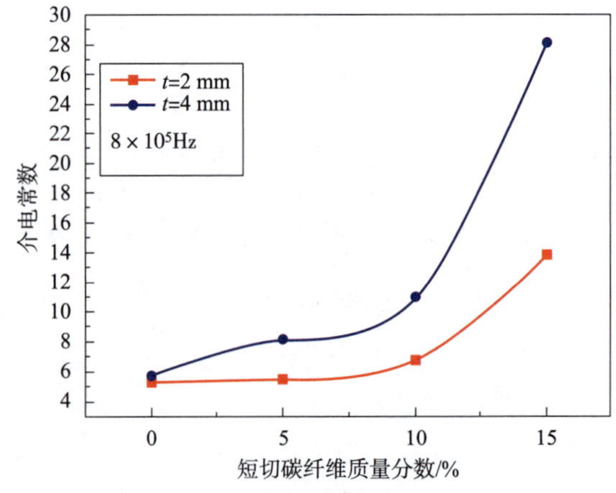

图 3.18　短切碳纤维/环氧复合材料的介电常数与碳纤维含量及厚度的关系[114]

伏金刚等[115]使用涂刷法制备的碳纤维/环氧树脂复合材料中，填充物为短切碳纤维，基体为环氧树脂。他们分析了其中短切碳纤维的含量、长度及分布对复合材料复介电常数的影响。碳纤维在环氧树脂基中呈二维随机分布，碳纤维在其中形成导电网络的能力随碳纤维含量的增加有显著增强。实验中制备了含不同质量分数和不同长度的短切碳纤维的复合材料，并采用波导法在 2.6～18 GHz 频段内进行了介电常数的测试，结果显示在该波段下材料的介电常数与纤维含量呈正相关(见图 3.19)，与纤维长度呈负相关(见图 3.20)，且在 4 mm 时出现最大值。通过调节碳纤维的填充量和碳纤维的长度可以有效地调节复合材料的介电常数，从而获得最佳的介电性能。

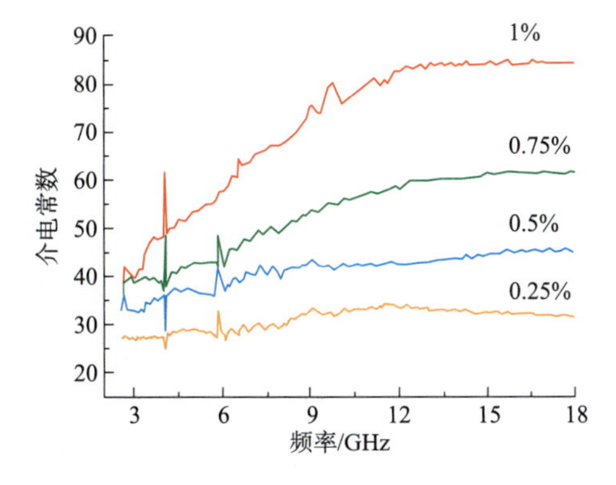

图 3.19　复合材料介电常数随碳纤维质量分数变化[115]

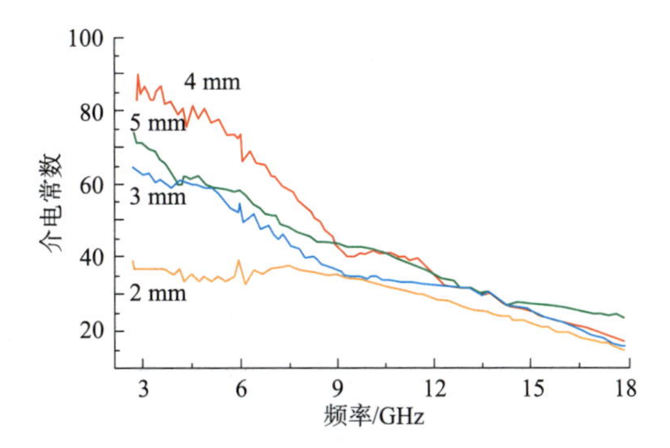

图 3.20　复合材料介电常数随碳纤维长度变化[115]

刘元军等[116]对不同种类(T300、T700 和 T800)的碳纤维长丝织物的吸波性能做了对比分析,研究碳纤维规格对介电常数的影响,并重点探讨了厚度对于 T700 碳纤维长丝织物介电常数的影响。介电常数的测试频率为 0～10^7 Hz,在恒温恒湿下进行。其研究结果表明 T700 碳纤维被加热性能最优,碳纤维长丝织物的被加热能力由弱到强的三种规格依次为 T800、T300 和 T700 长丝织物。三种规格中,T700 碳纤维织物损耗角正切值图像的波动最小,而且 T800 碳纤维长丝织物的损耗角正切值的最大值远远高于其他两种规格(见图 3.21)。对 T700 织物厚度的研究表明(见图 3.22),厚度很大程度上影响了碳纤维织物的介电加热能力。在三种不同厚度中,介电常数损耗角正切随频率变化都很明显。

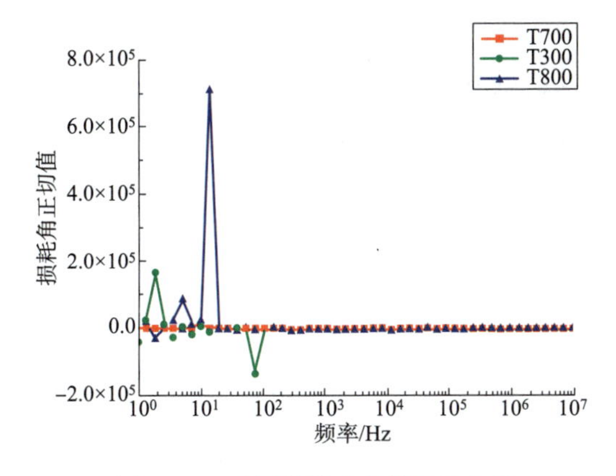

图 3.21　不同种类碳纤维长丝织物损耗角正切值随频率变化[116]

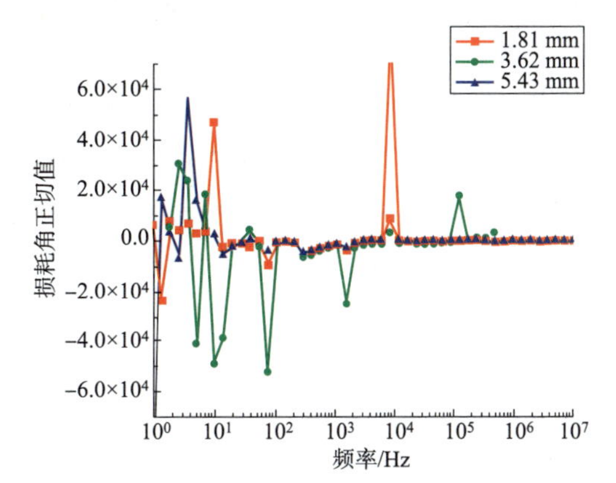

图 3.22　不同厚底 T700 碳纤维长丝织物损耗角正切值随频率变化[116]

2. 微波热解法回收碳纤维复合材料的研究

当前,全球一些高校和研究机构已经对微波热解法回收碳纤维进行了研究,表 3.11 对这些研究的试验参数和主要结论进行了总结和对比。

英国诺丁汉大学的 Lester 等在 2004 年就对微波法回收碳纤维进行了可行性分析[117],认为该技术具有良好的应用前景。他们对碳纤维/环氧树脂基复合材料进行微波加热实验,回收出了清洁的碳纤维,并测量出挥发聚合物的含量。碳纤维复合材料在 3 kW 的功率下连续处理 8 s。实验结果证明，微波热解的方法可以将碳纤维从树脂基体中分离出来，并且回收碳纤维表面相对干净，回收纤维能保留原生纤维 80%的机械性能，优于流化床技术回收获得的碳纤维(75%)。他们提出可以对树脂热解产物进行表征，研究不同树脂基体对微波加热的响应，因为一些其他聚合物可能并不像环氧树脂那样可以被微波加热裂解。

日本的 Obunai 等[118]在 2015 年利用微波加热从废旧 CFRP 中提取出碳纤维。实验探究了不同气氛(氮气、氩气和空气)对微波加热回收 CFRP 的影响，研究了微波场强对碳纤维回收效率的影响，以及微波辐射回收的机理，并对回收碳纤维的拉伸强度进行了测量。试验结果表明，在氩气中进行微波热解得到的回收碳纤维损伤最小，可以保留原生纤维 98%的拉伸强度。在氮气中热解树脂去除率最低，空气中树脂去除率最高，但是，在空气中纤维被氧化，损伤严重。微波反应器的中心位置即为微波场强最高的位置，也是 CFRP 放置的位置。在此位置下和氩气氛围中，树脂去除率可以达到 90%。他们认为，微波加热回收碳纤维可以认为分三个阶段进行。首先，通过微波利用“趋肤效应”加热复合材料中的碳纤维。然后，受到辐射发热的碳纤维加热导致了树脂的裂解气化；最后，气化的树脂被碳纤维之间放电产生的辉光等离子体分解。这是第一次有研究人员对 CFRP 在微波中加热机理提出可能的原因。

美国的 Jiang 等[119,120]使用微波辐射在不同温度下进行碳纤维回收，将回收碳纤维制成再生复合材料并测量了机械性能。通过这项研究，他们发现在 500 ℃下获得的回收碳纤维表面最干净，形貌最为完整。并且将回收碳纤维与热塑性聚丙烯和尼龙制成回收纤维增强复合材料，进行了力学性能测试。结果表明，回收碳纤维对聚丙烯的增强效果比尼龙好。最后，他们肯定了微波加热是一种灵活、易于控制、有效的碳纤维回收技术，并且为回收碳纤维的合理利用提供了指导。

诺丁汉大学的郝思琦等[121]利用高加热速率的微波热解法从热固性 CFRP 中回收了碳纤维。实验将废弃的固化单向碳纤维/环氧树脂预浸料在 450 ℃下微波热解 30 min，随后在 550 ℃下对其进行氧化处理，获得了干净松散的回收碳纤维。对采用单丝纤维强度测试仪对回收碳纤维的机械性能测试结果表明，回收的碳纤维至少可以保留原生碳纤维 90%的机械强度。对回收碳纤维的表面形貌表征结果显示，纤维表面干净完整，与原生碳纤维相差不大。

昆明大学邓建英等[122]利用了微波热解和传统热解法降解环氧树脂并从废弃 CFRP 中回收碳纤维。他们认为，与传统热解法相比，微波热解更快、更有效，需要更少的能量，并能够获得更清洁的回收碳纤维。该研究在氧气氛围下进行热解，并对回收碳纤维进行了表征。研究结果表明，微波加热回收的碳纤维表面更清洁、光滑，环氧树脂含量更少，而且微波热解时间缩短了 56.67%，回收率提高了 15%。研究发现，回收碳纤维的最佳温度是 450 ℃，随着温度的升高，碳纤维表面无定形碳含量增加，石墨化程度降低，是导致碳纤维强度降低的主要原因。在与传统加热相同的反应温度下，微波加热对碳纤维石墨化程度的影响最小，而且不会改变回收碳纤维的化学结构。他们认为，微波加热具有独特的优势，因为它比传统加热更快、更高效、耗能更少，而且可以实现更高的回收率。

表 3.11　当前关于微波热解回收碳纤维的研究

时　间	研究者	国　家	研究机构/院校	气　氛	功率/温度	处理时间	机械性能保持度	其他结论
2004[117]	Lester 等	英国	英国诺丁汉大学	氮气	3 000 W	8 s	80%	微波加热回收碳纤维是一种可行的方法，并且该方法回收的碳纤维性能优于流化床法获得的碳纤维(75%)
2015[118]	Obunai 等	日本	日本冈山全州大学	氮气 氩气 空气	700 W	300 s	98%	氩气是最有效的气氛，回收碳纤维机纤维损伤最小，可以保留 98%的原生纤维强度。 空气中纤维被氧化，表面出现孔洞，损伤严重。 树脂去除率：空气>氩气>氮气
2015[119]	Long 等	美国	北卡罗来纳州立大学	氮气	400 ℃ 500 ℃ 600 ℃	30 min	—	400 ℃：纤维表面残碳量很高。 500 ℃：最合适的热解温度，纤维完整，残碳量较低。 600 ℃：纤维受到损伤，出现孔洞。 回收碳纤维与原生碳纤维表面光洁度和结合特性不同。 回收碳纤维在聚丙烯中增强效果较好，原生纤维在尼龙中增强效果更好
2017[121]	郝思琦　等	中国	宁波诺丁汉大学	氮气热解 空气氧化	450 ℃ 550 ℃	热解 30 min 氧化 30 min	90%	回收碳纤维表面干净无残碳残留。 回收碳纤维表面完整，没有出现孔洞等损伤
2019[122]	邓建英　等	中国	昆明理工大学	氧气	450 ℃	30 min	—	回收碳纤维表面清洁光滑、环氧树脂含少。 微波热解比传统热解时间缩短了 56.67%，回收率提高了 15%

3. 微波热解法回收碳纤维复合材料的工业实例

2007 年,美国的 Firebird Advanced Materials 公司建立起首个小型的中试装置来测试其微波回收过程,并于 2010 年展示了世界上第一个连续微波回收 CFRP 过程及其设备,开始实施商业化计划。其公司采用的废弃 CFRP 中约有 50%的制造废料来自在切割过程中产生的废弃预浸料边角料。原生废料、黏性的缠结材料、硬质压缩和固化废料包都可以以各种形式回收。并且回收产业与原料生产者的合作至关重要,因为这样可以提供更多有关原料方面的信息,如材料化学成分和纤维含量,这将使碳纤维回收更加容易。

2018 年,我国台湾永虹先进复合材料公司公开推出了碳纤维复合材料的再生系统 All in One,如图 3.23 所示。该再生系统集成在一辆 12 m 的车载货柜,年处理量为 50~100 t,并且可以保证每 kg 材料的成本不超过 1 美元。他们首创了接电即可用的移动式系统, 1 h 可完成从定点到启动,3~30 min 内可完成回收过程。处理每 kg 材料的耗电量仅为 6~8 kW·h,耗能远远低于传统热解炉。更加具有环保意义的是,整个热解过程低温快速,不会产生二噁英等有毒气体。

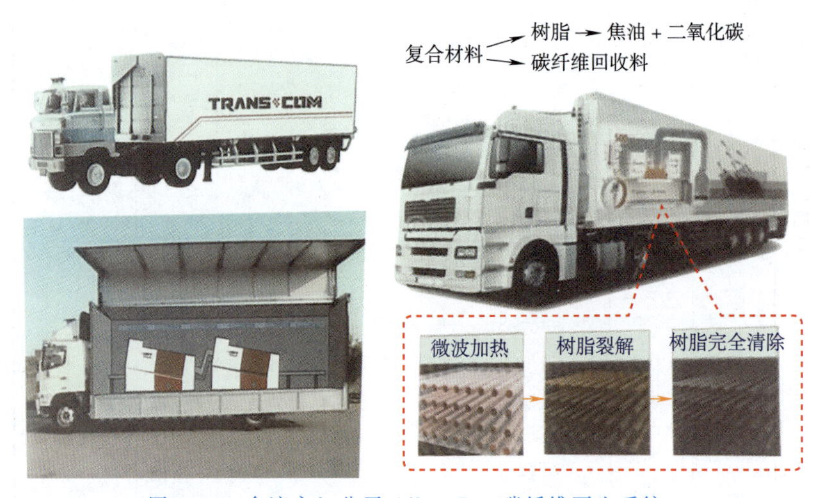

图 3.23 台湾永虹公司 All in One 碳纤维再生系统

4. 微波热解法回收碳纤维再利用研究

美国 Jiang 等[119,120]将微波热解回收的碳纤维直接进行了再利用研究,将其与热塑性树脂复合进行了力学测试。回收碳纤维在没有进一步处理的情况下,采用双螺杆挤出和注塑成型的方法,制成了不同纤维含量的回收碳纤维增强聚丙烯(非极性聚合物)和回收碳纤维增强尼龙(极性聚合物)复合材料,并在相同条件下制备了原生碳纤维增强的聚丙烯和尼龙复合材料,对其力学性能进行比较。测试结果如图 3.24 和图 3.25 所示,回收碳纤维的加入显著提高了两种复合材料的力学性能,并且随着纤维质量分数的增加,弯曲强度增加,弯曲模量增加。但是,碳纤维对两种聚合物的增强效果不同,回收碳纤维在非极性聚丙烯中增强效果较好,原生纤维在极性的尼龙中增强效果更好,这是由于两种纤维的表面粗糙度和表面黏合特性不同。这一发现对再生碳纤维的智能使用提供了一定的技术指导。

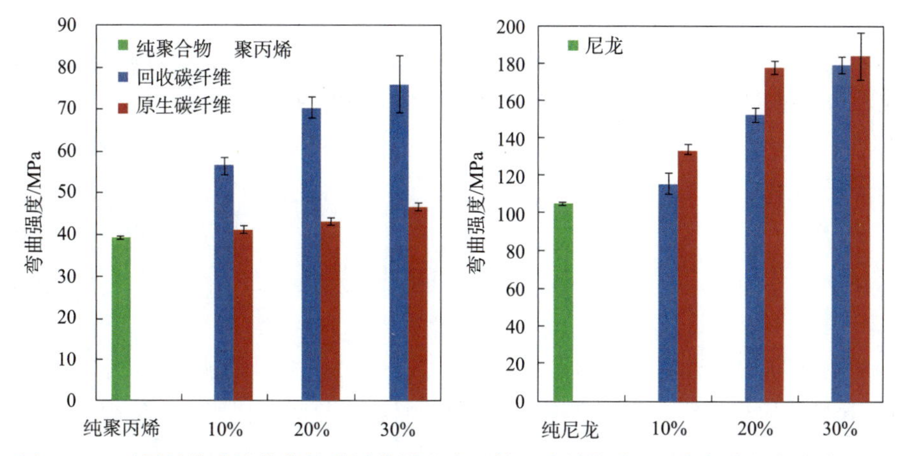

图 3.24　不同纤维质量分数的碳纤维增强聚丙烯和碳纤维增强尼龙复合材料弯曲强度

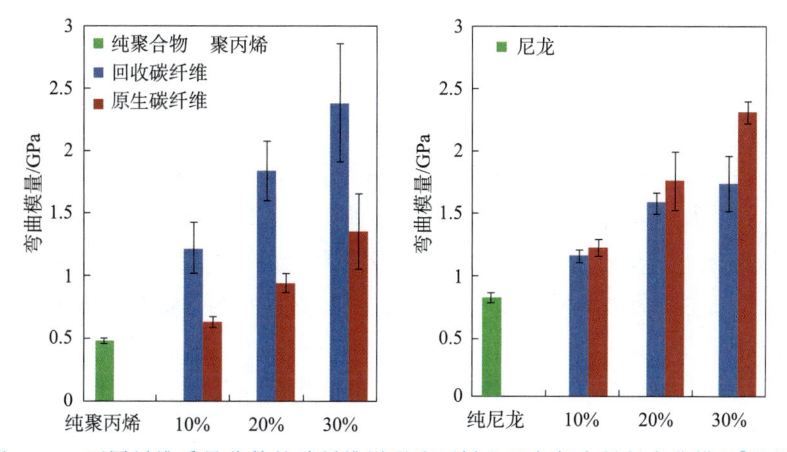

图 3.25　不同纤维质量分数的碳纤维增强聚丙烯和尼龙复合材料弯曲模量[119,120]

3.3.3　微波回收碳纤维复合材料未来发展及研究方向

当前，很多研究已经表明微波是一种用来回收碳纤维的有效方法，但是还需要更多的研究来填补研究空白，优化热解条件。例如，在对不同材料的处理方面，不同聚合物，不同纤维表面涂层对微波加热的响应模式可能不同。有一些聚合物不容易挥发，如具有阻燃功能的树脂基体。碳纤维本身对微波有反应，能发热，所以热解一些固化温度较高的复合材料时，是否只需要在微波场中设置更高的功率或更长时间就可以达到适当的热解温度[117]都是等待研究的问题。

对微波热解过程控制的优化也是急需解决的问题，微波热解过程中的升温过程和温度控制监控不充分是当前回收碳纤维过程中的主要问题。微波加热会产生热点，纤维由于过热产生的热损伤可能是机械性能降低的原因。当前大多温度测量都是利用红外线测温，在热解过程中产生强烈的烟雾会妨碍红外线温度计的使用，难以测量准确的样品温度。微波加热特性阻止了使用简单的热元件（如 K 型热电偶），只有适当的温度测量系统，才能优化热解参数[123]。

现有回收方式中对材料的切割和粉碎都是必不可少的步骤,而这对回收碳纤维的价值有巨大损伤,因为小尺寸回收碳纤维的利用率更低,因此,对长纤维和连续纤维回收技术的研究也是一个需要关注的重要方向。另外,对于回收碳纤维,需要考虑如何对其进行高效和低成本的二次利用。

3.4 能量回收技术

FRP含有不同的聚合物有机组分,可以通过燃烧的方法回收能量。不同聚合物的热值很大差别,聚烯烃的热值约为45 MJ/kg,纤维复合材料中热固性树脂的热值约为30 MJ/kg,与煤和橡胶轮胎相当。能量回收方法特别适合污染严重、含有多种不同聚合物基体材料且填料价值不高的纤维复合材料,因此,能量回收并不适合回收CFRP,而更适于回收污染严重的GFRP。

3.4.1 GFRP的能量回收

由于GFRP中含有不燃烧的玻璃纤维、碳酸钙等,复合材料总的热值只有约15 MJ/kg。碳酸钙在高温下会吸热分解,也会降低一部分热值。除了酚醛树脂外,环氧树脂和不饱和聚酯很少会产生焦炭。在双室、缺气式焚烧炉中GFRP仍可以快速燃烧,温度高达900 ℃[124]。焚烧后的无机残渣主要为玻璃纤维及一些增强填料,其体积与原始复合材料相同,残渣的附加值很低,通常被用来填路。

GFRP中的填料与生产水泥的原材料相同,可以用作水泥窑的燃料,尤其是短纤维或颗粒状的复合材料。水泥生产过程的要消耗大量的热,因此GFRP的加入会降低整个过程的成本[125]。GFRP中的无机材料可以作为水泥的一部分,但玻璃纤维中含有的硼会降低水泥固化时的初始强度。通常采用GFRP替代10%的煤时,水的初始强度不受影响,当替代量超过15%时即会产生负面影响[126]。

3.4.2 CFRP的能量回收

对于CFRP来说,能量回收通常是针对热裂解产生的油和气。环氧树脂热裂解生成的油和气组分复杂,作为化工产品使用的经济价值不大,因此通常作为燃料为回收过程提供能量。日本的碳纤维再生工业公司采用废料燃烧时所产生的热解气作为碳纤维回收的热源[127],CFRP在400 ℃左右的碳化室内分解生成热解气,热解气导出后与氧在燃烧器中混合燃烧,产生的能量供给回收过程,该方法可节省能耗60%左右。使用热蒸汽使密闭容器内的温度更加均匀,回收每kg碳纤维需要的能耗下降至6.71 MJ。

3.4.3 技术优缺点与经济性

考虑到热固性树脂的低热值以及其在复合材料中较低的含量,将其用作能量回收并不十分合理。能量回收特别适合处理污染严重、组成复杂、分离困难的低附加值纤维复合材料。对于聚合物而言，能量回收具有明显的减量作用，但对复合材料来说并不明显，燃烧后的残渣体积没有太大变化。可控的燃烧能够破坏树脂中的有毒物质，但也会生燃烧不完全的情况。燃烧产生的灰分和气体都需要小心处理，以避免产生有毒物质。

参考文献

[1] NAQVI S R, PRABHAKARA H M, BRAMER E A, et al. A critical review on recycling of end-of-life carbon fibre/glass fibre reinforced composites waste using pyrolysis towards a circular economy[J]. Resources, Conservation & Recycling, 2018, 136: 118-129.

[2] CHEN K S, YEH R Z. Pyrolysis kinetics of epoxy resin in a nitrogen atmosphere[J]. Journal of Hazardous Materials, 1996, 49: 105, 113.

[3] FLYNN J H, WALL L A. A quick, direct method for the determination of activation energy from thermogravimetric data[J]. Journal of Polymer Science Part B: Polymer Letters, 1966, 4(5): 323-328.

[4] FLYNN J H, WALL L A. Initial kinetic parameters from thermogravimetric rate and conversion data[J]. Journal of Polymer Science Part B: Polymer Letters, 1967, 5(2): 191-196.

[5] KISSINGER H E. Reaction kinetics in differential thermal analysis[J]. Analytical chemistry, 1957, 29(11): 1702-1706.

[6] FRIEDMAN H L. Kinetics of thermal degradation of char-forming plastics from thermogravimetry. application to a phenolic plastic[J]. Journal of Polymer Science Part C: Polymer Symposia, 1964, 6(1): 183-195.

[7] CHEN K S, YEH R Z, WU C H. Kinetics of thermal decomposition of epoxy resin in nitrogen-oxygen atmosphere[J]. Journal of Environmental Engineering, 1997, 123(10): 1041-1046.

[8] YUN Y M, SEO M W, KOO G H, et al. Pyrolysis characteristics of GFRP (Glass Fiber Reinforced Plastic) under non-isothermal conditions[J]. Fuel 2014, 137: 321-327.

[9] YUN Y M, SEO M W, RA H W, et al. Pyrolysis characteristics of glass fiber reinforced plastic (GFRP) under isothermal conditions[J]. Journal of Analytical and Applied Pyrolysis, 2015, 114: 40-46.

[10] PENDER K, YANG L. Investigation of the potential for catalysed thermal recycling in glass fibre reinforced polymer composites by using metal oxides[J]. Composites: Part A, 2017, 100: 285-293.

[11] YU B, TILL V, THOMAS K. Modeling of thermo-physical properties for FRP composites under elevated and high temperature[J]. Composites Science and Technology, 2007, 67(15): 3098-3109.

[12] CHEN R Y, LI Q W, XU X K, et al. Comparative pyrolysis characteristics of representative commercial thermosetting plastic waste in inert and oxygenous atmosphere[J]. Fuel, 2019, 246: 212-221.

[13] REGNIER N, FONTAINE S. Determination of the thermal degradation kinetic parameters of carbon fibre reinforced epoxy using TG[J]. Journal of Thermal Analysis and Calorimetry, 2001, 64(2): 789-799.

[14] LEE J H, KIM K S, KIM H. Determination of kinetic parameters during the thermal decomposition of epoxy/carbon fiber composite material[J]. Korean Journal of Chemical Engineering, 2013, 30(4): 955-962.

[15] 徐艳英，张颖，王志，等. 典型碳纤维编织布的热解动力学[J]. 材料研究学报，2017，31(1)：57-64.

[16] 徐艳英，杨扬，张颖，等. 单向碳纤维/环氧树脂预浸料热解特性[J]. 复合材料学报，2018，35(9)：2442-2448.

[17] 杨杰. 碳纤维增强环氧树脂复合材料在不同氧浓度下热分解行为的研究[D]. 哈尔滨：哈尔滨工程大学，2014.

[18] KIM K W, JEONG J S, AN K H, et al. A Low energy recycling technique of carbon fibers-reinforced epoxy matrix composites[J]. Industrial & Engineering Chemistry Research, 2019, 58: 618-624.

[19] CUNLIFFE A M, JONES N, WILLIAMS P T. Recycling of fibre-reinforced polymeric waste by pyrolysis: thermo-gravimetric and bench-scale investigations[J]. Journal of Analytical and Applied Pyrolysis, 2003, 70: 315-338.

[20] CUNLIFFE A M, WILLIAMS P T. Characterisation of products from the recycling of glass fibre reinforced polyester waste by pyrolysis[J]. Fuel, 2003, 82: 2223-2230.

[21] TORRES A, MARCO I D, CABALLERO B M, et al. GC-MS analysis of the liquid products obtained in the pyrolysis of fibre-glass polyester sheet moulding compound[J]. Journal of Analytical and Applied Pyrolysis, 2000, 58-59: 189-203.

[22] TORRES A, MARCO I D, CABALLERO B M, et al. Recycling of the solid residue obtained from the pyrolysis of fiberglass polyester sheet molding compound[J]. Advances in Polymer Technology, 2009, 28 (2): 141-149.

[23] TORRES A, MARCO I D, CABALLERO B M, et al. Recycling by pyrolysis of thermoset composites: characteristics of the liquid and gaseous fuels obtained[J]. Fuel, 2000, 79 (8): 897-902.

[24] LOPEZ F A, MARTIN M I, ALGUACIL F J, et al. Thermolysis of fibreglass polyester composite and reutilisation of the glass fibre residue to obtain a glass-ceramic material[J]. Journal of Analytical and Applied Pyrolysis, 2012, 93: 104-112.

[25] GIORGINI L, LEONARDI C, MAZZOCCHETTI L, et al. Pyrolysis of fiberglass/polyester composites: recovery and characterization of obtained products[J]. FME Transactions, 2016, 44 (4): 405-414.

[26] ONWUDILI J A, MISKOLCZI N, NAGY T, et al. Recovery of glass fibre and carbon fibres from reinforced thermosets by batch pyrolysis and investigation of fibre re-using as reinforcement in LDPE matrix[J]. Composites Part B, 2016, 91: 154-161.

[27] 王凤奎. 玻璃钢热解回收装置：中国：CN 101817919 A[P]. 2010-09-01.

[28] OYEDUN A O, LAM K L, GEBREEGZIABHER T, et al. Optimisation of operating parameters in multi-stage pyrolysis[J]. Chemical Engineering Transactions, 2012, 29: 655-660.

[29] JIANG G, PICKERING S J, WALKER G S, et al. Soft ionisation analysis of evolved gas for oxidative decomposition of an epoxy resin/carbon fibre composite[J]. Thermochimica Acta, 2007, 454: 109-115.

[30] USHIKOSHI K, KOMATSU N, SUGINO M. Recycling of CFRP by pyrolysis method[J]. Journal-Society of Material Science Japan, 1995, 44(499): 428-431.

[31] YANG J, LIU J, LIU W B, et al. Recycling of carbon fibre reinforced epoxy resin composites under various oxygen concentrations in nitrogenoxygen atmosphere[J]. Journal of Analytical and Applied Pyrolysis, 2015, 112: 253-261.

[32] MEYER L O, SCHULTE K, GROVE-NIELSEN E. CFRP-Recycling following a pyrolysis route: process optimization and potentials[J]. Journal of composite materials, 2009, 43(9): 1121-1132.

[33] LOPEZ F A, RODRIGUEZ O, ALGUACIL FJ, et al. Recovery of carbon fibres by the thermolysis and

gasification of waste prepreg[J]. Journal of Analytical and Applied Pyrolysis,2013,10:675-683.

[34] GIORGINI L,BENELLI T. Pyrolysis as a way to close a CFRC life cycle:carbon fibers recovery and their use as feedstock for a new composite production[J]. AIP Conference Proceedings,2014,1599:354-357.

[35] ONWUDILI J A,INSURA N,WILLIAMS PT. Autoclave pyrolysis of carbon reinforced composite plastic waste[J]. Journal of the Energy Institute,2013,86:227-232.

[36] MAZZOCCHETTI L,BENELLI T,D'ANGELO E,et al. Validation of carbon fibers recycling by pyro-gasification:The influence of oxidation conditions to obtain clean fibers and promote fiber/matrix adhesion in epoxy composites[J]. Composites Part A,2018,112:504-514.

[37] SHI J,KEMMOCHI K,BAO L M. Research in recycling technology of fiber reinforced polymers for reduction of environmental load:Optimum decomposition conditions of carbon fiber reinforced polymers in the purpose of fiber reuse[J]. Advances in Materials Research,2012,343-344:142-149.

[38] SHI J,BAO L M,KEMMOCHI K,et al. Reusing recycled fibers in high-value fiber-reinforced polymer composites:Improving bending strength by surface cleaning[J]. Composites Science and Technology,2012,72:1298-1303.

[39] YE S Y,BOUNACEUR A,SOUDAIS Y,et al. Parameter optimization of the steam thermolysis:a process to recover carbon fibers from polymer-matrix composites[J]. Waste and Biomass Valorization. 2013,4:73-86.

[40] 罗益锋. 碳纤维复合材料废弃物的回收与再利用技术发展[J]. 纺织导报,2013,12:36-39.

[41] JEONG J S,KIM K W,AN K H,et al. Fast recovery process of carbon fibers from waste carbon fibers-reinforced thermoset plastics[J]. Journal of Environmental Management,2019,247:816-821.

[42] KIM K W,LEE H M,AN J H,et al. Recycling and characterization of carbon fibers from carbon fiber reinforced epoxy matrix composites by a novel super-heated-steam[J]. Journal of Environmental Management,2017,203:872-879.

[43] DOYLE C D. Estimating thermal stability of experimental polymers by empirical thermogravimetric analysis[J]. Analytical Chemistry,1961,33(1):77-79.

[44] KIM K W,KIM D K,KIM B S,et al. Cure behaviors and mechanical properties of carbon fiber-reinforced nylon6/epoxy blended matrix composites[J]. Composites Part B:Engineering,2017,112:15-21.

[45] LIMBURG M,STOCKSCHLADER J,QUICKER P. Thermal treatment of carbon fibre reinforced polymers (part 1:recycling)[J]. Waste Management & Research,2019,37(1) Supplement:73-82.

[46] ZÖLLNER M,LIEBERWIRTH H,KEMPKES P,et al. Thermal resistance of carbon fibres/carbon fibre reinforced polymers under stationary atmospheric conditions and varying exposure times[J]. Waste Management,2019,85:327-332.

[47] NAHIL M A,WILLIAMS P T. Recycling of carbon fibre reinforced polymeric waste for the production of activated carbon fibres[J]. Journal of Analytical and Applied Pyrolysis,2011,91:67-75.

[48] CONNOR M L. Characterization of recycled carbon fibers and their formation of composites using injection molding[D]. Raleigh,MS Thesis at North Carolina State University,2008.

[49] AKONDA M H,LAWRENCE C A,WEAGER B M. Recycled carbon fibre-reinforced polypropylene thermoplastic composites[J]. Composites Part A-Applied science and manufacturing,2012,43:79-86.

[50] STOEFFLER K,ANDJELIC S,LEGROS N,et al. Polyphenylene sulfide (PPS) composites reinforced

with recycled carbon fiber[J]. Composites Science and Technology,2013,84:65-71.

[51] ELG 碳纤维有限公司[N]. www. elgcf. com. 2020-05-20.

[52] ROY P,JOHN D. Recyling carbon fibre. US Patent 7,922,871[P],2011-04-12; EP Patent 2,152,487 [P],2009-01-19; WO Patent 2,009,090,264[P],2009-07-23.

[53] HEIL J P. Study and analysis of carbon fiber recycling[D]. Raleigh: MS Thesis at North Carolina State University,2011.

[54] LAM K L,OYEDUN A O,CHEUNG K Y,et al. Modelling pyrolysis with dynamic heating[J]. Chemical Engineering Science,2011,66 (24):6505-6514.

[55] HEIL J P,CUOMO J. Recycled carbon fiber composites[C]. Hamburg,Germany: IntertechPira, November 3-4,2009.

[56] HEIL J P,LITZENBERGER D R,CUOMO J J. A comparison of chemical,morphological,and mechanical properties of carbon fibers recovered from commercial recycling facilities[C]. SAMPE 2010 technical conference proceedings new materials and processes for a new economy,Seattle, America,May 17-20,2010.

[57] PIMENTA S,PINHO S T. The effect of recycling on the mechanical response of carbon fibres and their composites[J]. Composite Structures,2012,94:3669-3684.

[58] CFK Valley Stade Recycling GmbH[N]. www. cfk-recycling. de. 2020-05-20.

[59] PIMENTA S,PINHO S T. Recycling carbon fibre reinforced polymers for structural applications: technology review and market outlook[J]. Waste Management,2011,31:378-392.

[60] TOMMASO C,GIACINTO C,SERGIO G. Method and apparatus for recovering carbon and/or glass fibers from a composite material 1:EP,. WO Patent 2003089212[P]. 2003-04-17.

[61] CORNACCHIA G,GALVAGNO S,PORTOFINO S,et al. Carbon fiber recovery from waste composites: an integrated approach for a commercially successful recycling operation[C]. International SAMPE Technical Conference,Baltimore,Maryland,USA,May 18-21,2009.

[62] GRECO A,MAFFEZZOLI A,BUCCOLIERO G,et al. Thermal and chemical treatments of recycled carbon fibres for improved adhesion to polymeric matrix[J]. Journal of composite materials,2012, 47(3):369-377.

[63] WOOD K. Carbon fiber reclamation:going commercial[N]. High-Performance Composites. 2010-4-2

[64] Adherent Technologies [N]. www. adherent-tech. com. 2020-05-20.

[65] OLIVEUX G,DANDY L O,LEEKE G A. Current status of recycling of fibre reinforced polymers: Review of technologies, reuse and resulting properties[J]. Progress in Materials Science, 2015, 72:61-99.

[66] 何天白,唐涛,祝颖丹. 碳纤维复合材料轻量化技术[M]. 北京:科学出版社,2015:59.

[67] PICKERING S J. Recycling technologies for thermoset composites-current status[J]. Composites: Part A,2006,37:1206-1215.

[68] BAGG E G,EVANS M,PRYDE A W H. The glycerine process for the alignment of fibres and whiskers [J]. Composites,1969,1(2):97-100.

[69] DAVIDSON J F,CLIFT R,HARRISON D. Fluidization. Orlando[M]. Fla:Academic Press; 1985.

[70] JIANG G,PICKERING S J,LESTER E H,et al. Characterisation of carbon fibres recycled from carbon fibre/epoxy resin composites using supercritical n-propanol[J]. Composites Science and Technology,

2009,69:192-198.

[71] JIAMJIROCH K. Developments of a fluidised bed process for the recycling of carbon fibre composites [D]. Nottingham University of Nottingham,2012.

[72] PICKERING S J,KELLY R M,KENNERLEY J R,et al. A fluidised bed process for the recovery of glass fibres from scrap thermoset composites[J]. Composites Science and Technology,2000,60:509-523.

[73] WONG K H,PICKERING S J,TURNER T A,et al. Preliminary feasibility study of reinforcing potential of recycled carbon fibre for flame-retardant grade epoxy composite[C]. Composites Innovation Conference 2007-Improved Sustainability and Environmental Performance,Barcelona,Spain,2007.

[74] PICKERING S J,LIU Z,TURNER T A,et al. Applications for carbon fibre recovered from composites[J]. IOP Conference Series:Materials Science and Engineering,2016,139(1):012005.

[75] PICKERING S J,TURNER T A,MENG F R,et al. Developments in the fluidised bed process for fibre recovery from thermoset composites[C]. Composites and Advanced Materials Expo,2015,2384-2394.

[76] MENG F R,MCKECHNIE J,TURNER T A,et al. Energy and environmental assessment and reuse of fluidised bed recycled carbon fibres[J]. Composites:Part A,2017,100:206-214.

[77] YIP H L H,PICKERING S J,RUDD C D. Characterisation of carbon fibre recycled from scrap composites using a fluidised bed process[J]. Plastics,Rubber and Composites,2002,31 (6):278-282.

[78] WONG K H,PICKERING S J,TURNER T A,et al. Compression moulding of a recycled carbon fibre reinforced epoxy composite[C]. SAMPE 2009 Conference,Baltimore,Maryland,2009.

[79] MEREDITH R J. Engineers' handbook of industrial microwave heating[J]. Power Engineering Journal,1998,13(1):3.

[80] SCAIFE B K P. Principles of dielectrics[Z]. 1989.

[81] CHANTREY P. Industrial microwave heating[J]. electronics & Power,1983,29(9):659.

[82] SMYTH C P. Dielectric materials and applications[J]. Journal of the Electrochemical Society,1995. 102(3):68C.

[83] RICHARD F. Investigation into microwave heating of uranium dioxide[Z]. 1995.

[84] MINKIN V I. Basic principles of the theory of dielectrics[Z]. 1970.

[85] OLIVER C,KAPPE A S,Dallinger D. Microwaves in organic and medicinal chemistry[Z]. 2012.

[86] MANTHORPE S. Handbook of microwave measurements[Z]. 1963.

[87] NELSON S O. Permittivity and density relationships for granular and powdered materials [J]. Antennas & Propagation Society International Symposium,2004.

[88] NELSON S O. BARTLEY P,Measuring frequency-and temperature-dependent permittivities of food materials [J]. IEEE transactions on instrumentation and measurement,2002,51(4):589-592.

[89] PICKLES C. MOURIS J,HUTCHEON R,High-temperature dielectric properties of goethite from 400 to 3 000 MHz [J]. Journal of materials research,2005,20(1):18-29.

[90] TRABELSI S,KRASZEWSKI A W,NELSON S O. Density- and structure-independent calibration method for microwave moisture determination in granular materials [J]. IEEE Antennas and Propagation Society International Symposium,1999.

[91] ATWATER J E,JR R R W. Complex permittivities and dielectric relaxation of granular activated

carbons at microwave frequencies between 0.2 and 26 GHz[J]. Carbon,2003,41(9):1801-1807.

[92] SUGIMOTO H,Norimoto M. Dielectric relaxation due to interfacial polarization for heat-treated wood. Carbon[J],2004,42(1):211-218.

[93] HIPPEL A R,MORGAN S O. Dielectric materials and applications[J]. Journal of the Electrochemical Society,1955,102(3):68C.

[94] ATWATER J E,Jr R R W. Microwave permittivity and dielectric relaxation of a high surface area activated carbon[J]. Applied Physics A,2004,79(1):125-129.

[95] BUCHNER,R J. BARTHEL,Stauber J. The dielectric relaxation of water between 0 ℃ and 35 ℃ [J]. Chemical Physics Letters,1999,306(1-2):57-63.

[96] BÖTTCHER C J F,Jr W F B. Theory of electric polarisation. physics today,1953,6(5):17.

[97] HAIRETDINOV E F. Dielectric relaxation of free charge carriers in some fluorite-type solid solutions [J]. Physica B Condensed Matter,1998,244(244):201-206.

[98] HALL D A,BEN-OMRAN M M,Stevenson P J. Field and temperature dependence of dielectric properties in -based piezoceramics[J]. Journal of Physics Condensed Matter,1998,10(2):461.

[99] NELSON S O. Estimating the permittivity of solids from measurements on granular or pulverized materials[J]. Mrs Online Proceedings Library Archive,1988,124.

[100] SALSMAN J B. Technique for measuring the dielectric properties of minerals as a function of temperature and density at microwave heating frequencies[J]. Mrs Proceedings,2011,189.

[101] TRABELSI S,Kraszewski A W,Nelson S O. Microwave dielectric sensing of bulk density of granular materials[J]. Measurement Science & Technology,2001,12(12):2192-2197(6).

[102] FREDERIKSE H P R. Crc Handbook of Chemistry & Physics permittivity (dielectric constant) of inorganic solids[J]. Crc Handbook of Chemistry & Physics,2016:2123-2131.

[103] YOSHIMURA T,ARAI Y,FUJIMOTO N,et al. Simulation of cross-talk reduction in multimode waveguide-based micro-optical switching systems by use of single-mode filters [J]. Applied Optics,2004.

[104] THOSTENSON. Microwave processing: fundamentals and applications [J]. Composites Part A Applied Science & Manufacturing,1999,30(9):1055-1071.

[105] JONES D A. Understanding microwave treatment of ores[J]. Energy Fuels,2005,3(1):85-88.

[106] BRUCE R W. Application of microwave heating to ceramic processing:design and initial operation of a 2.45-GHz single[J]. IEEE Transactions on Plasma Science,1996,24(3):1041-1049.

[107] TADMOR A D,Schachter L. Optimized single-mode cavity for ceramics sintering[J]. IEEE Transactions on Microwave Theory & Techniques,2002,47(9):1634-1639.

[108] KIMREY H D,Janney M A. Design principles for high-frequency microwave cavities[J]. Mrs Proceedings,1988,124:367.

[109] HULL P,Girard R. Dielectric heating for industrial processes[Z]. 1992.

[110] METAXAS A C,Meredith R J. Industrial microwave heating[Z]. 1988.

[111] ZOBG L. Dielectric relaxation of curing DGEBA/mPDA system at 2.45 GHz[J]. Journal of Thermoplastic Composite Materials. 2009,22(3):249-257.

[112] ZONG L,Kempel L C,Hawley M C. Dielectric properties of polymer materials at a high microwave frequency[Z]. 2004.

[113] 赵玮,孙艳.氟树脂复合材料的制备与介电性能分析[J].科技视界,2014(33):225.

[114] ELIMAT Z M. Dielectric properties of epoxy/short carbon fiber composites[J]. Journal of Materials Science,2010,45(19):5196-5203.

[115] 伏金刚,朱冬梅,罗发,等.短切碳纤维[I]环氧树脂复合材料的介电性能研究,2012.

[116] 刘元军,郭映雪,赵晓明.碳纤维厚度和规格对介电性能影响[Z].2017.

[117] LESTER E. Microwave heating as a means for carbon fibre recovery from polymer composites: a technical feasibility study[J]. Materials Research Bulletin,2004,39(10):1549-1556.

[118] OBUNAI K,Fukuta T,Ozaki K. Carbon fiber extraction from waste CFRP by microwave irradiation [J]. Composites Part A:Applied Science and Manufacturing,2015,78:160-165.

[119] JIANG L. Recycling carbon fiber composites using microwave irradiation:reinforcement study of the recycled fiber in new composites[J]. Journal of Applied Polymer Science,2015,132(41).

[120] ULVEN C. Polyolefins reinforced with microwave recycled carbon fibers[Z]. 2014.

[121] 郝思琦,王国鸿,陆明彦,等.废弃热固性碳纤维复合材料的微波热解法回收[Z]. CCCM3 2017.

[122] DENG J. Recycling of carbon fibers from CFRP waste by microwave thermolysis. Processes,2019,7(4):207.

[123] EMMERICH R,KUPPINGER J. Recovering Carbon Fibers[Z]. 2014.

[124] PICKERING S J,BENSON M. The recycling of thermosetting plastics[C]. London,UK,Proc. 2nd International Conference on Plastics Recycling,March 13-14,1991.

[125] ASMATULU E,TWOMEY J,OVERCASH M. Recycling of fiber-reinforced composites and direct structural composite recycling concept[J]. Journal of Composite Materials,2013,48(5):593-608.

[126] 沙伊斯.聚合物回收:科学、技术与应用[M].纪奎江,陈占勋,译.北京:化学工业出版社,2004.

[127] 罗益锋.碳纤维复合材料废弃物的回收与再利用技术发展[J].纺织导报,2013,12:36-39.

第4章 复合材料的化学降解

环境和资源是人类社会得以存在并发展的物质基础。随着几千年来人类社会的进步及人口和生产力的发展，人类对于环境的破坏程度远远超过了自然环境的自修复能力，同时对资源的过快消耗也严重威胁人类的生活质量和文明的进一步发展。环境和资源是当前人类社会发展面临的两大基础性难题。人工合成复合材料品种丰富，性能优异，广泛应用于生活和生产的各个领域。每年有大量各种形式的废弃复合材料进入人们赖以生存的自然环境，而高效、经济、绿色的处理这些废弃材料是当前应对环境和资源两大挑战的有效途径。

化学降解是指利用化学试剂或者催化剂，通过化学反应将复合材料中的某种或者某几种化学键选择性打开，从而减小复合材料中树脂的相对分子质量，使其更容易与纤维等增强物质分离。由于在反应过程中需要加入小分子反应试剂和催化剂，这些小分子试剂和催化剂与树脂分子上的化学键相互作用，促使其在较低温度下发生化学键的断裂，同时在化学键断裂处加成两个端基，形成新的相对分子质量更小的物质。高分子树脂相对分子质量大，化学键周期性明显，降解反应更容易发生在含有杂原子的化学键上，通过降解小分子试剂和催化剂体系的设计可以使树脂中某类化学键高选择性的、高效的打开，尽可能保留其有序的、高附加值的碳结构单元，并努力实现降解产物的高值化利用。化学降解与热解和超临界降解的方法相比，优势在于有望在相对较低的反应温度、较低的能耗投入、温和的反应条件下，实现复合材料的而高效、经济、绿色的降解回收，降解回收得到的产物附加值更高。其存在的问题和挑战在于：①每一种降解体系往往只适合一种材料的降解，对于其他材料不具有理想的降解效果，而热解和超临界降解往往适合多种复合材料的降解过程；②工程化生产较机械回收、热解或者能量回收存在技术难度，由于化学降解需要加入小分子试剂、催化剂等物质，而且反应往往是在溶剂中进行，这就决定了其化工过程的规模化和连续化生产需要开发更多的设备和设施；③大分子的化学反应往往比常规小分子的反应过程更复杂，诸多新的科学问题尚需探索和揭示。

近年来，随着研究人员的不懈努力，高分子材料特别是复合材料的化学降解发展势头可喜，取得了诸多意义重大的成果，新的方法和技术也层出不穷。由于化学降解针对的是复合材料中的树脂部分，因此树脂的化学结构和性质决定降解过程采用的降解体系和工艺特点。本章重点介绍常规的不饱和聚酯树脂基复合材料（与玻璃纤维复合成为玻璃钢）、环氧树脂基复合材料及聚氨酯基复合材料化学降解方面的新技术和新思路。

4.1　环氧树脂及其复合材料化学回收技术进展

4.1.1　环氧树脂简介

环氧树脂是一种性能优异的热固性高分子材料，广泛应用于航空、航海、火箭、石油、运动器材等领域，在我国有150～200万t的消费量。环氧树脂成型前，分子中含有两个以上环氧基团，环氧基的化学活性高，与多种含有活泼氢的化合物发生反应使其开环，同时交联固化生成网状结构。环氧树脂按照化学成分的类型可分为缩水甘油醚类环氧树脂、缩水甘油酯类环氧树脂、缩水甘油胺类环氧树脂、线型脂肪族类环氧树脂和脂环族类环氧树脂。其中以缩水甘油醚类环氧树脂树脂（双酚A环氧树脂）用途最广，产量最大。复合材料中也多用双酚A环氧树脂进行固化复合。

环氧树脂的化学降解主要是针对高分子链上的碳—氧键、碳—氮键或某些碳碳键，在溶剂和催化剂或氧化剂等的作用下，对其进行活化，打开高分子的网络结构，使其转化为结构明确的小分子或热塑性高分子，方便进一步回收和利用。从化学反应的本质来看，降解反应可分为氧化降解、酸催化降解、碱催化和金属离子催化降解等；从反应所用溶剂来看，可以分为水相溶剂体系、醇溶剂体系、乙酸溶剂体系、电解质溶剂体系和其他溶剂体系；从诱导降解的能量输入类型看，可以分为微波降解和电催化降解，其中电催化降解主要是在电解质溶剂体系中进行。

另外，随着人们对高分子对环境的不利作用的日益关注，易降解型高分子材料的设计与开发成为当前学界的一大热点，各种新型的环氧树脂复合材料被合成，其主要思想是在环氧树脂网络中引入容易催化活化的弱化学键，使其在常规环境中可以有效发挥环氧树脂的材料特性，同时在特定条件下可以高效活化并降解。

4.1.2　催化降解技术

1. 酸催化降解

高分子材料中的碳杂原子键（C—X键）容易在质子酸的作用下发生电荷偏移而被活化，在溶剂或小分子反应物质的作用下打开。通常在强酸如硫酸作用下，树脂的降解多为非选择性断键，生成的产物成分复杂。华盛顿州立大学的张锦文及其团队[1]利用磷钨酸在水相体系催化降解酸酐固化的环氧树脂，发现杂多酸可以催化酯键水解，得到具有较多反应活性基团的低聚物。这些低聚物作为活性组分用于新酸酐固化环氧树脂体系，添加量为40%时，并不影响新和成树脂的机械强度。酸酐固化环氧树脂合成及降解示意图如图4.1(a)所示，降解产物实物图及再利用实物图如图4.1(b)所示。

2. 碱催化降解

西北工业大学Jianjun Jiang团队利用KOH/聚乙二醇体系实现了胺固化环氧树脂的催化降解。该方法首先利用硝酸对碳纤维/环氧树脂复合材料进行预处理，使其初步降解和分层。然后，分层的碳纤维/环氧树脂复合材料浸入KOH/聚乙二醇体系，在160 ℃下反应

200 min，环氧树脂移除率高达 95%。回收碳纤维表面光滑，纤维表面润湿性能得到改善，纤维拉伸强度有轻微降低。KOH/聚乙二醇体系催化降解碳纤维/环氧树脂复合材料示意图如图 4.2 所示[2]。

DER 331
+
甲基苯酐
(MNA)
固化
固化环氧树脂
(不溶性聚合物)
+
酸性
水溶液
降解基质聚合物
(可溶性聚合物)
与DER331和MNA混合

(a)酸酐固化环氧树脂的合成及降解示意图

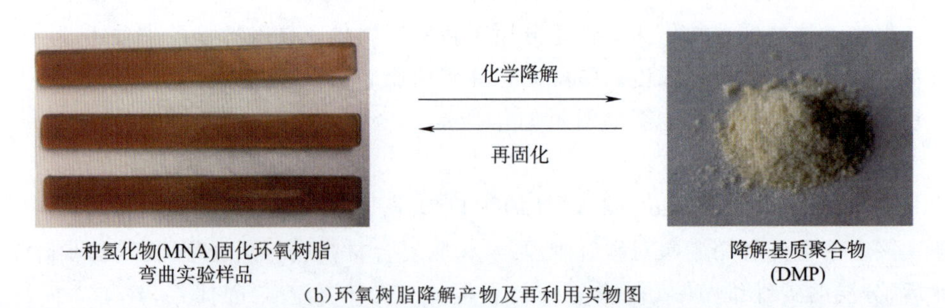

(b)环氧树脂降解产物及再利用实物图

图 4.1　酸酐固化环氧树脂的合成及降解

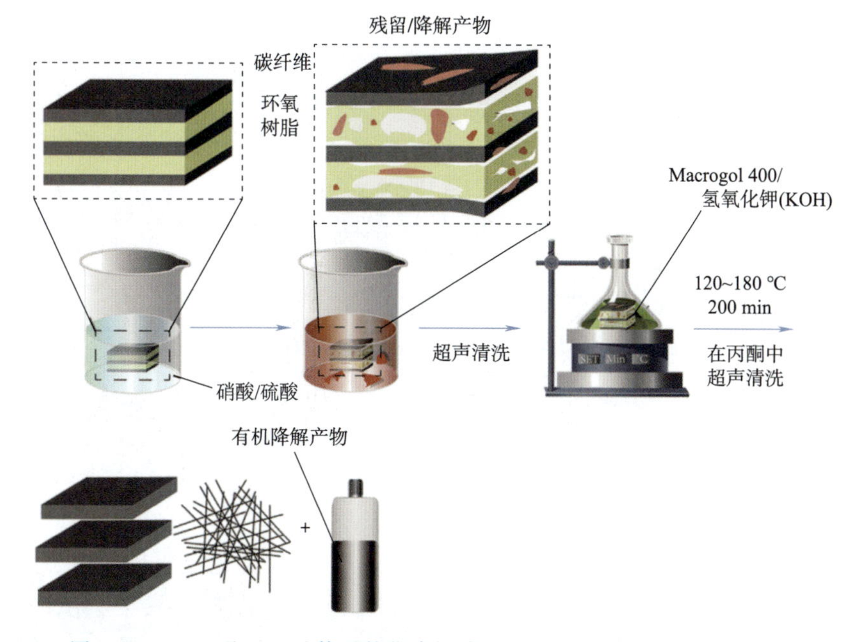

图 4.2　KOH/聚乙二醇体系催化降解碳纤维/环氧树脂复合材料示意图

四川大学王玉忠和徐世美团队通过微波加热方式利用二乙撑三胺作为双功能催化剂催化降解酸酐固化的环氧树脂。首先，利用二氯甲烷对酸酐固化环氧树脂进行预处理，使其蓬松成多孔结构。然后，通过微波加热方式利用二乙撑三胺对环氧树脂进行降解。二乙撑三胺既作为催化剂又作为溶剂。在 130 ℃下反应 50 min，环氧树脂的降解率可达 99%。结果表明，通过胺解反应，酯键被选择性的断裂，环氧树脂被降解成具有多活性基团的低聚物。该低聚物可以和未反应的二乙撑三胺一起作为固化剂用于新环氧树脂的合成。微波加热二乙撑三胺催化降解环氧树脂实物图如图 4.3 所示。同时，该研究对二乙撑三胺降解酸酐固化环氧树脂的机理进行了深入的探讨，并提出了合理的降解机理(见图 4.4)[3]。

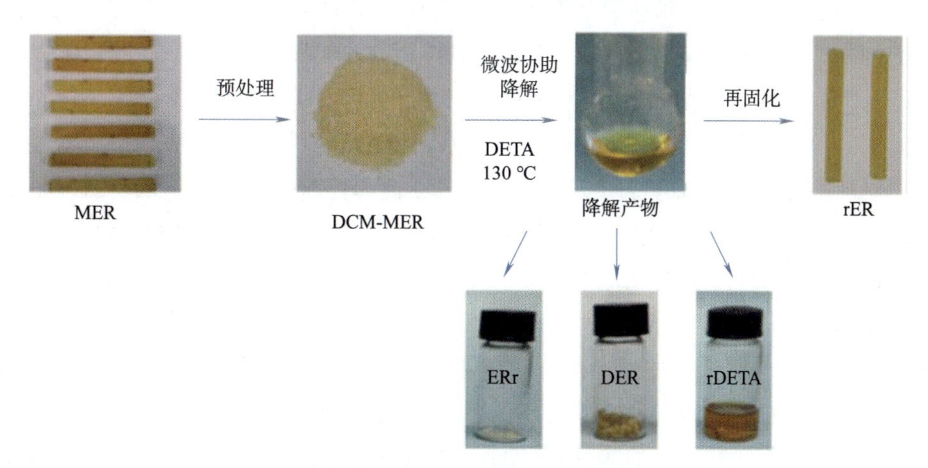

图 4.3　微波加热二乙撑三胺催化降解环氧树脂实物图

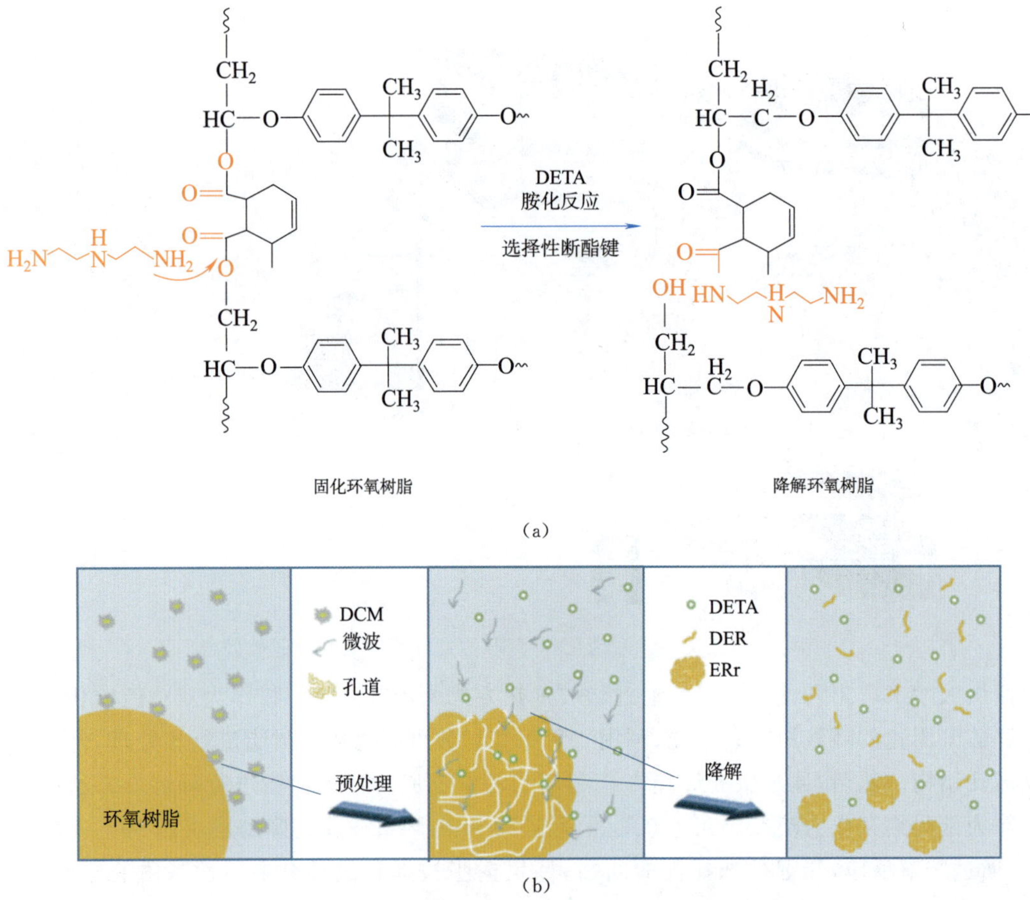

(a)

(b)

图 4.4　二乙撑三胺降解酸酐固化环氧树脂的机理

3. 金属离子催化降解技术

中国科学院山西煤炭化学研究所侯相林研究团队通过调控金属离子的配位状态，催化环氧树脂中碳—杂原子键选择性断裂，实现环氧树脂的定向降解。他们在研究中发现：氯化锌常温下在水中的浓度可达 80%，其水分子与锌离子的摩尔比（H_2O/Zn）为 3∶1，在 60% 的氯化锌水溶液中 H_2O/Zn 约为 5∶1，锌离子在水溶液中的饱和配位数是 6，因此浓氯化锌水溶液中含有大量配位不饱和的锌离子。这些配位不饱和锌离子与配位饱和锌离子相比具有更强的配位倾向，因此表现出更高的催化活性。基于此，他们率先在水相体系中引入配位不饱和锌离子催化热固性环氧树脂中断裂 C—N 键，实现环氧树脂的定向降解，从而实现碳纤维/环氧树脂复合材料的全组分回收。反应条件为 60% $ZnCl_2$/H_2O、220 ℃和 9 h 时，环氧树脂的降解率可达 97.3%。通过模型化合物二乙基－异丙基胺催化反应发现，配位不饱和锌离子可以高效催化仲碳上的 C—N 键选择性打开，而伯碳上的 C—N 键保持稳定，生成异丙醇和二乙基胺。结合核磁共振的表征，证明环氧树脂中的双酚 A 结构被完整保留，从而将三维交联的热固性环氧树脂降解成为线性热塑性环氧树脂。在此基础上对配位不饱和 Zn^{2+} 催化断裂 C—N 键的机理进行了深入探讨，并提出了合理的降解机理（见图 4.5）[4]。另外，该团队发现金属离子可以和弱的配体溶剂乙酸形成弱配位金属离子，乙酸对环氧树脂有较好的溶胀作用，同时作为活性基团参与反应，表现出更高的催化活性。通过铝离子和弱质子酸乙酸的共同作用，成功选择性断裂 C—N 键，定向降解碳纤维/环氧树脂复合材料，全组分回收碳纤维和环氧树脂低聚物。其实物图如图 4.6 所示[5]。

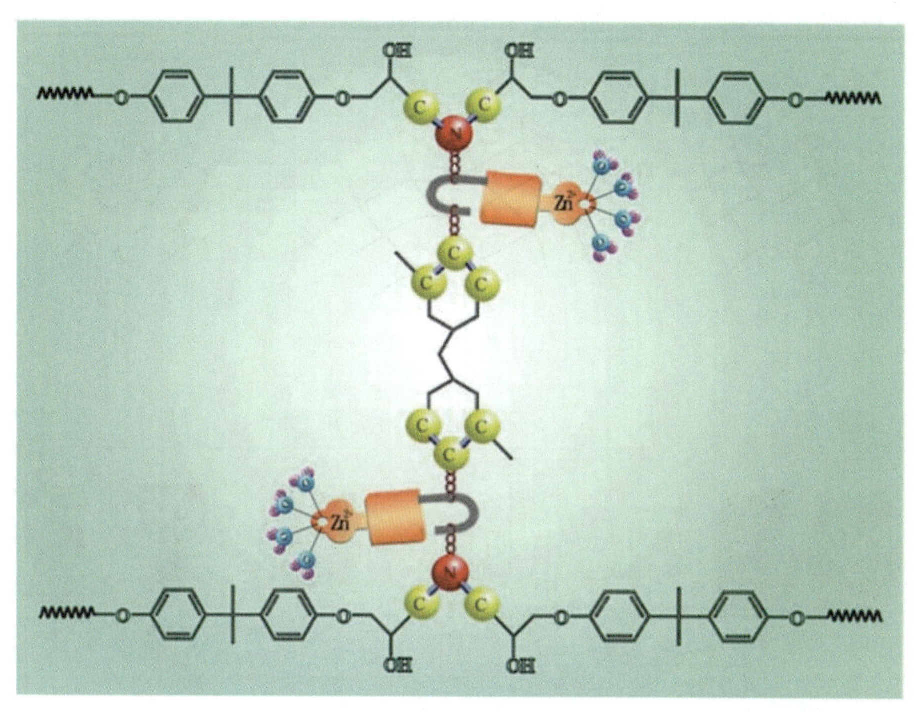

图 4.5　配位不饱和锌离子选择性催化断裂 C—N 键定向降解环氧树脂

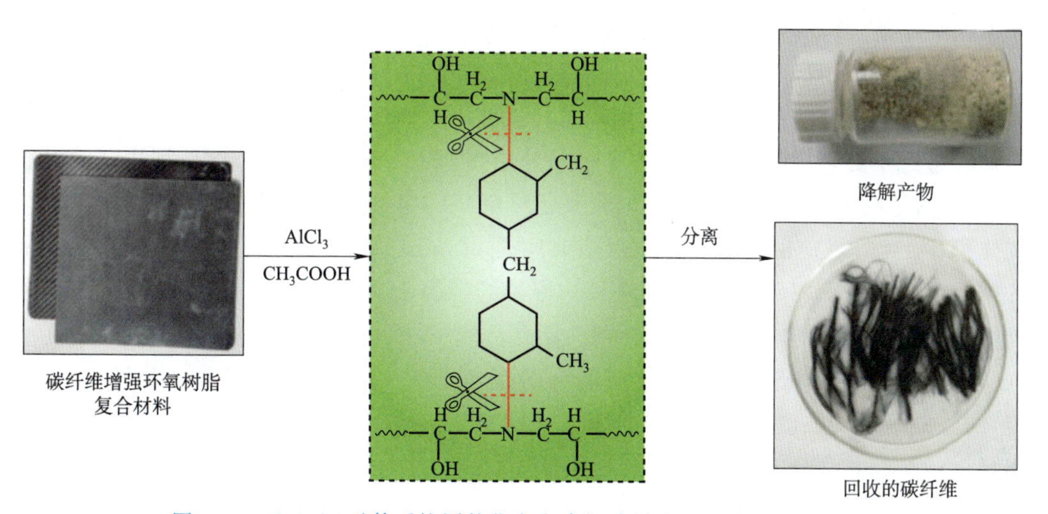

图 4.6　$AlCl_3$/乙酸体系协同催化定向降解碳纤维/环氧树脂复合材料

侯相林团队利用 $ZnCl_2$/乙醇反应体系催化降解碳纤维/环氧树脂复合材料废弃物，并对回收的环氧树脂降解产物进行再利用研究。通过乙醇的溶胀性能对环氧树脂进行溶胀，使

得 $ZnCl_2$ 对 C—N 键有强的配位作用，进而断裂环氧树脂的交联结构。华盛顿州立大学的张锦文团队进行了类似的工作，环氧树脂的溶胀及降解示意图如图 4.7 所示[6]。降解温度低于 200 ℃，回收得到的碳纤维损伤较小。降解得到的环氧树脂产物被重新用于环氧树脂的固化合成，添加量为 15%时，新合成的固化环氧树脂仍然具有较高强度。碳纤维/环氧树脂复合材料废弃物降解回收碳纤维及树脂实物图如图 4.8 所示。

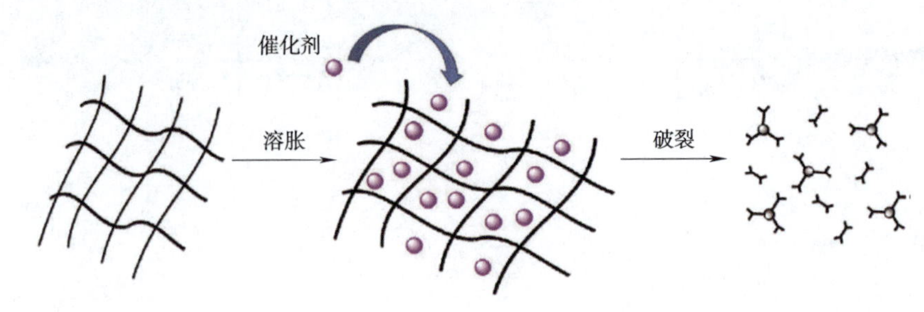

图 4.7　环氧树脂化学降解示意图

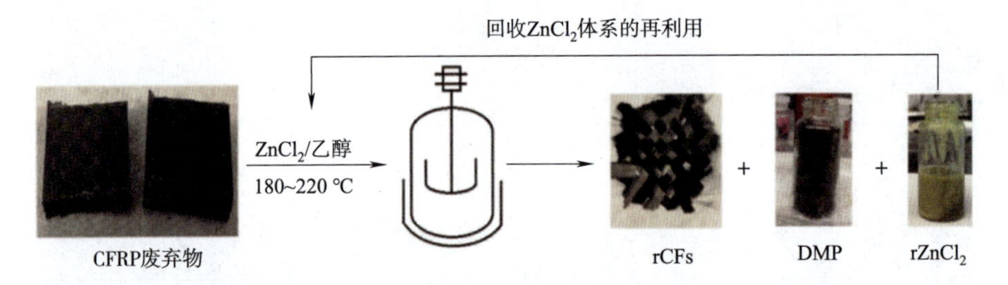

图 4.8　$ZnCl_2$/乙醇反应体系降解回收碳纤维/环氧树脂复合材料废弃物实物图

4. 氧化降解技术

中国科学院宁波材料技术与工程研究所李娟团队利用过氧化氢对碳纤维/环氧树脂复合材料进行氧化降解。其中一项工作是利用过氧化氢和 N,N-二甲基甲酰胺作为反应体系对碳纤维/环氧树脂复合材料进行氧化降解。该方法第一步是利用乙酸对碳纤维/环氧树脂复合材料进行预处理，使得复合材料溶胀并分层，增加其表面积；第二步是利用过氧化氢/N,N-二甲基甲酰胺体系对复合材料进行氧化降解。反应条件是过氧化氢和 N,N-二甲基甲酰胺体积比 1∶1，反应温度是 90 ℃，反应时间是 30 min。环氧树脂降解率超过 90%，回收碳纤维表面光滑且无树脂残留，其强度可达原始纤维的 95%以上[7]。另外，该团队利用过氧化氢/丙酮对乙酸预处理后的碳纤维/环氧树脂复合材料进行氧化降解回收碳纤维。反应温度为 60 ℃，反应时间为 30 min 时，环氧树脂的降解率高于 90%，回收碳纤维表面光滑且无树脂残留，回收碳纤维的强度超过原始纤维强度的 95%。在过氧化氢/丙酮体系中，碳纤维/环氧树脂复合材料的氧化降解过程如图 4.9 所示[8]。

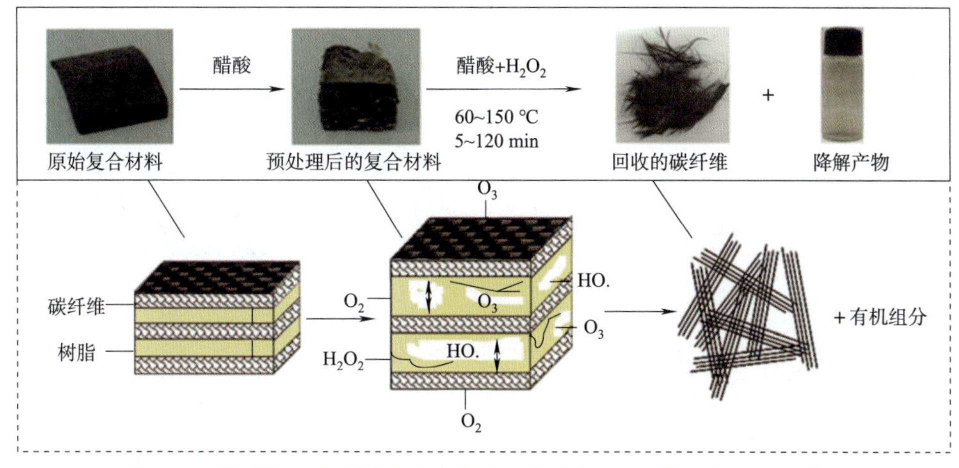

图 4.9 碳纤维/环氧树脂复合材料在过氧化氢/丙酮体系中的氧化降解

东京工业大学 Weirong Dang 等利用硝酸对胺固化的环氧树脂进行降解回收。其中一项工作是利用硝酸降解 4-氨基-α,α-4-三甲基-环己烷甲胺固化的双酚 F 型环氧树脂。硝酸溶液浓度为 4 mol/L,反应温度为 80 ℃。降解产物经中和后分离获得,并重新用于树脂合成,其性能优于降解前固化树脂。降解反应的反应机理如图 4.10 所示[9]。该团队的另一项工作是利用硝酸降解玻璃纤维增强的胺固化环氧树脂复合材料。该复合材料的基体树脂是双酚 F 型环氧树脂,固化剂是 4,4′-二氨基二苯基甲烷。反应在 4 mol/L 硝酸溶液中进行,反应温度是 80 ℃。降解反应的反应机理如图 4.11 所示[10]。

5. 其他方法

深圳大学 Feng Xing 及 Ji-Hua Zhu 团队利用电化学法对碳纤维/环氧树脂复合材料进行降解回收碳纤维。该研究考察了不同电解质浓度(3%、10%和 20%的 NaCl)和不同电流强度(4 mA、10 mA、20 mA 和 25 mA)对碳纤维/环氧树脂复合材料降解效率的影响。研究表明,回收碳纤维的最高拉伸强度是原始纤维的 80%,同时发现增加电解质的浓度并不会提高降解效率,只会导致回收纤维表面的氧化和氯化。废弃碳纤维/环氧树脂复合材料电化学回收装置示意图如图 4.12 所示[11]。

中国科学院长春应用化学研究所唐涛和刘杰团队利用熔融 KOH 降解碳纤维/环氧树脂复合材料。反应温度为 285～330 ℃,回收碳纤维的拉伸强度可达原始碳纤维的 95%。熔融 KOH 降解回收碳纤维/环氧树脂实验装置示意图如图 4.13 所示[12]。

四川大学王玉忠、徐世美团队利用溶剂对热固性环氧树脂的溶胀作用,通过调节溶剂的极性控制合成不同 孔径的多孔材料,该材料可以用于水油体系及乳液体系的分离。该工作对多孔材料可以实现乳液体系分离的机理进行了深入的分析,并提出可能的分离机制(见图 4.14)[13]。该项工作为热固性环氧树脂回收利用提供了新思路,可以将热固性环氧树脂转化成具有高附加值的功能材料。

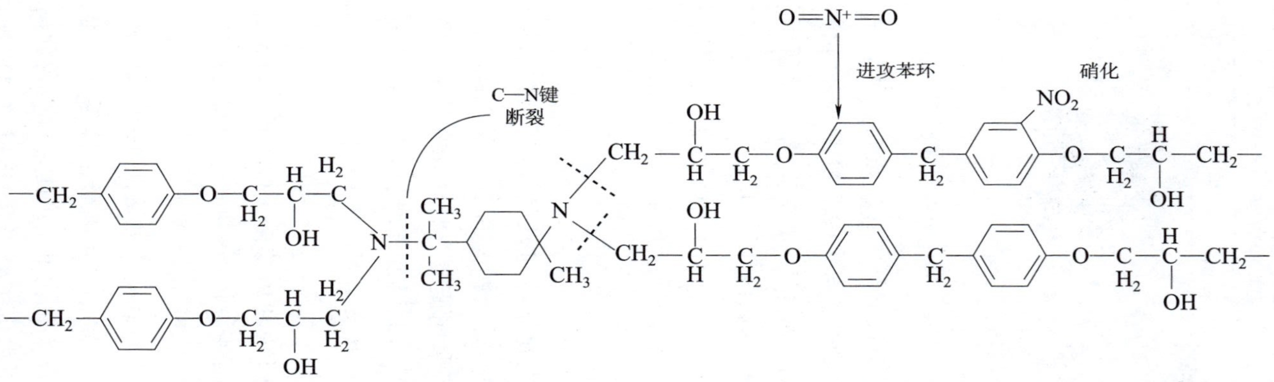

图 4.10　硝酸降解 4-氨基-α,α-4-三甲基-环己烷甲胺固化的双酚 F 型环氧树脂

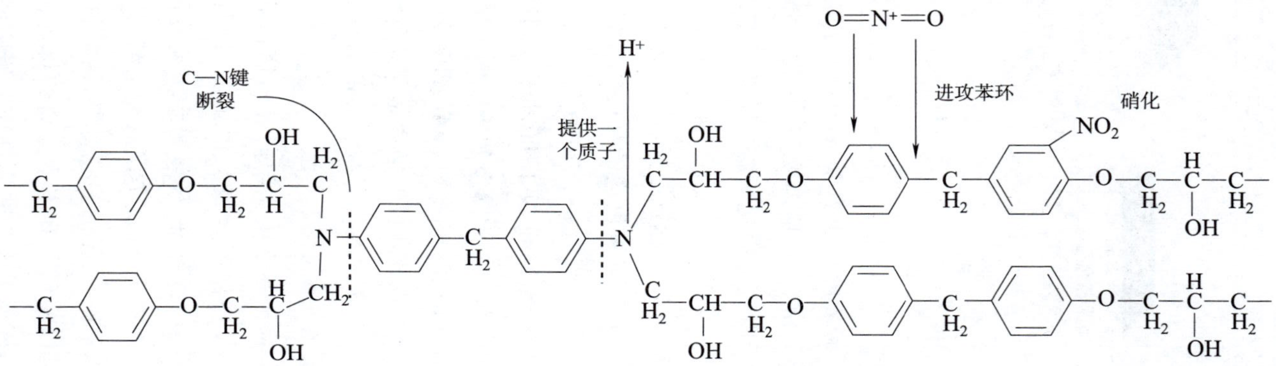

图 4.11　硝酸降解 4,4′-二氨基二苯基甲烷固化的双酚 F 型环氧树脂

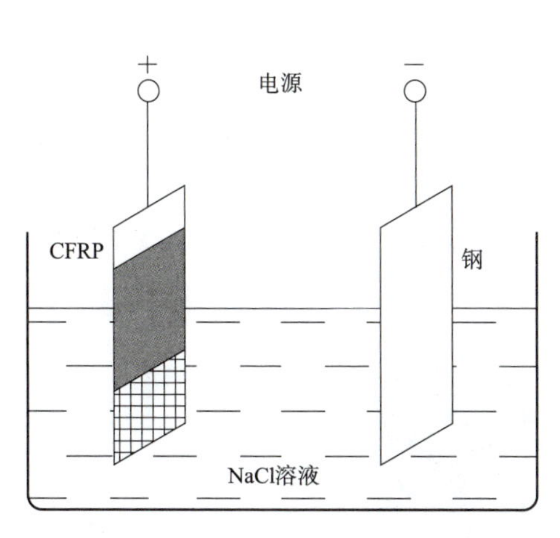

图 4.12　废弃碳纤维/环氧树脂复合材料电化学回收装置示意图

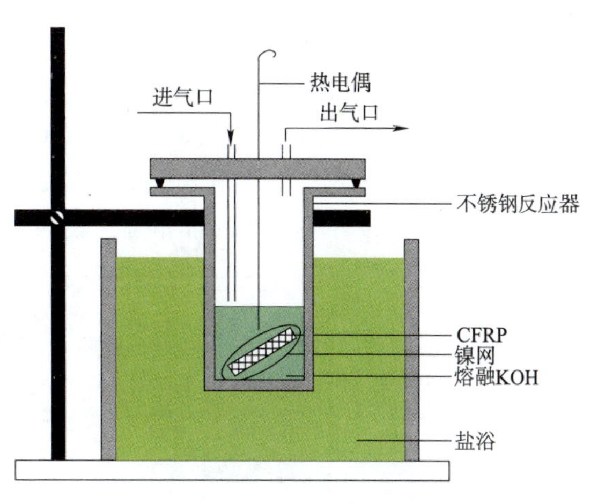

图 4.13　熔融 KOH 降解回收碳纤维/环氧树脂实验装置示意图

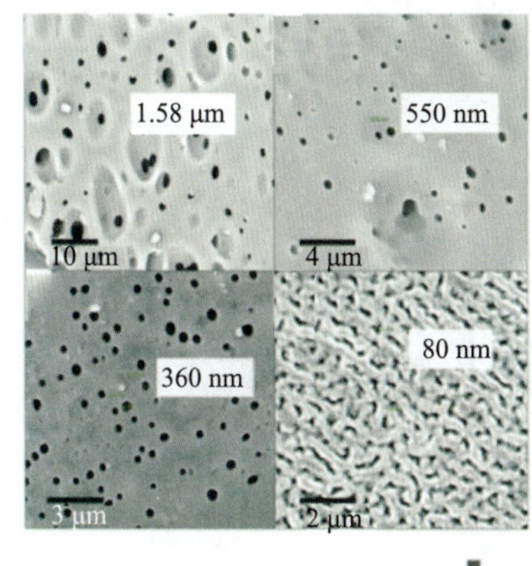

乳化液尺寸: 20 μm　6 μm　550 nm　300 nm　150 nm
分离效率/%
100
80
60
40
20
0
80 nm　360 nm　550 nm　1.5 μm
孔尺寸

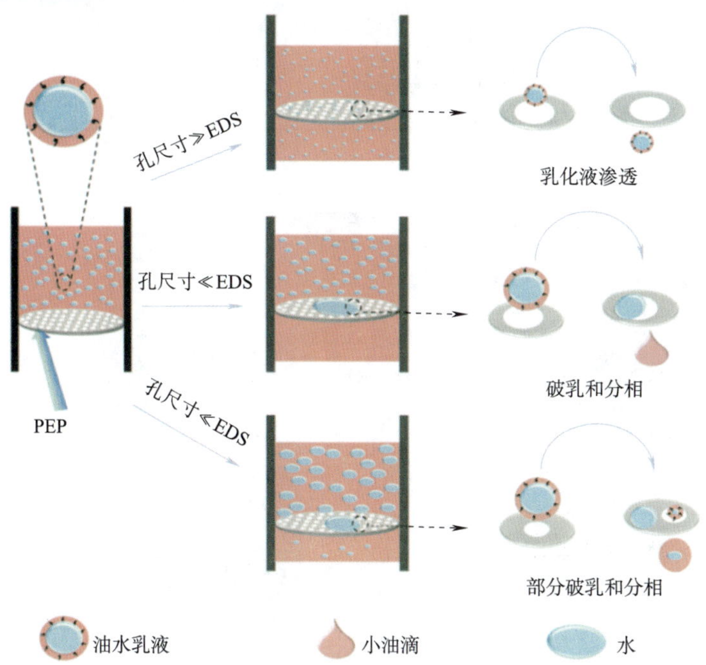

图 4.14　多孔环氧树脂材料分离乳液体系原理图

华南理工大学袁彦超及其团队设计制备了一种可完全回收的碳纤维/聚六氢化三嗪复合材料，该材料具有较好的耐热性能，且可以多次循环利用。研究表明，聚六氢化三嗪可以提供较好的耐热性能，同时可以实现较好的回收利用，且回收条件温和，不对回收纤维造成损伤，进而可以实现多次循环利用。碳纤维/聚六氢化三嗪复合材料的循环再利用过程如图 4.15所示[14]。该方法为发展可完全回收的碳纤维/环氧树脂复合材料提供了技术思路。

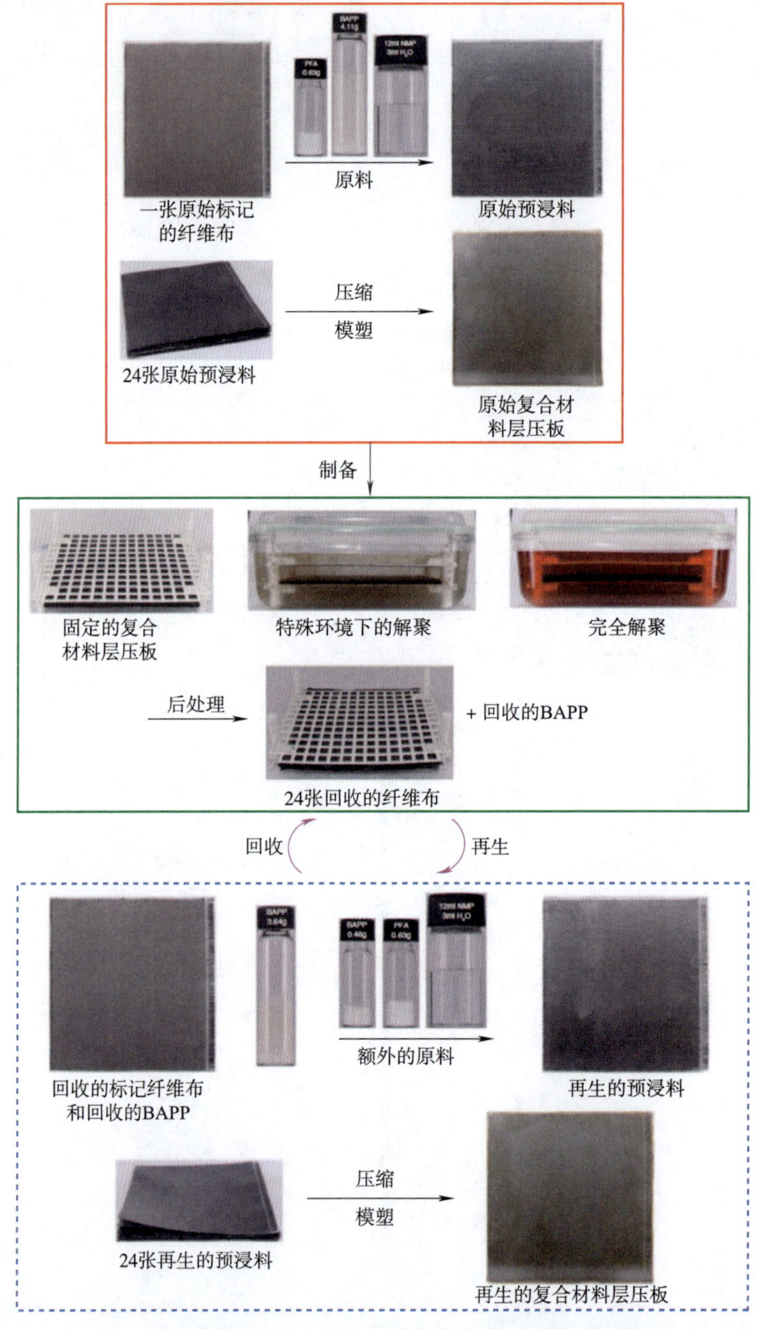

图 4.15　碳纤维/聚六氢化三嗪复合材料回收及再生过程

艾达索高新材料芜湖有限公司梁波及其团队致力于研发可重复利用环氧树脂及其复合材料和可降解固化剂,在可循环利用碳纤维/环氧树脂复合材料和可降解固化剂等领域获得多项国家发明专利。例如,用于合成可重复利用环氧树脂的化合物[15];一种增强复合材料及其回收方法[16];可降解酰肼类潜伏型环氧树脂固化剂及其应用[17];可降解环缩醛、环缩酮二胺类环氧树脂固化剂及其应用[18];可降解有机芳香胺类和有机芳香铵盐类潜伏型环氧树脂固化剂及其应用[19];一种可降解环氧树脂固化剂及其环氧树脂复合材料的降解回收方法[20];一种可降解伯胺固化剂的制备方法[21];可降解腙类环氧树脂固化剂及其应用[22];可降解异氰酸酯及其应用[23];一种用于印刷电路板的可回收半固化片、固化片、覆铜板及其制备、回收方法[24]。

4.2 不饱和聚酯树脂及其复合材料化学回收技术进展

不饱和聚酯树脂(unsaturated polyester resin,简称 UPR)是近代塑料工业发展中的一个重要品种,因其生产工艺简便、原料易得、耐化学腐蚀、力学性能和电性能优良,广泛应用于工业、农业、交通、建筑及国防工业等领域。随着不饱和树脂行业的发展,国内产能逐年上升。2016 年,我国 UPR 产量和消费量已居世界首位,生产能力为 200 万 t/a,产量逾 150 万 t/a。国内不饱和树脂工厂众多,生产厂家主要分布在沿海地区,其中江苏省、广东省、福建省和山东省产量居全国前 4 位(见图 4.16)[25]。玻璃纤维增强不饱和聚酯树脂复合材料的生产原料主要来源于化石资源,随着产量的增加,生产过程中产生的大量的边角料无法得到良好的处理回收,这不仅是对资源的一种严重浪费,也造成了环境污染等问题。因此,寻找合适的不饱和聚酯树脂的回收方法已经成为亟待解决的问题。

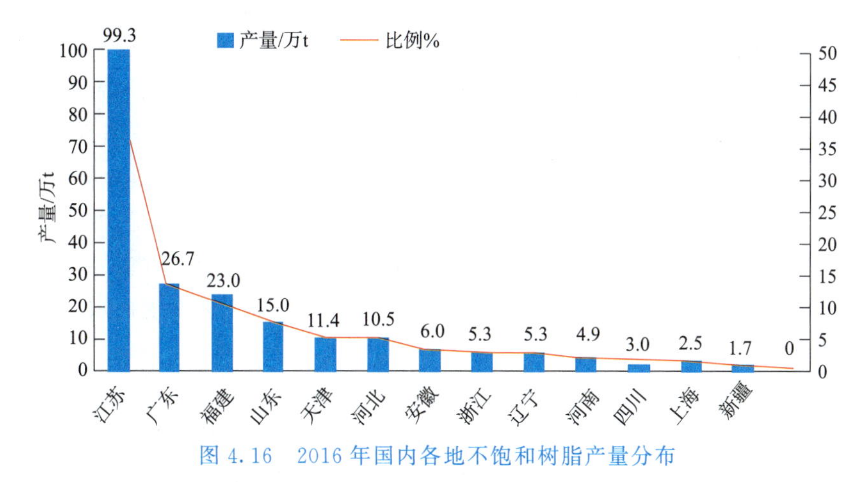

图 4.16 2016 年国内各地不饱和树脂产量分布

4.2.1 不饱和聚酯树脂简介

不饱和聚酯树脂是一种常用的热固性树脂,它是由二元羧酸(饱和二元酸和不饱和二元酸)和二羟基醇缩聚成的具有酯键(—COO—)和不饱和双键的线性聚合结构,在热或引发剂

(如过氧化甲乙酮)的作用下主链双键再与乙烯基单体(常为苯乙烯)共聚交联而成的聚合物。不饱和聚酯树脂是固化的热固性塑料,不熔不溶,具有良好的热稳定性和化学稳定性[26],广泛应用于工业、建筑、交通等各个行业。热固性树脂的品种有多种,其中不饱和聚酯树脂用量远远超过其他各种树脂,约为 85%～90[27]。不饱和聚酯树脂具有优异的可加工性,而且价格便宜,是其他树脂所不可比拟的。

1. 饱和聚酯树脂分类

(1)按分子结构划分。根据分子结构的不同,不饱和聚酯树脂主要可以分为间苯二甲酸型(简称“间苯型”)、双酚 A 型、乙烯基酯型、聚氨酯改性型、邻苯二甲酸型(简称“邻苯型”)、双环戊二烯(DCPD)改性型(简称“双环型”)、对苯二甲酸或 PET 改性型树脂(简称“对苯型”)等,见表 4.1。

表 4.1 不同类型不饱和聚酯树脂及适用范围

类别	主要产品
间苯型、双酚 A 型、乙烯基酯型、聚氨酯改性型	高性能胶衣基体、色浆载体、高性能玻璃钢用树脂、高要求防腐涂层、高档钢琴涂料、水晶工艺品树脂、原子灰树脂、纽扣树脂、封装树脂
邻苯型和双环型	通用玻璃钢树脂、人造石材、天然石材、人造板等底漆和面漆、纽扣树脂、胶衣树脂基体
对苯型	人造石树脂、原子灰树脂、BMC 树脂、防腐蚀树脂、锚固树脂

(2)按用途划分。根据不饱和聚酯树脂的主要用途,可以分为增强型不饱和聚酯树脂、非增强型不饱和聚酯树脂、涂料用不饱和聚酯树脂。增强型不饱和聚酯树脂也称玻璃钢树脂,主要用于玻璃钢复合材料的基体材料。玻璃钢复合材料是指以不饱和聚酯树脂、环氧树脂与酚醛树脂等为基体材料,以玻璃纤维及其制品为增强材料的一种复合材料,它具有质量小、强度高、耐化学腐蚀、电绝缘、透微波等许多优良性能,而且成型方法简单[28],可以代替钢材制造机器零件和汽车、船舶外壳等,随着我国玻璃钢事业的发展,玻璃钢复合材料的增强材料已由玻璃纤维扩大到碳纤维、硼纤维、芳纶纤维、氧化铝纤维和碳化硅纤维等。非增强型不饱和聚酯树脂机械强度低,用于各种水晶工艺品、聚酯纽扣、人造玛瑙、人造石等方面。涂料用不饱和聚酯树脂包括涂料树脂、胶衣树脂和色浆树脂,具体产品主要包括高档钢琴涂料用树脂,人造石材、人造板等底漆和面漆用树脂,以及用于玻璃钢面层的胶衣树脂、玻璃钢色浆树脂等。

2. 不饱和聚酯树脂的配方设计

树脂的配方设计日趋灵活完善,在配方设计中已产生了系统的设计原理,可以灵活地调节组分与添加剂改变树脂的物理性能及化学性能来满足各种特定的要求。

选用不同的二元酸、二元醇并调节其用量,可确定不同的分子链结构;选用不同的引发剂或联用两种引发剂,可满足固化性能要求;促进剂与阻聚剂平衡,可调节树脂不同的凝胶时间、固化时间与放热峰温度;加速剂即辅助促进剂兼凝胶稳定剂的使用,使树脂的固化工艺增加了灵活性与可靠性;各种特性添加剂的使用使树脂的品种更为丰富[29]。

通用型不饱和聚酯树脂结构式如图 4.17 所示。

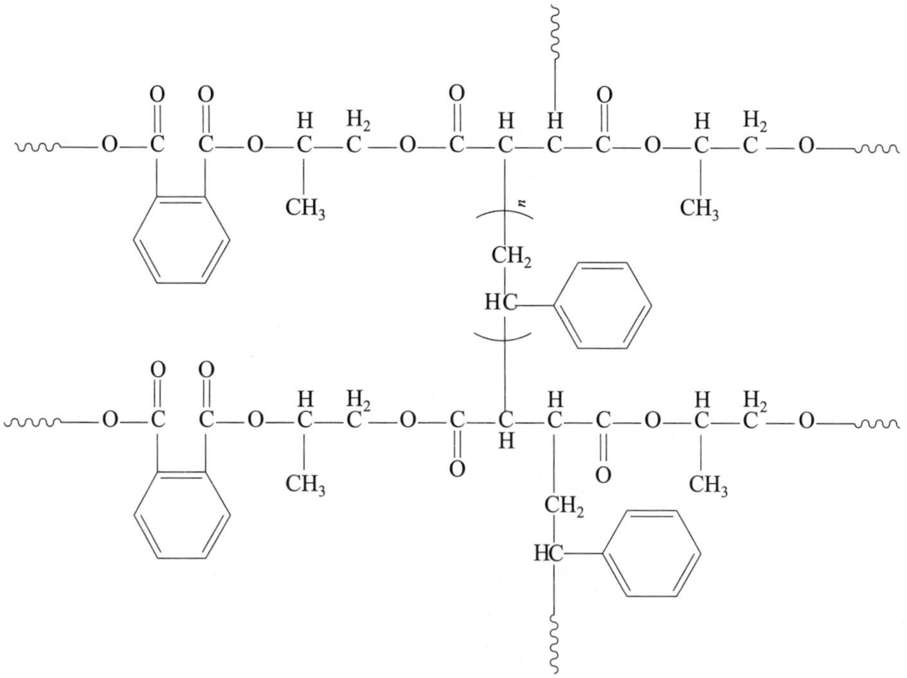

图 4.17 通用型不饱和聚酯树脂结构式

通用型不饱和聚酯树脂的典型配方见表 4.2。

表 4.2 通用型不饱和聚酯树脂的典型配方

项 目	相对分子质量	摩 尔 比	加料量(或产量)/kg	质量分数/%
丙二醇	76.09	2.2	167.4	—
顺丁烯二酸酐	98.06	1.0	98.06	—
苯二甲酸酐	148.11	1.0	148.11	—
理论缩水量	18.02	1.0	−18.02	—
聚酯产量	—	—	395.55	65.5
苯乙烯	104.15	2.0	208.3	34.5
聚酯树脂产量	—	—	603.85	—

3. 不饱和聚酯树脂应用领域

不饱和聚酯树脂具有耐热、耐化学腐蚀、力学性能好、电绝缘和工艺性能优良等优点，可使复合材料出现轻质、高强度、多功能等特性，常用来做复合材料的基体材料，广泛应用于国民经济各个领域。其中，玻璃钢复合材料、人造石材、工艺品涂料等领域是不饱和聚酯树脂主要应用领域。

(1)玻璃钢复合材料领域。玻璃钢复合材料是不饱和聚酯树脂最主要的应用领域，占国内不饱和聚酯树脂总产量的 50%以上。由于玻璃钢复合材料具备优越的性能，且有利于环保，许多领域都开始使用玻璃钢复合材料来代替其他材料，并且需求有逐步扩大的趋势。当前，玻璃钢复合材料的应用市场已涵盖国民经济的各个领域，尤其在陆上交通、基础工程、建筑与结构、化工防腐、船艇等领域，玻璃钢复合材料应用日趋广泛。

(2)人造石材领域。人造石材是不饱和聚酯树脂的又一重要应用领域。人造石材根据其所用胶凝材料及使用功能的不同，可分为树脂基人造石、无机型人造石、功能性人造石等。当前，人造石材已广泛应用于家庭装修和公共建筑领域。我国树脂基人造石的快速发展，带动了人造石用不饱和聚酯树脂市场需求。

(3)涂料领域。不饱和聚酯树脂因其漆膜厚、硬度高、抛光打磨效果好等性能，常被用作钢琴、提琴和古筝等中西高档乐器的面漆。近几年，不饱和聚酯树脂还大量应用于石材、人造板和装饰板用面漆。此外，不饱和聚酯树脂可用于汽车涂料、建筑涂料、纸张涂料、玻璃纤维涂料、塑料涂料、工业涂料和防腐涂料，还可在航天航空、舰船、光纤、军工等领域作特殊专用涂料用。

(4)工艺品领域。树脂工艺品是指以不饱和聚酯树脂为主要原料，通过模具浇铸成型，制成各种造型美观形象逼真的人物、动物、花鸟、山水盆景、浮雕等，并可制成仿铜、仿银、仿金、仿琉璃、贴金、镀金、仿水晶、仿玛瑙、仿翡翠、仿古雕、仿砂岩、仿汉白玉、仿玉、仿象牙、仿大理石、仿红木、仿陶、仿木等效果的仿真雕刻树脂工艺品。

近年来，随着产量的增加，不饱和聚酯树脂生产利用过程中会产生大量的边角料和废弃物，不饱和聚酯树脂的三维网状结构[30]，使得其在自然环境中难以降解[31]。不饱和聚酯树脂废弃物的堆放、处理和回收已经成为人类可持续发展和环境保护的巨大挑战[32]。与此同时，石油等原料价格上涨，直接导致不饱和聚酯树脂价格飙升。不饱和聚酯树脂生产过程中产生大量的边角废料及使用后产生的废弃物无法得到良好的回收处理，不仅对环境产生了巨大的影响，也造成了资源的严重浪费。因此，不饱和聚酯树脂废弃物的回收、利用已经成为实现人类可持续发展的必然要求。

4.2.2 不饱和聚酯树脂及其复合材料的化学回收方法

当前不饱和聚酯树脂的成熟处置方式主要是填埋和焚烧[33]。通过填埋、焚烧的方法进行处理，虽然便宜快捷，但是占用了大量的土地资源，并造成地下水污染、产生有毒物质污染大气等一系列的环境问题，而且无法从根本上解决不饱和聚酯树脂废弃物所带来的问题。随着法律法规的不断完善，更加迫切地需要建立新的、可工业化的不饱和聚酯树脂的回收利用体系，填埋焚烧的处理方法将逐渐被抛弃。

不饱和聚酯树脂的有效回收利用方法主要有机械回收、热回收和化学回收[34]。

机械回收主要将不饱和聚酯树脂研磨粉碎，作为填充剂添加到新材料中以增强材料的机械性能，这个过程只需要机械作用，仅发生物理变化，即通常所说的物理回收。通过机械处理的树脂或进行活性处理，添加相容剂和无机填料后用作填料，可以节约成本；或与基体、其他填料按照一定比例混合后压模成型用作增强改性剂，以改善材料的耐热性、耐磨性和阻燃性。机械回收方法只改变材料的物理形态和物理性质，工艺简单，通用性好。其技术挑战在于应用面窄，经济价值不高，而且通过机械加工成的价值较低的二次产品无法再次进行回收[35]。

热回收的方法是通过高温将树脂中的化学键无规断裂[36]，形成热解气、热解油等能源，可以在化工厂做燃料使用。热回收过程主要包括高温热解、流化床热解和微波热解等途径。这些技术可以回收纤维、无机填料等[37]，而且工艺成本较低，易于工业化实施，主要问题在于无法回收树脂中有价值的产品(即可重复使用以生产树脂的单体)。热回收方法主要产生二氧化碳、氢气和甲烷等气体，以及石油馏分，也会在纤维上产生焦炭。根据树脂的不同，该工艺的操作温度为 450～700 ℃之间。热回收方法主要将高分子聚合物通过热解的方式将其转变为小分子。这种方法回收工艺简单，但是能耗高，回收成本高，而且在反应过程中会释放大量有毒气体，污染大气。

通过物理和热回收过程容易连续工业化操作，处理工艺简单，但是得到的产品附加值低。化学方法回收是在温和条件下降解不饱和聚酯树脂，有望保留不饱和聚酯树脂中的高附加值的有序碳结构单元，降解产物主要是树脂基体解聚产物(单体及其衍生物)及复合材料中的纤维材料，可重新回收利用，而且回收率高。不饱和聚酯由于分子中含有大量的芳香环结构，疏水疏油，机械强度大，化学性质稳定，这给其化学降解和回收带来巨大挑战。对此大量的研究人员做了不懈的努力，设计了高效绿色的催化体系，实现了不饱和聚酯树脂的降解和回收。其主要方法包括水解、醇解、氨解和选择性催化降解。

1. 水解

不饱和聚酯树脂由于含有大量的芳环结构，疏水性强，所以通常情况下水分子不能进入树脂本体，不能被水解降解。其水解主要发生在超/亚临界水的作用下。超临界水是指温度和压力在临界态(T_c=374 ℃，p_c=22.1 MPa)以上的水[38]，而亚临界水是指温度和压力在其临界值之下的附近区域的液态水[39]。该状态下的水表现出与常温常压水所不同的物理性质，在高温高压下，水的介电常数急剧下降，提高了有机化合物在水中的溶解度；此外，水的离子积增加，使得超/亚临界水具有酸、碱催化作用；而且，高温高压水黏度低，扩散能力强，使得水分子更容易在树脂本体中扩散，从而使其成为一种良好的反应介质。

Suyama 等研究了不饱和聚酯树脂在亚临界水中的降解反应，在 300 ℃下，通过添加具有长链烷烃的醇类和酚类物质可以促进不饱和聚酯树脂的降解，然而添加长链二醇类物质却无法促进不饱和聚酯树脂的降解[40]。随后他们研究了有添加剂和无添加剂的条件下，在 300 ℃亚临界水中对不饱和聚酯树脂至进行降解，不饱和聚酯经水解反应部分解交联，形成聚苯乙烯衍生物[41]。长烷基链羟基化合物和烷基胺的存在提高了解交联率，而长链羧酸和长链苯磺酸盐效果不明显；二胺和氨基酸存在的情况下，由于再交联的发生，解交联程度低；在醇胺类物质的存在下，氨基先于羟基反应，得到端链为羟基的聚苯乙烯衍生物。该衍生物可以用马来酸酐修饰后与苯乙烯重新交联形成一种新的网状树脂，网状树脂在含有 5-氨基-1-戊醇的亚临界水中可以再次解交联(见图 4.18)[42]。Oliveux 等在 200 ℃$<T<$374 ℃，$p<$221 bar 条件下，研究了以双环戊二烯为基体苯乙烯为交联剂玻璃纤维增强的不饱和聚酯树脂的水解过程，通过实验研究了工艺参数对水解效率、纤维质量和产品性能的影响，结果发现当温度升高时，玻璃纤维的机械性能下降，而且温度过高会导致从树脂中回收得到的单体发生进一步降解，因此，要综合限制反应的温度，而且不影响水解效率[43]。随后他们研究了在相同条件下玻璃纤维增强的不饱和聚酯树脂在亚临界水中的水解情况。结果表明，

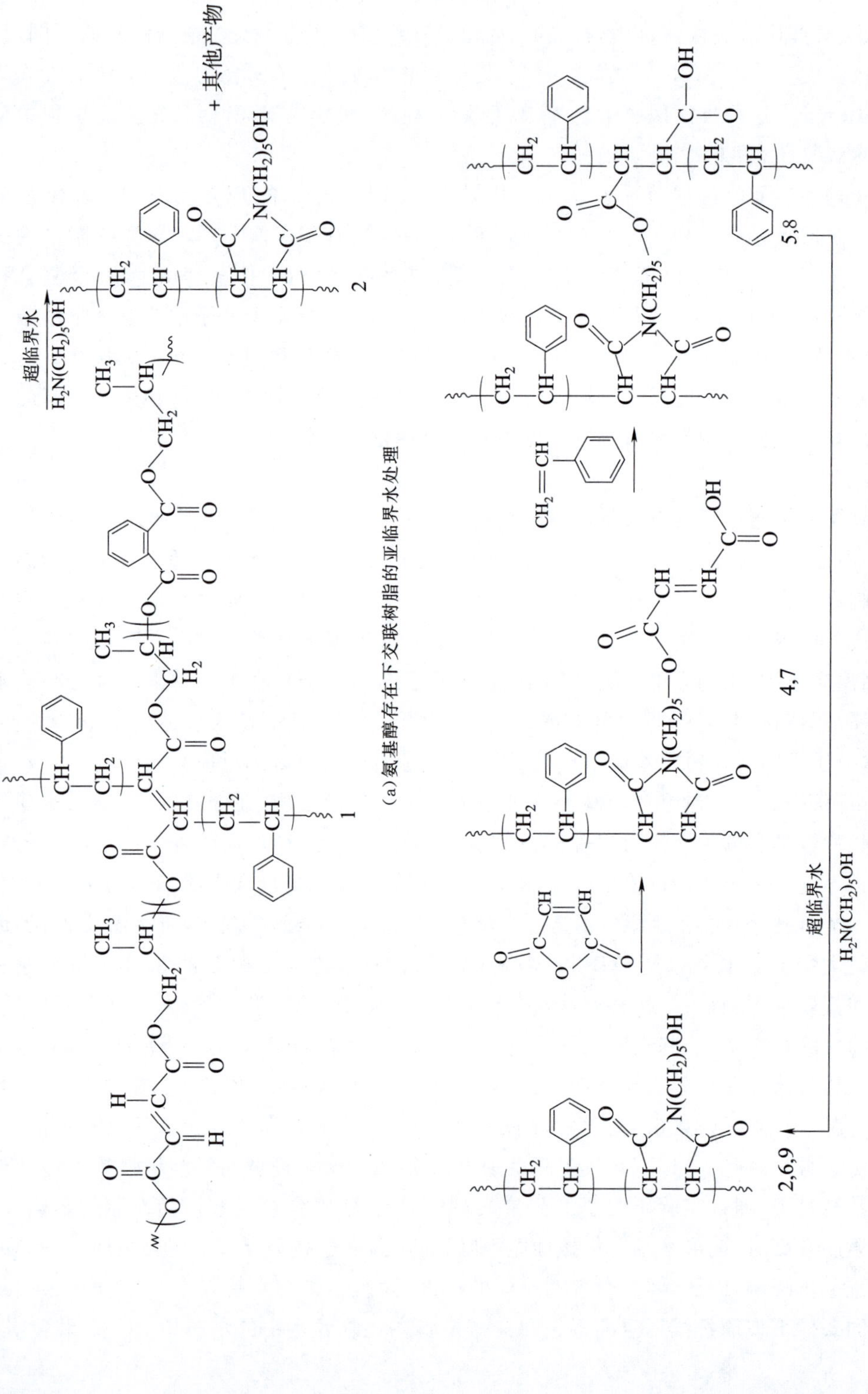

超临界水 $H_2N(CH_2)_5OH$ + 其他产物

(a)氨基醇存在下交联树脂的亚临界水处理

超临界水 $H_2N(CH_2)_5OH$

(b)聚苯乙烯衍生物的交联和解联过程

图 4.18　聚苯乙烯衍生物解交联/再交联循环过程

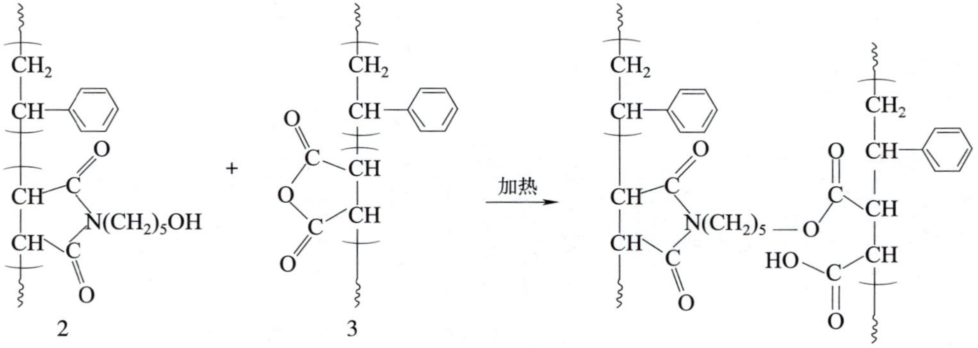

2 + 3 —加热→

(c)2 和 3 的热交联

图 4.18　聚苯乙烯衍生物解交联/再交联循环过程(续)

在 275 ℃下，不到 40 min，酯键断裂，树脂单体丙二醇和邻苯二甲酸酐得到回收[44]。Nakagawa 等[45]在亚临界水中加入可溶性盐作为催化剂降解回收玻璃纤维增强的不饱和聚酯树脂复合材料，得到苯乙烯-富马酸共聚物(SFC)。结果表明，降解的最佳条件为 230 ℃反应 2 h，KOH 浓度为 0.38 mol/L；或 230 ℃反应 1 h，NaOH 浓度为 0.72 mol/L，KOH 的加入会加速水解，并且增加了亚临界水对 SFC 的溶解度。Sokoli 等[46]研究了常用的几种亚临界水解所使用的添加剂(包括 KOH、KOH/苯酚混合物和无添加剂)对玻璃纤维增强的不饱和聚酯树脂进行降解反应，实验以 200～325 ℃，30 MPa 为工艺参数，结果表明，碱性添加剂提高了树脂的水解效率，并将树脂降解为低相对分子质量的降解产物。这项工作为工业和新型高分子材料的不同降解产物的生产提供了参考。Arturi 等[47]研究了丙酮/水，体积分数为 50/50、KOH 为催化剂 250～325 ℃、30 MPa 条件下不饱和聚酯树脂的降解反应，并对降解产物进行定性和定量分析，结果发现，水相产物主要为不饱和聚酯树脂单体邻苯二甲酸和二丙二醇、共溶剂丙酮和次级反应产物异戊酮。油相中，主要是异戊酮、3，3，6，8-四甲基-1-四氢萘酮和二氢异氟尔酮。前两种化合物为丙酮自缩合的中间产物，而二氢异氟尔酮为常规丙酮自缩合反应的副产物。该降解方法可以产生高附加值产品，这些产品可以用于回收生产聚合物，用作建筑材料或精细化学品。

2. 醇解

不饱和聚酯树脂的醇解是醇与酯键通过酯交换反应降解回收不饱和聚酯树脂和纤维。

Yoon 等[48]利用丙二醇对固化的不饱和聚酯树脂进行降解，再与马来酸酐、苯乙烯反应制备再生树脂，结果发现，再生树脂与原始树脂相比具有更高的拉伸强度，再生树脂可以与原始树脂混合使用。Iwaya 等[49]利用亚临界流体对玻璃钢中不饱和聚酯树脂进行高效降解，可从填料和聚合物中分离玻璃纤维。在间歇反应器中以二乙二醇单甲醚(DGMM)和苄醇为原料，以 K_3CO_4 为催化剂，在 463～623 K 的亚临界温度下进行了反应，反应时间为 1～8 h。结果表明，在 573 K 亚临界苄醇中处理玻璃钢 4 h，树脂完全解聚，纤维被完全剥离出来，并且回收的玻璃纤维较长，可重新回收利用；但当温度高于 573 K 时，玻璃纤维变短，并有一定程度的损伤。当以 DGMM 作为溶剂时，也观察到类似的结果。

3. 氨解

不饱和聚酯树脂的氨解是不饱和聚酯树脂的酯键与胺类物质反应生成酰胺，从而降解不饱和聚酯树脂。

Vallee 等[50]认为二元醇、二元酸和双酚类化合物对不饱和聚酯树脂的降解效果较差，而氨基醇和多胺类物质可以使树脂完全降解。以 205 ℃的二乙烯三胺为降解剂处理 10～14 h，SMC 完全降解为三部分(玻璃纤维、填料和有机液体)。玻璃纤维和填料纯净无有机组分，有机液体可以作为环氧树脂的固化剂。

上述化学方法虽然可以回收不饱和聚酯树脂，但是反应条件苛刻，需要高温高压，对反应设备要求较高，价格昂贵，安全系数低，能耗高，而且降解产物复杂，不利于工业化回收利用，因此需要寻找条件更加温和的回收利用方法。

4. 选择性断键降解

催化降解是通过催化剂与不饱和聚酯树脂的酯键相互作用，在更加温和的条件下选择性地断裂不饱和聚酯树脂中的酯键，从而实现不饱和聚酯树脂的定向降解。选择性催化断键使得基体降解产物结构明确，可以保留树脂中的高附加值部分，对回收纤维的损伤小，有利于再次利用，对于纤维增强热固性树脂复合材料的资源化回收具有重大意义。

中国科学院山西煤炭化学研究所侯相林研究团队通过配位不饱和或弱配位的金属离子催化树脂化学键选择性的断裂，实现了热固性树脂基复合材料的高效降解和全成分回收[51]。他们开发了一种高效的化学回收策略(见图 4.19)，利用弱配位的铝离子可以选择性断裂酯键，催化热固性不饱和聚酯/玻璃纤维复合材料降解。采用氯化铝/乙酸体系在 180 ℃下进行降解反应，氯化铝促进了乙酸和不饱和聚酯树脂之间的酰基交换反应，生成邻苯二甲酸、SMA(苯乙烯与顺酐的共聚物，重要的界面改性剂)，而且开发了可行的分离提纯工艺，可以将催化剂、溶剂和各个降解产物分离开来。该工艺能够从不饱和聚酯树脂中回收有价值的低聚物和单体，并可从玻璃纤维增强的树脂中回收玻璃纤维。

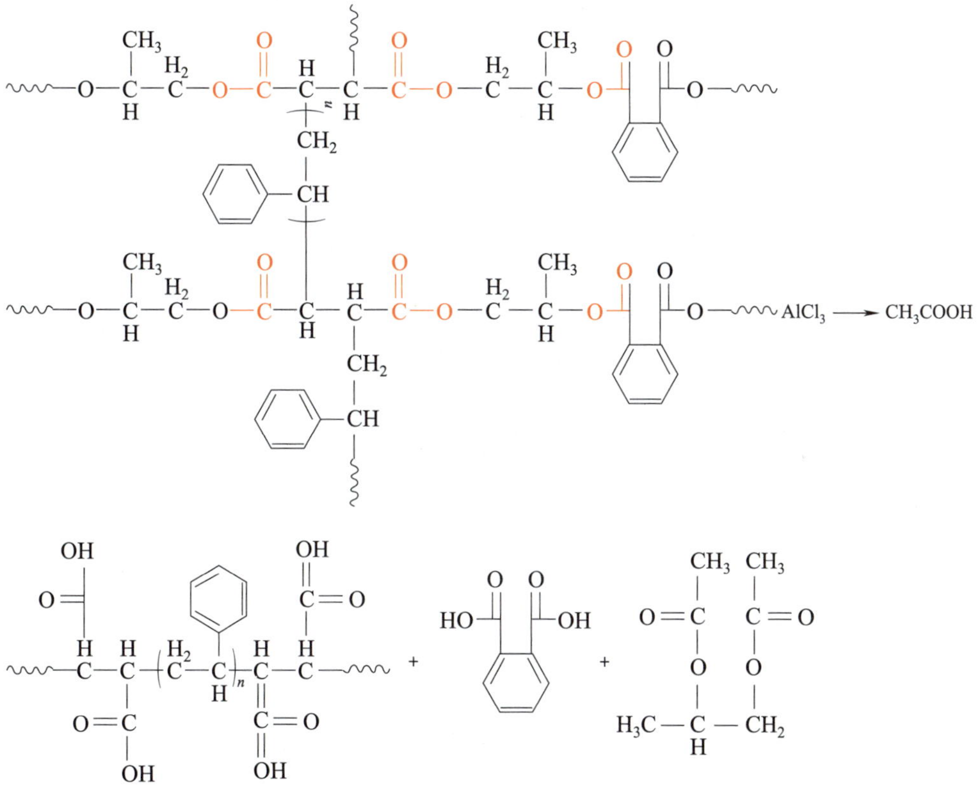

$AlCl_3$ → CH_3COOH

图 4.19　不饱和聚酯树脂降解过程

四川大学王玉忠研究团队通过热固性高分子材料的可控选择性降解，将其直接制备成高附加值功能材料，为废旧热固性树脂回收利用提供了新的思路，成功实现了在温和条件下高收率和高选择性的降解热固性高分子材料。他们将不饱和聚酯树脂用二氯甲烷在室温下溶胀，用乙二醇/水做溶剂，碳酸钾为催化剂在 140 ℃下反应，对热固性的不饱和聚酯树脂进行碱性水解，成功制备了一种新型凝胶材料(见图 4.20)[52]。所得到的凝胶材料具有粗糙多孔结构，官能团较多，吸附快，吸附能力为 754.65 mg/g，具有良好的可重用性。此外，这种新型凝胶材料具有良好的选择性吸附性能，可作为催化降解废水中有机污染物的理想金属离子载体。该课题组利用二乙烯三胺二元碱和氢氧化钠为协同催化剂，在二乙烯三胺/氢氧化钠/水体系中 80 ℃反应，得到一种凝胶材料(见图 4.21)[53]。其中，二乙烯三胺既是反应

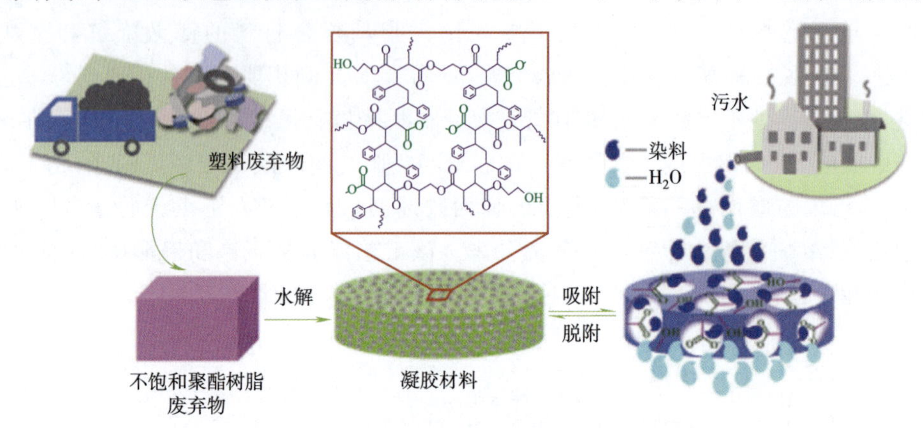

图 4.20　一锅法降解不饱和聚酯树脂过程

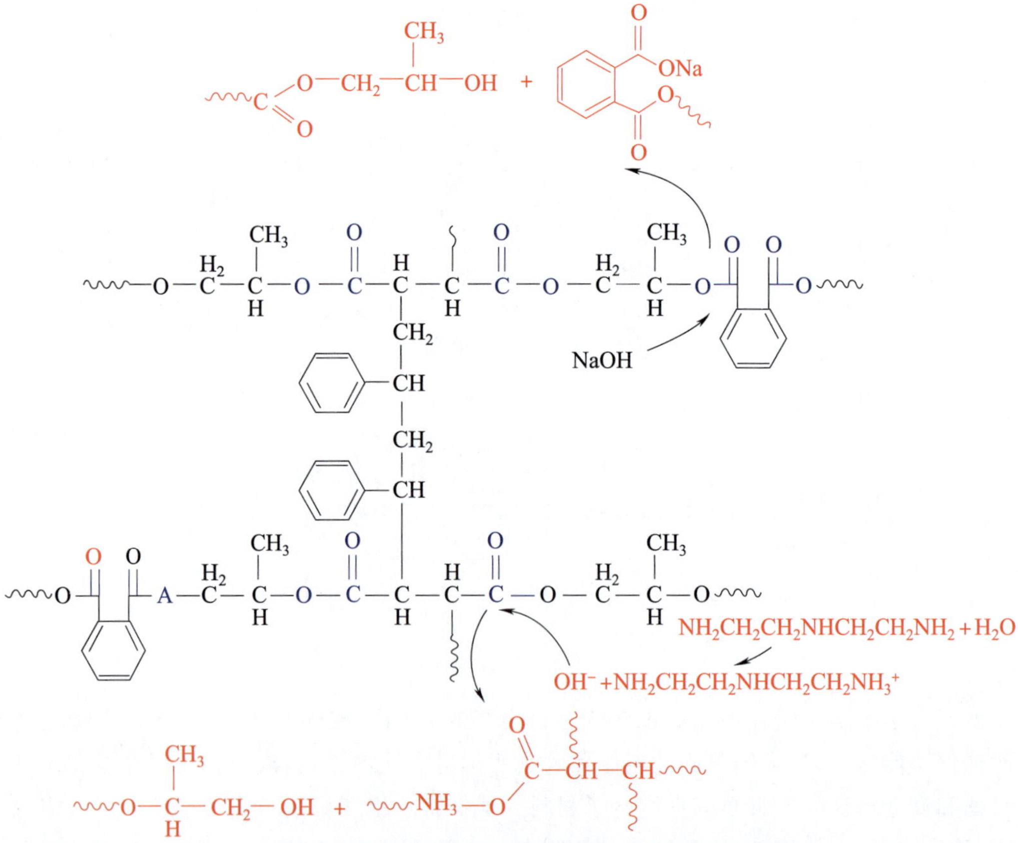

(a)二乙烯三胺和氢氧化钠协同催化剂降解不饱和聚酯树脂机理

图 4.21　利用二乙烯三胺和氢氧化钠协同催化剂制备凝胶材料

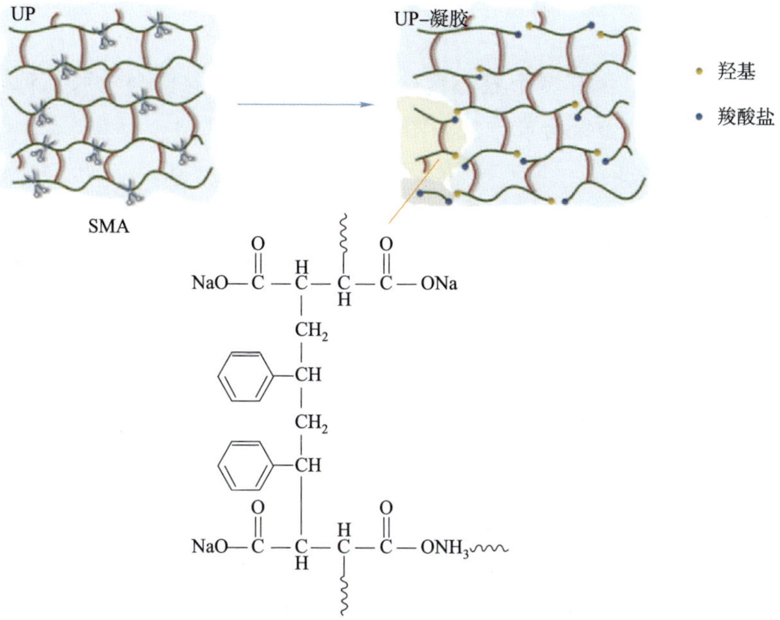

(b)不饱和聚酯树脂凝胶机理

图 4.21　利用二乙烯三胺和氢氧化钠协同催化剂制备凝胶材料(续)

溶剂又是催化剂,二乙烯三胺促进了降解,而且只有水解,没有胺化。此外,通过简单过滤,主要产物可以容易地从反应体系中分离出来。不饱和聚酯树脂中的酯键被选择性地断裂,产生大量的活性基团,如羟基、羧酸钠、羧酸铵和氨基,制备成一种新型的凝胶材料,对阳离子染料和重金属离子具有快速的吸附性能和较大的吸附量。该方法将不饱和聚酯树脂直接转化为高附加值净水产品,为利用废旧热固性材料生产高附加值产品开辟了一条新的途径,为资源的再利用和环境的保护提供了一种简便、可持续的途径。

不饱和聚酯树脂的化学回收是当前最有研究价值的一类回收手段,能保留合成树脂前小分子的基体结构,将其转化为高附加值的产品,不但可以减少或消除回收处理过程中有毒物质的排放,而且有重要的经济价值。但是,化学回收方法需要解决产物分离复杂等问题,因此当前对分解产物的高值化研究未有较大进展。

4.3　聚氨酯复合材料的化学回收技术

聚氨酯(UP)是一种重要的高分子材料,因其生产工艺简便、结构可调、物化性质、力学性能和电性能优良,广泛用于工业、农业、交通、包装、储能及国防工业等领域。随着聚氨酯行业的发展,国内产能逐年上升,当前我国 UP 产量和消费量逾 1 000 万 t/a。聚氨酯除了常规的软泡、硬泡、密封材料和弹性体聚氨酯品种之外,其与碳纤维或者玻璃纤维复合生产的增强复合材料也是一个十分具有潜力的新兴材料,已有企业将其应用于新型风电叶片的生产。UP 复合材料的有效、绿色、经济的回收处理对行业及产业的健康发展具有十分重要的意义。

4.3.1 聚氨酯简介

聚氨酯是指分子链中含有多个氨酯键（—NH—COO—）的聚合物的总称[54]，一般由异氰酸酯和羟基反应获得。传统合成方法如图 4.22 所示。

$$(m+1)\mathrm{OCN{-}R_1{-}NCO} + m\mathrm{HO{-}R_2{-}OH}$$

步骤 1 ↓ 终端为 NCO 的预聚体的形成

$$\mathrm{OCN{-}R_1{-}\!\left(NH{-}COO{-}R_2{-}OOC{-}NH{-}R_1\right)_m\!NCO} + \mathrm{HO{-}R_3{-}OH}$$

步骤 2 ↓（扩链剂）

$$\mathrm{{-}\!\left(R_1{-}NH{-}COO{-}R_2{-}OOC{-}NH\right)_m\!R_1{-}NH{-}}$$
$$\mathrm{{-}COO{-}R_3{-}OOC{-}NH{-}R_1\!\left(NH{-}COO{-}R_2{-}OOC{-}NH{-}R_1\right)_m}$$

图 4.22　聚氨酯合成路线

聚氨酯分子结构包含软端和硬端两部分，软端通常是由多元醇类组成，而硬端多是由芳香胺类化合物作为结构特征。根据其合成原料中的多元醇种类，聚氨酯可分为聚醚型聚氨酯和聚酯型聚氨酯。根据结构的差异，聚醚多元醇又可分为聚氧化丙烷多元醇、聚四氢呋喃多元醇和共聚醚多元醇等。各种聚醚多元醇的使用范围对聚氨酯材料性能的影响存在较大差异。例如，聚氧化丙烷多元醇多用于生产聚氨酯泡沫塑料之中[55]，而通过聚四氢呋喃多元醇所制备的聚氨酯材料具有较好的耐溶剂性[56]。

聚酯多元醇是一种主链结构上含有酯基或碳酸酯基团的多元醇，主要分为常规聚酯多元醇、聚 ε-己内酯多元醇和聚碳酸酯多元醇三类。根据结构中是否含有刚性苯环结构，聚酯多元醇又可分为脂肪族和芳香族两大类。由于前者结构中含有较多极性基团，可以赋予聚氨酯产品较好的机械性能，因此广泛应用于聚氨酯型鞋底和黏合剂中；而后者由于结构中存在刚性的苯环基团，常被用于制备硬质泡沫，尤其是对产物的耐热性和阻燃性具有明显提升[57]。聚 ε-己内酯多元醇通常是由 ε-己内酯开环聚合得到，由于结构的多样性，这种多元醇具有较广泛的使用范围，如可用于合成水性聚氨酯和耐磨性聚氨酯[58]。聚碳酸酯多元醇的结构中同时含有—OC(O)O—基团和—O—键，该独特的结构赋予聚氨酯产品优异的耐候性[59]。

4.3.2 聚氨酯发展史

聚氨酯在 20 世纪 30 年代由德国化学家 Bayer 发明以来，迅速用于制造泡沫塑料、纤维、弹性体、合成革、涂料、胶黏剂、铺装材料、医用材料等，广泛应用于交通、建筑、轻工、纺织、机电、航空、医疗卫生等领域。随着聚氨酯化学研究、产品制造和应用工艺技术的进步及应用领域的不断扩宽，逐渐形成当前世界上居第六大合成材料地位（PE、PP、PVC、PS、PET、PU）的工业体系。近 20 多年来，聚氨酯产品品种、应用领域、产业规模迅速扩大，已成为发展最快的高分子合成材料工业之一[60]。英美等国 1945—1947 年从德国获得聚氨酯树脂的制造技术，于 1950 年相继开始工业化。日本 1955 年从德国 Bayer 公司及美国 Du Pont 公司引进聚氨酯工业化生产技术。

我国聚氨酯工业自 20 世纪 50 年代末开始起步，近几年发展较快，逐渐成为世界上聚氨酯发展最快的市场中心，同时生产、应用、研究开发的技术进展也突飞猛进。新中国成立 70 年来，我国聚氨酯行业从无到有，通过引进技术装置、吸收完善、自主创新，在原料生产和下游市场等多方面取得一系列辉煌成就，成为全球最大的聚氨酯产销国。在引进国外技术和装置的同时，我国自主研发也取得了丰硕的成果。1986 年，黎明化工研究院的聚氨酯反应注射成型技术被国家列为"七五"科技攻关重点项目，开发了汽车用自结皮方向盘、填充料仪表板、微孔弹性体挡泥板、冷固化高回弹泡沫、吸能抗冲型保险杠模拟件等五种制品，填补了国家空白。20 世纪 90 年代后我国经济持续高速发展。到 2000 年，聚氨酯制品年产量已达 102 万 t，1991—1998 年期间产量的平均年增长率超过 25%。进入 21 世纪，经过近 20 年的攻关研究和经验积累，聚氨酯作为新兴工业逐步进入发展快车道。以烟台万华为代表，我国的聚氨酯生产企业在生产规模、产品种类、技术水平等领域开始全面突破，龙头企业跻身国际舞台。

我国已经成为世界上最大的聚氨酯原材料生产基地和聚氨酯制品最大的生产消费市场。据统计，2018 年异氰酸酯链(TDI、MDI 和 HDI)总产量达 357 万 t。其中 TDI 产量占总产量的 20%以上，MDI 产量占总量的 70%以上，聚醚多元醇产量 272 万 t。全年聚氨酯制品产量达到 1 130 万 t，聚氨酯泡沫塑料成为聚氨酯材料最重要的品种，产量占聚氨酯制品总量的 50%以上，合成革浆料、鞋底原液、氨纶和涂料等产品也占有较大比重，其产品产量、消费量、外贸出口量均居全球第一。因新冠肺炎病毒影响，迄今尚未公布 2019、2020 年相关数据。

从 20 世纪 50 年代起步至今，70 年间，我国聚氨酯制品产能从 1.1 万 t 到 1 130 万 t，从依赖国外技术和原料到创新技术全面突破、产业链逐步完善，成为全球最大的聚氨酯产销国。聚氨酯在各领域的广泛应用需求刺激聚氨酯行业的发展的同时，也面临大量固体废弃物污染的问题，因此聚氨酯废弃物的有效降解和高效回收成为一个亟待解决的问题。

4.3.3　聚氨酯复合材料的化学回收技术

处理聚氨酯废弃物的最简单方法是掩埋，但掩埋法占用大量土地，随着人们对环保问题的日益重视，特别是可持续发展意识的提高，消除固体废弃物污染，实现资源的合理利用，具有重大的经济效益和社会效益。

现有的回收技术大体分三种：能量回收、物理回收、化学回收。能量回收：聚氨酯的主要成分是碳、氢、氧、氮等元素，在空气中燃烧时，每 kg 聚氨酯约产生 25～28 MJ 能量。作为一种燃料，硬质聚氨酯塑料泡沫所提供的能量与同等质量的煤所提供的能量相当，能取代部分煤作为锅炉燃料，与城市废料一起燃烧提供热能。但是由于聚氨酯往往含有大量的 N、卤素等元素和芳环结构，燃烧过程中会产生部分有毒气体，容易造成二次污染[61,62]。物理回收也称材料回收，即直接回收。它是指在不破坏高分子聚合物本身的化学结构、不改变其组成的情况下，采用物理方法对其直接回收利用，主要包括热压成型、黏合加压成型、挤出注塑成型和用作填料等四种方法。该方法回收的 PU 生产的制品性能较差，只适用于低档制品[63]。

化学回收是指通过化学反应，将聚氨酯分解成可重新利用的低聚物原料甚至是小分子有机物，实现原料的循环使用，主要包括碱解法、加氢裂解法、醇解法、水解法、胺解法、醇胺法、磷酸酯法、醇磷法等。由于聚氨酯在热的作用下可以方便地降解为结构较为明确的小分子，因此聚氨酯的热解也被认为是无溶剂化学降解的一种方法。这些聚氨酯的降解方法都有一定程度的研究和应用，但也都存在一些问题。例如，水解法和醇解法反应活性较低，所需的反应条件比较苛刻，往往需要添加催化剂；胺解法需要用到大量的有机胺作为溶剂，降解完成后混合物单体在降解体系中难以分离；酸解法和碱解法对环境有一定的污染排放、降解成本较高；热降解法会排放大量的小分子气体，且得到的产品附加值较低。

1. 热降解法

热降解一般是在惰性气体气氛或氧化气氛及高温（250～1 200 ℃）下破坏废料的结构，得到气态与液态馏分的混合物在 200～300 ℃下，硬质 PU 分子链发生断裂，生成等量的异氰酸酯和多元醇。将 PU 加热到 700～800 ℃进行热降解，可得到热解气、油、焦炭等。在 PU 中除含氨基甲酸酯、酯基或醚基外，还可能存在脲基甲酸酯、缩二脲和脲等由异氰酸酯衍生的基团。这些基团的热分解初始温度是：脲基甲酸酯 100～120 ℃，缩二脲 115～125 ℃，氨基甲酸酯 140～160 ℃，脲 160～200 ℃[64]。通常脲基甲酸酯和缩二脲的热降解是可逆的，分别分解成氨基甲酸酯和脲。氨基甲酸酯比脲热降解温度低，在主链上它的热降解先于脲基。氨基甲酸酯热降解有三种形式[65]。

（1）氨基甲酸酯在高温时分解成异氰酸酯和醇，只要异氰酸酯不发生副反应，这个降解过程是可逆的。

$$R-\overset{H}{N}-\overset{\overset{O}{\|}}{C}-O-\overset{H_2}{C}-\overset{H_2}{C}-R_1 \longrightarrow R-N=C=O + R_1-\overset{H_2}{C}-\overset{H_2}{C}-OH$$

（2）主链上的氨基甲酸酯基氧原子发生断键，与 β 碳上质子结合，生成氨基甲酸和烯烃，然后氨基甲酸又分解成伯胺和 CO_2。

$$R-\overset{H}{N}-\overset{\overset{O}{\|}}{C}-O-\overset{H_2}{C}-\overset{H_2}{C}-R_1 \longrightarrow R-\overset{H}{N}-\overset{\overset{O}{\|}}{C}-OH + H_2C=CHR_1$$

$$\downarrow$$

$$R-NH_2 + CO_2$$

（3）$O-CH_2$ 键及相连的 NH—CO 键先后发生断裂，CH_2 同 NH 键合，生成仲胺和 CO_2。

$$R-\overset{H}{N}-\overset{\overset{O}{\|}}{C}-O-\overset{H_2}{C}-\overset{H_2}{C}-R_1 \longrightarrow R-\overset{H}{N}-\overset{H_2}{C}-R_1 + CO_2$$

后两种降解为不可逆反应。氨基甲酸酯基团发生哪一种降解，取决于它的结构和反应条件。脲基在高温发生降解生成异氰酸酯和胺。

$$R_1-\overset{H}{N}-\overset{\overset{O}{\|}}{C}-\overset{H}{N}-R_2 \longrightarrow R_1-N=C=O + R_2-NH_2$$

聚醚型聚氨酯相对于聚酯型聚氨酯而言较稳定，但是依旧不能耐高温，在较高温度下，聚醚多元醇中的醚键一样会断裂，形成小分子，并不能保证高附加值的聚醚多元醇和芳香多胺类物质不发生化学转变。热降解回收的液体产物组成成分比较复杂，分离困难，只有经过深度裂解过程的产物才能作为燃料使用。热解过程中会产生有毒有害物质和气体，对环境造成二次污染，所以该方法的使用受到很大的限制。

2. 醇解法

醇解就是采用低相对分子质量醇作降解剂，在一定的催化剂作用下，在 150～250 ℃的温度内，常压下将聚氨酯降解成低聚物。当前对于醇解机理有两种不同的观点。

一种观点是，在醇和催化剂的作用下，聚氨酯中的氨基甲酸酯基断裂，被短的醇链取代，释放出长链多元醇和芳香族化合物，反应历程为

$$R_1-\overset{H}{N}-\overset{O}{\overset{\|}{C}}-O-R_2+HO-R_3-OH \longrightarrow R-\overset{H}{N}-\overset{O}{\overset{\|}{C}}-O-R_3-OH+R_2-OH$$

由于在降解过程中参与反应的基团比较多，还会发生许多副反应，主要的副反应是在醇解剂的作用下，脲基断裂生成胺和多元醇。

$$R_1-\overset{H}{N}-\overset{O}{\overset{\|}{C}}-NH-R_2+HO-R_3-OH \longrightarrow R_1-\overset{H}{N}-\overset{O}{\overset{\|}{C}}-O-R_3-OH+R_2-NH_2$$

另一种观点是，再用乙二醇，1，2-丙二醇、甘三醇等不同降解剂对聚氨酯进行降解，并对降解产物中产生的气体进行分析后认为，聚氨酯在降解时会产生二氧化碳气体，反应历程如下：

氨基甲酸酯基断裂参与反应：

$$R_1-\overset{H}{N}-\overset{O}{\overset{\|}{C}}-O-R_2+HO-R_3-OH \longrightarrow R_1-\overset{H}{N}-\overset{O}{\overset{\|}{C}}-O-R_3-OH+R_2-OH$$

加热产生二氧化碳：

$$R_1-\overset{H_2}{C}-\overset{O}{\overset{\|}{C}}-O-R_3-OH \longrightarrow R_1-\overset{H}{N}-R_3-OH+CO_2$$

醇解法是化学降解聚氨酯中最重要的一种方法，在所有化学法回收利用聚氨酯废料的研究中，醇解法研究较多，技术比较成熟。这种方法在很多国家已实现规模化或工业化。醇解法的基本原理是利用小分子烷基二醇为醇解剂[66]，与聚氨酯中的氨基甲酸酯或脲发生酯交换反应，生成带有烃基的低分子聚合物、聚醚二元醇、二元胺。醇解剂可以是乙二醇、一缩二乙二醇、丙二醇、一缩二丙二醇、1，4-丁二醇及聚二醇等，此外还使用助醇解剂，如醇胺、叔胺、碱金属或碱土金属的醋酸盐、钛酸等，反应温度一般为 150～250 ℃[67]。醇解反应所用醇解剂的种类、反应物料配比、反应温度、反应时间等都是影响醇解最终产物及用途的主要因素。Bayer 公司、BASF 公司和 ICI 公司在这方面都取得了一定的进展[68-70]，江苏油田和胜利油田用复合降解剂对废旧聚氨醋泡沫降解也进行了中试生产。

德赛蒙团队[71-76]针对醇解进行了深入的研究。聚氨酯的醇降解过程中，德赛蒙团队用软段相对分子质量在 3 500 左右的聚醚多元醇合成的聚氨酯泡沫样品进行降解：醇与聚氨酯的质量比为 3∶2，催化剂使用辛酸亚锡，所有的反应物放入装有搅拌器和冷凝管的 1 L 烧瓶中进行，氮气保护反应体系以防止氧化，在 190 ℃恒温下反应；反应结束后，对产物进行分离：用 37％的盐酸酸化去离子水使其 pH 控制在 4～5，用该酸性去离子水作溶剂对产物中

的多元醇相进行萃取，萃取后除水从而回收多元醇。为进一步研究醇降解过程，德赛蒙团队利用二乙二醇作降解剂，并添加少量甘油，在一定条件下，将传统和黏弹性柔性聚氨酯泡沫改进成聚异氰酸酯多元醇泡沫，完成降解后，对产物进行相分离，上相是传统的硬质聚氨酯泡沫，下相是过量的醇试剂和反应副产物。此试验证明了甘油在醇降解中所起的作用，且两种回收相对新型聚氨酯泡沫塑料合成有较好的适用性。

Trzebiatowska 等[77] 2018 年 6 月发表在 *Polymer International*（《国际聚合物》）上的《不同纯度的甘油对聚氨酯废品化学回收过程和最终制品的影响》所用的方法也为醇解法的一种—甘油解（见图 4.23）。在该文献中作者使用了两种回收材料——软段为聚醚多元醇的聚氨酯软泡和生物柴油中得到的不同纯度的甘油。用不同纯度的甘油对聚氨酯软泡在不同温度下进行降解，得到分相产物。上层为聚醚多元醇，下层为胺类物质及副反应产物。再利用回收的聚醚多元醇合成铸型聚氨酯，实现其工业上的可持续利用。

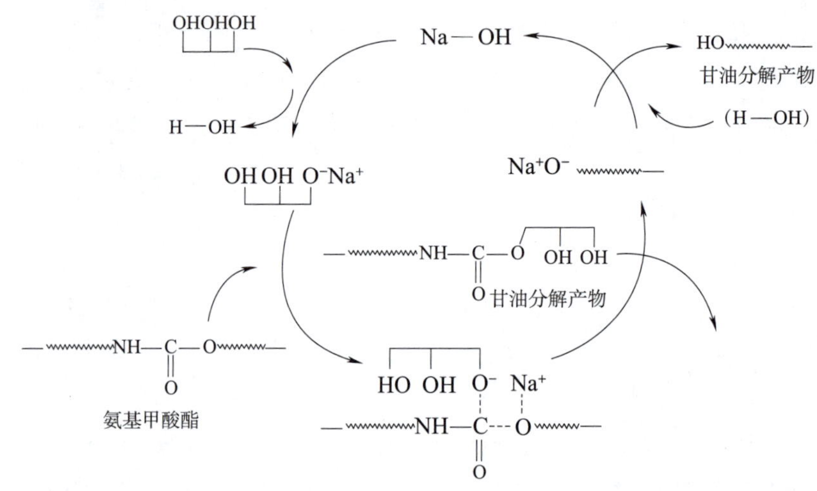

图 4.23　甘油对聚氨酯废弃物醇解机理

在该反应中，所使用的甘油纯度为 40%、62%、84%和 99.5%，由于所使用的甘油纯度不同，其降解速率不同，生成的产物也略有不同。由于甘油中存在其他杂质，使得醇解反应中伴随水解反应，反应速率较纯的甘油高。降解回收之后的聚醚多元醇被用于铸型聚氨酯的合成，由 84%的甘油降解后合成的聚氨酯在拉伸强度、伸长率、硬度方面指数较原有聚氨酯高，表明该合成材料性能较好。在该反应中较好地实现了可持续。

Morcillo-Bolaños 等[78] 2018 年发表在 *Universidad de Antioquia*（安提奥基大学）中的 Polyurethane flexible foam recycling via glycolysis using Zn/Sn/Al hydrotalcites as heterogeneous catalyst 所用的方法为水滑石异相催化下的醇解。在该文献中作者用 Zn/Sn/Al 水滑石作为异相催化剂，二甘醇作为醇解剂，对聚氨酯软泡进行催化醇解，所得的多元醇进行聚氨酯的再生成，并对该材料的力学性能进行测试，用以比较重新合成的聚氨酯与传统聚氨酯的差异。该反应在一个惰性气氛中进行以避免多元醇的氧化和副产物的发生。反应在 190 ℃的油浴下，氮气氛围中进行 3 h，完成聚氨酯软泡的降解。该反应中聚氨酯软泡和二甘醇的质量比为 1.5，所得到的多元醇与聚氨酯软泡的质量比为 0.66，相比于传统的均相催化剂，该催化剂在一定程度上提高了多元醇的含量。在聚氨酯的再合成中加入10%的回收多元醇，得到的聚氨酯与传统聚氨酯在各个性能方面无异。该方法为聚氨酯工业中聚氨酯废弃物的重新利用提供了可能。

醇解法更适合用于聚醚型聚氨酯的降解，因为该方法是通过断裂氨基甲酸酯键对聚氨酯进行降解，而聚酯型聚氨酯软链段含有许多酯基单元，醇解反应在断裂氨基甲酸酯键的同时也会断裂聚酯型聚氨酯软链段的酯基单元，所以醇解法并不能得到较完整的聚酯多元醇软段部分，只能进行彻底降解，得到小分子的酯交换反应产物，反应液的分离也较困难。相比于聚氨酯型聚氨酯，聚醚型聚氨酯中聚醚软段相对稳定，只要控制好反应条件便可得到一定量的长链聚醚多元醇。

3. 水解法

聚氨酯材料耐热水性能较差，尤其是以聚酯多元醇为基础的聚氨酯材料，在热水中易发生分子链的水解，生成的小分子醇和酸分离提出困难，所以水解法更适合用于降解聚醚多元醇，以回收高附加值的聚醚多元醇和芳香多胺类物质。在一定的压力、温度等工艺条件下，水蒸气可以加速聚氨酯分子链的分解作用，再生成醇和胺的化合物。水蒸气裂解温度一般为218～399 ℃，最佳裂解温度为245～343 ℃，反应的压力为50～150 kPa。利用水蒸气气流将分解生成的CO_2和胺带出，经冷凝后可回收胺类化合物，而醇类化合物则从裂解器的下部收集。该法的水解温度较低，工艺条件不太复杂时，水解产物的主要成分是聚醚多元醇和胺化合物，回收率较高[79]。

水解反应中也可加入催化剂，降低反应温度，减少反应时间，多是利用碱金属氢氧化物作催化剂，在高温高压水蒸气的作用下将聚氨酯泡沫塑料水解成胺化合物、多元醇和CO_2[80]。美国在20世纪70年代就已经利用水解法回收废弃车里的聚氨酯泡沫。他们往聚氨酯泡沫中通入200 ℃高压蒸汽，15 min后发现聚氨酯泡沫转变成了两相液体，其水解反应如下：

$$R-\overset{H}{N}-\overset{O}{\overset{\|}{C}}-OR_1 + H_2O \longrightarrow R-\overset{O}{\overset{\|}{C}}-OH + R_1-OH$$

$$R-\overset{H}{N}-\overset{O}{\overset{\|}{C}}-\overset{H}{N}-R_1 + H_2O \longrightarrow R_1-\overset{H}{N}-\overset{O}{\overset{\|}{C}}-OH + R_1-NH_2$$

$$R_1-\overset{H}{N}-\overset{O}{\overset{\|}{C}}-OH \longrightarrow R-NH_2 + CO_2$$

早在1973年，麦可尔等[81]就研究了线性聚氨酯及含单氨基甲酸酯类模型化合物的水解。在不同温度、不同酸碱性条件下，分别对线性聚氨酯及含单氨基甲酸酯类模型化合物的水解进行了探究，并对氨基甲酸酯键和脲键水解的一级动力学数据和二级动力学数据进行采集分析。通过对比分析和讨论，对聚氨酯的水解给出了初步的参考数据。随后，戴子月等[82]和格朗克等[83]专门对聚氨酯泡沫与干蒸汽反应的动力学和反应机理进行研究。他们将0.5 g聚氨酯与10 mL水放入100 mL的高压反应釜中，通入氮气的保护，在150～300 ℃下反应20～95 min，反应结束后，利用气质联用、气相色谱、核磁氢谱对产物进行分析表征。结果显示，反应后产物是液体两相，上相是TDA的水溶液，下相是多元醇油相。试验考察了反应中TDA的回收率受温度、时间、催化剂的影响，并且得出结论：水解反应中要对温度进行控制以防止降解产物自缩聚反应，同时催化剂的量要进行控制以防止降解产物 TDA 对氨基甲酸酯的胺解。上门一登等[84]发明了隔热箱体及具有其的电冰箱和隔热箱体用材料的再生利用方法。他们将冰箱里的硬质聚氨酯泡沫塑料粉碎后，首先利用化学反应使其液化，然后与超临界水或亚临界水进行反应，分解为 RPUF 的原料化合物。将其中的由甲苯二胺合成的亚苄基二异氰酸酯组合物和甲苯二胺系聚醚性多元醇分馏出来，作为合成 RPUF 的原料。

国内也有很多这方面的研究。徐玉良[85]发明了聚氨酯废料水相分解回收工艺的专利。该发明是在水溶液中将聚氨酯废料分解，并在水相中将催化剂分离以便循环使用，分解产物聚醚及甲苯二胺均在水中分离，同时又对聚醚中残留的甲苯二胺酰化，对聚醚进行接枝，使回收聚醚所生产的聚氨酯，性能优于未接枝的正品，适于化工厂或海绵厂接产。但是，由于水解法是在高温高压下进行，因而对反应条件和设备要求很高，且水解产物的组成复杂，提纯技术难度很大，所以这种方法并没有得到推广。

侯相林课题组[86]用配位不饱和锌离子的水溶液对聚氨酯弹性体进行了可控降解。在该降解体系中，H_2O 相比于 Cl^- 有更强的亲核能力，H_2O 作为配体可以与中心离子 Zn^{2+} 结合，一般情况下，Zn^{2+} 的配位数是 4，所形成的配合物的结构为$[Zn(H_2O)_4]Cl_2$，当 $ZnCl_2$ 的质量分数 65.38%时，为透明液体，而此时的 Zn^{2+} 处于不饱和配位状态，其性质类似于低共溶溶剂和离子液体，可有效催化聚氨酯弹性体的可控降解，选择性断裂 C—O、C—N 键，回收高附加值的 2,4-二氨基甲苯、PTMEG、MOCA。该文献中所提到的聚氨酯结构如图 4.24 所示。

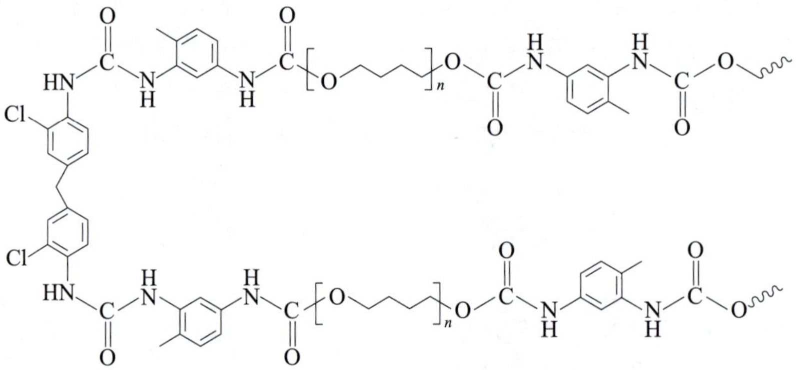

图 4.24　聚氨酯结构图

聚氨酯解聚机理如图 4.25 所示。

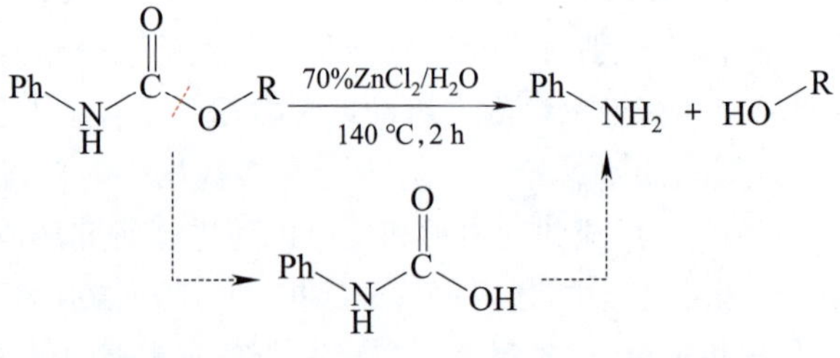

(a)

图 4.25　聚氨酯解聚机理图

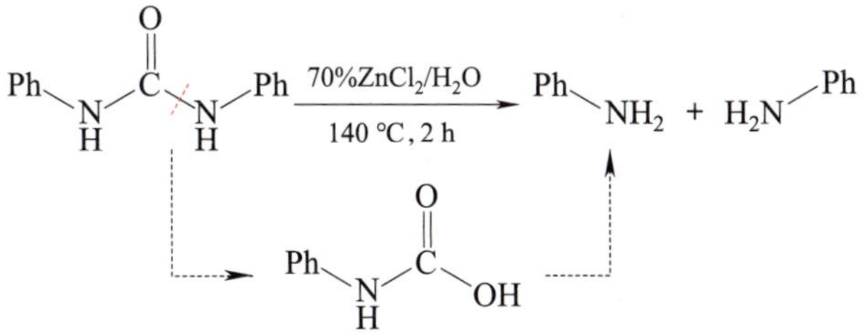

$$\mathrm{Ph{-}NH{-}C(=O){-}NH{-}Ph \xrightarrow[140\ ^\circ C,\ 2\ h]{70\%ZnCl_2/H_2O} Ph{-}NH_2 + H_2N{-}Ph}$$

$$\mathrm{(via\ Ph{-}NH{-}C(=O){-}OH)}$$

（b）

$$\mathrm{R{-}[O{-}CH_2CH_2CH_2CH_2]_n{-}O{-}R \xrightarrow[160\ ^\circ C,\ 2\ h]{70\%ZnCl_2/H_2O} H{-}[O{-}CH_2CH_2CH_2CH_2]_n{-}OH}$$

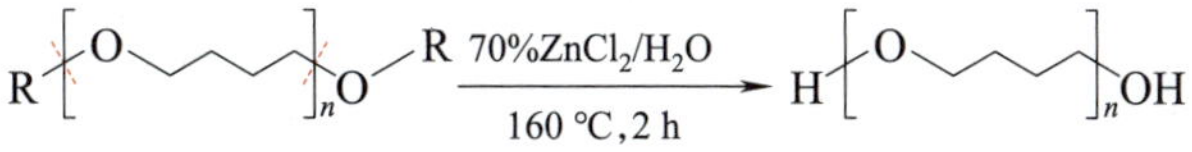

（c）

图 4.25 聚氨酯结构图(续)

该方法在 140 ℃下反应 2 h 便可将此结构的聚氨酯弹性体完全降解，在很大程度上提高了反应效率。所得产物易于分离，降解液可重复利用，在很大程度上实现了可持续循环利用。

4. 胺解法

胺解就是聚氨酯在含有胺基的化合物中分解生成含有羟基及胺基的低聚物。反应机理与酯交换相似。该反应的特点是胺基的反应性强，胺解反应可在较低的温度进行。在降解过程中主要的反应有氨基甲酸酯、脲基等断裂生成多元醇、多元胺以及芳香族化合物[87]。

氨基甲酸酯基断裂反应：

$$\mathrm{R{-}NH{-}C(=O){-}O{-}R_1 + H_2N{-}CH_2{-}CH_2{-}NH{-}CH_2{-}CH_2{-}NH_2 \longrightarrow}$$

$$\mathrm{R{-}NH{-}C(=O){-}NH{-}CH_2{-}CH_2{-}NH_2 + R_1{-}OH}$$

脲基断裂反应：

$$\mathrm{R{-}NH{-}C(=O){-}NH{-}R_1 + H_2N{-}CH_2{-}CH_2{-}NH{-}CH_2{-}CH_2{-}NH_2 \longrightarrow}$$

$$\mathrm{R{-}NH{-}C(=O){-}NH{-}CH_2{-}CH_2{-}NH_2 + R_1{-}NH_2}$$

Shu 等[88]在 150～180 ℃用二亚乙基三胺、三亚乙基四胺、四亚乙基五胺等脂肪胺对聚氨酯硬泡进行了降解，并对降解产物的胺值、黏度、MDA 含量及相对分子质量分布进行了测试。村山公一等[89]研究了聚氨酯的分解方法并取得了专利。他们在多胺化合物的存在下，于 120～250 ℃下将聚氨酯加热，分解生成的多元醇及在多元醇中含有可溶脲体的液状物和含有不溶物脲体的固体成分。他们还对该分解物利用高温高压水进行水解，回收得到多胺和多元醇。聚氨酯的胺解与胺的类型、反应温度及聚氨酯/降解剂比率有关。胺解法速度快，反应温度低，降解产物中胺值高；其问题是胺作为溶剂其成本较好，而且溶剂体系往往具有一定的环境毒性和生理毒性，另外产物分离困难，溶剂在反应过程中有较大的损耗。

5. 醇胺降解法

醇胺降解法是在高温下，利用链烷醇胺如单乙醇胺、二乙醇胺和二甲基乙醇胺等能够使聚氨酯泡沫降解成低聚体，NaOH、$Al(OH)_3$和甲醇钠等催化剂可促进聚氨酯降解的反应速度。该反应中主要有氨基甲酸酯基断裂和脲基断裂，其反应历程为：

氨基甲酸酯基断裂反应：

$$R_1-\overset{H}{N}-\overset{\overset{O}{\|}}{C}-O-R_2+HN\overset{ROH}{\overset{|}{-}}ROH\longrightarrow$$

$$R_1-\overset{H}{N}-\overset{\overset{O}{\|}}{C}-O-R-\overset{H}{N}-ROH+R_1-\overset{H}{N}-\overset{\overset{O}{\|}}{C}-\overset{\overset{ROH}{|}}{N}-ROH+R_2-OH$$

脲基断裂反应：

$$R_1-\overset{H}{N}-\overset{\overset{O}{\|}}{C}-\overset{H}{N}-R_2+HN\overset{ROH}{\overset{|}{-}}ROH\longrightarrow$$

$$R_2-NH_3+R_1-\overset{H}{N}-\overset{\overset{O}{\|}}{C}-O-R-\overset{H}{N}-ROH+R_1-\overset{H}{N}-\overset{\overset{O}{\|}}{C}-\overset{\overset{ROH}{|}}{N}-ROH$$

对硬质 PU 泡沫的醇解多使用醇胺法，即使用 90%～95%的低相对分子质量二醇化合物和 5%～10%的醇胺化合物，醇解温度通常为 190～210 ℃，回收产物为均相聚醚多元醇，避免了回收产物分层，简化了后处理工序，回收的聚醇可按物质的量比 40∶60 与新鲜聚醚掺混，再用于发泡，再生泡沫体的性能变化不大。Wal 等[90]用醇胺对各种聚氨酯进行降解。他们采用二链烷醇胺与碱金属催化剂如 KOH 在 120 ℃将聚氨酯泡沫降解，发生的主要反应有氨基甲酸酯基断裂和脲键断裂。另外，为了减少降解过程中产生的芳香胺，他们利用环氧丙烷对降解产物进行烷基化反应。通过烷基化反应可以获得性能相对较高、颜色比较浅的多官能团多元醇。日本研究团队[91]在 1994 年发表其烷醇胺解聚氨酯的相关成果：采用无催化剂的烷醇胺在 150 ℃下对亚甲基二苯基异氰酸酯（MDI）基聚氨酯柔性泡沫进行了降解，降解产物完全分为两层：上层为聚醚多元醇，下层为亚甲基二苯胺（MDA）和烷醇胺衍生物。经气相凝胶色谱和核磁碳谱分析表明，上层为相对纯净的聚醚，下层为醇解产物在分解反应中生成的丙二醛和 8-羟乙基氨基甲酸酯，由此认为烷醇胺对聚氨酯泡沫的降解过程不是氨解而是醇解。

6. 碱降解法[92]

碱降解法是以 MOH（M 为 Li、K、Na、Ca 之一或多种混合物）为降解剂，在 160～200 ℃将 RPUF 降解成醇、胺化合物、碳酸盐等。其主要分解反应如下：

氨基甲酸酯键的分解反应：

$$RNHCOOR'\longrightarrow RNCO+R'OH$$

脲基的分解反应：

$$RNHCONHR'\longrightarrow RNCO+R'NH_2$$

异氰酸酯的碱分解反应：

$$RNCO+2NaOH\longrightarrow RNH_2+Na_2CO_3$$

当在降解产物中加入非极性溶剂(酯类或卤代烃)和水时,降解产物分成两层:上层经蒸馏得多元醇,可直接用于生产 PU 泡沫;下层经浓缩、结晶、重结晶可得高纯度二胺化合物,可用于合成异氰酸酯。其缺点是由于反应是在高温强碱条件下进行,对设备要求高,生产成本高,实现工业化较为困难[93,94]。

7. 酸降解法

酸解是聚氨酯在有机酸或无机酸存在下进行的降解,在无机酸中,酸解会形成铵盐和醇[95]。

反应方程式:

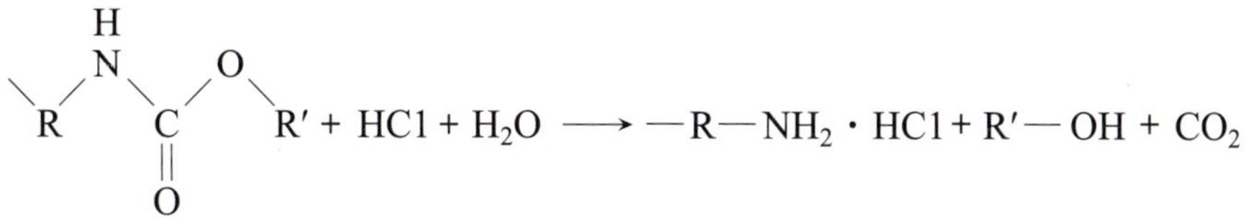

$$\sim R-NH-C(=O)-O-R'\sim + HCl + H_2O \longrightarrow -R-NH_2\cdot HCl + R'-OH + CO_2$$

聚氨酯在有机酸中的降解,多为单羟基酸和二羟基酸。该文献中用不饱和脂肪族二羧酸对聚氨酯进行降解,如顺丁烯二酸或反丁烯二酸,反应方程式如下:

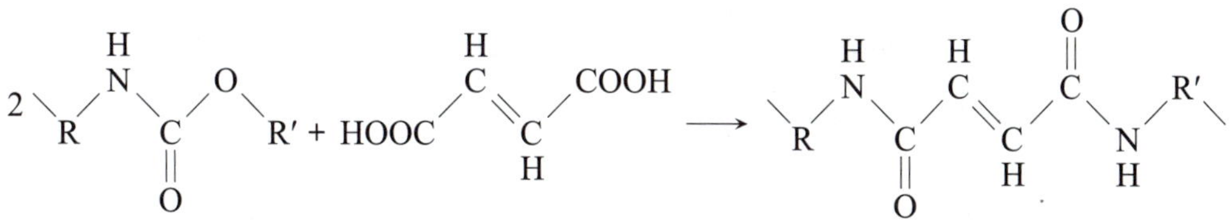

$$2\sim R-NH-C(=O)-O-R'\sim + HOOC-CH=CH-COOH \longrightarrow \sim R-NH-C(=O)-CH=CH-C(=O)-NH-R'\sim$$

产物中含有低聚的不饱和酰胺和酰基脲的混合物。降解产物不可用于重新合成聚氨酯泡沫,因为降解液酸度较大。为解决降解液酸度较大的问题,可在降解液中加入碱来进行中和,过滤后便可除去无机化合物和盐类。但是回收的产物用于聚氨酯合成时仍需混合原料。

8. 氢降解法[96]

氢降解法是将硬质聚氨酯泡沫废料粉碎后放入加氢反应器中,在 40 MPa 和 500 ℃条件下反应,能够得到油和气氢降解法理论上适用于所有有机化合物的回收利用。氢降解法已有实验室的装置。与热解法相比,加氢裂解废 PU 不仅得到的油和气与炼油厂得到的产品类似,油的纯度高,而且避免了热解法中含碳的残余物。加氢裂解油的产率取决于废料的类型,一般为 60%～80%。同热解 PU 一样,加氢裂解 PU 制气和油近年内很难走出实验室。此外,由于经济因素,只有当有大量的 RPUF 废料需要处理时,氢解法才适用[97]。

9. 磷酸酯法

磷酸酯法也是一种降解聚氨酯的方法,在磷酸二甲酯、磷酸二乙酯作用下,聚氨酯会发生降解。由于磷酰基具有很强的极性,使得降解反应可以在较低温度且没有催化剂的条件下进行。反应历程如图 4.26 所示。

Troev 等[98]报告了一种降解聚氨酯的新方法——磷酸酯降解。他们用膦酸二甲酯、磷酸二乙酯和三(1-甲基-2-氯乙基) 磷酸盐对聚氨酯弹性体和聚氨酯泡沫进行降解。试验发现,由于磷酸基具有很强的极性,使得降解反应可以在 142 ℃,没有催化剂的温和条件下进行。瓦尔莱特等[99]通过研究膦酸酯在磷酸酯降解聚氨酯和聚酰胺类聚合物废弃物方面取得研究进展。他们明确表示，膦酸和磷酸的烷基酯可以作为聚合物的非常有效的降解剂，并阐述了膦酸盐处理聚氨酯的产品的过程及其降解机理。

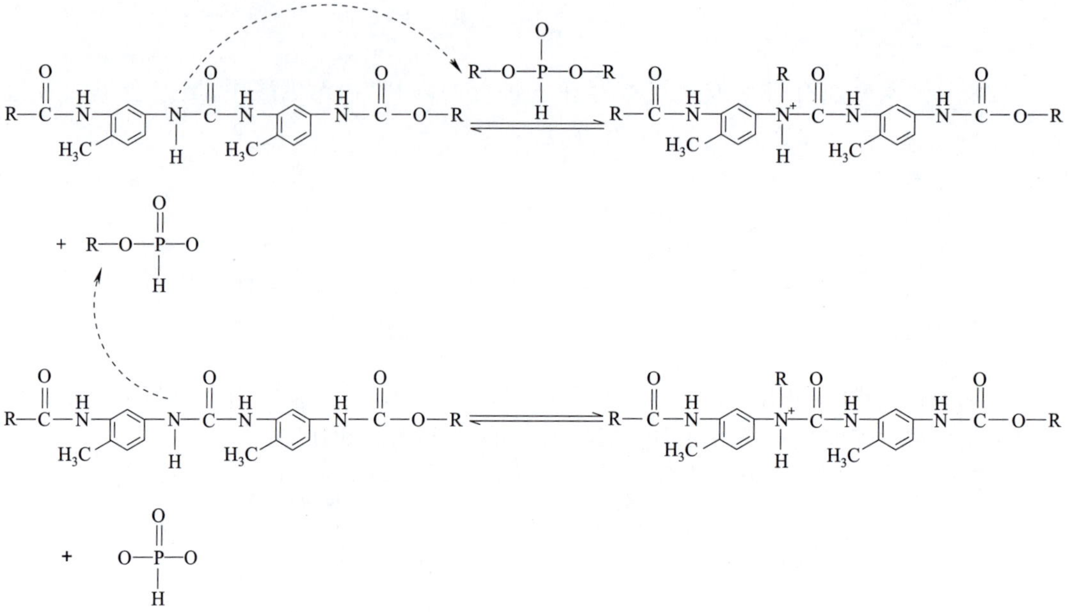

(a)烷基化反应

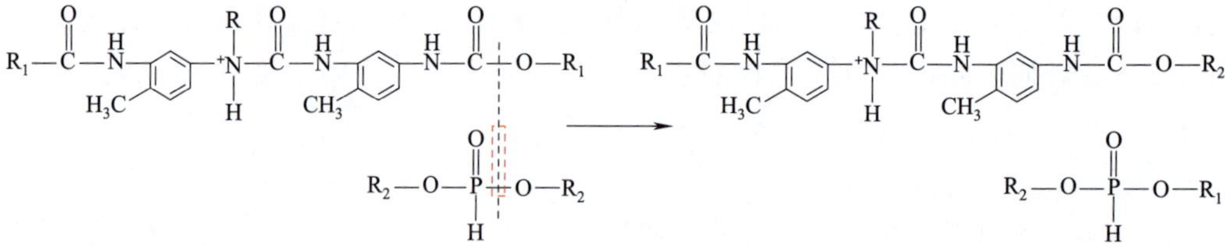

(b)酯交换反应

图 4.26　磷酸酯法降解聚氨酯的反应路径

10. 醇磷法

醇磷法以聚醚多元醇和卤代磷酸酯为分解剂，分解产物为聚醚多元醇和磷酸铵固体，极大地便利了分离回收。此外，在许多阻燃性聚氨酯泡沫塑料中，已添加了卤代磷酸酯阻燃剂，在回收中可不必另行添加卤代磷酸酯助醇解剂，使回收操作更加简便。德国 Repra 回收公司推广这种低成本的聚氨酯废料的回收技术，用于聚氨酯制鞋废料的回收。该公司已于 1995 年建成投产[100]。

11. 热氧化降解[101]

因热引发氧化而产生的降解称为热氧化降解。聚醚的热氧化降解过程是通过自由基反应机理进行的。醚键的 d 碳上激发出一个 H 原子后所生成的仲自由基，与氧结合成一个过氧化物自由基，然后形成一个氢过氧化物，该氢过氧化物分解成氧化物自由基和羟基自由基，分解后的氧化物自由基可以在靠近自由基的碳键之间断开，形成羧酸及烷基自由基；也可以在C—O键断开形成醛类化合物。反应机理如下[102]：

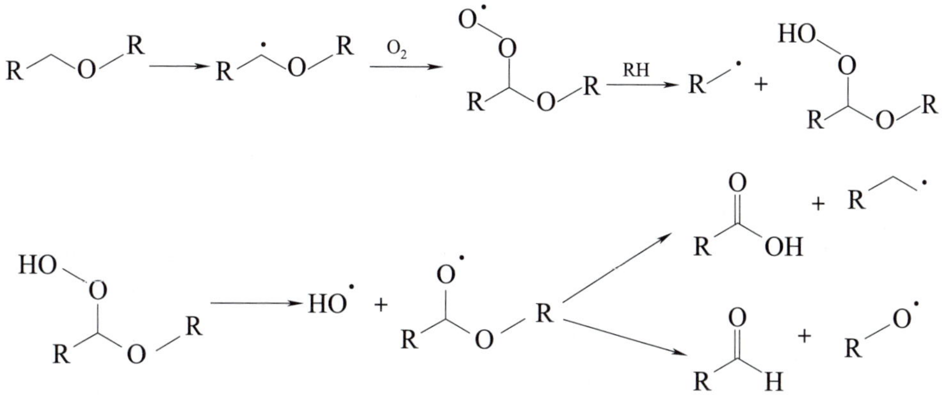

12. 光降解

聚氨酯材料在吸收波长290～400 nm光后发生降解，导致聚合物链断裂和交联，使某些力学性能发生变化，同时，降解形成的发色团引起Pu的颜色加深。聚氨酯的光降解历程为：在氨基甲酸酯基键上的断裂[103,104]后最终形成三种自由基：氨基自由基、烷基自由基和烷氧基自由基。断裂形式有两种：

(1)在N—C键断开，形成氨基自由基和烷基自由基，并释放出CO_2：

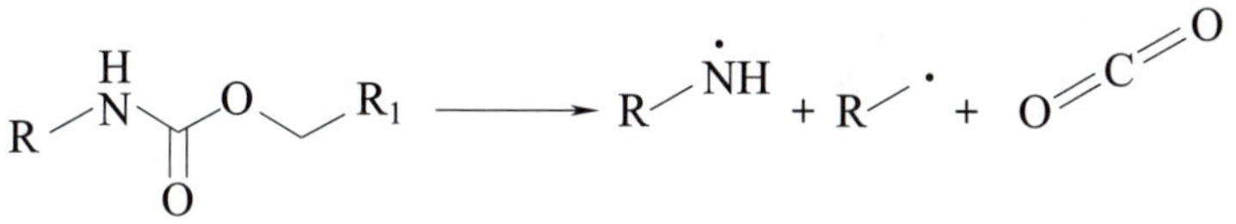

(2)在C—O断键，形成氨基甲酰基自由基和烷氧基自由基，而氨基甲酰自由基分解成氨基自由基和CO_2：

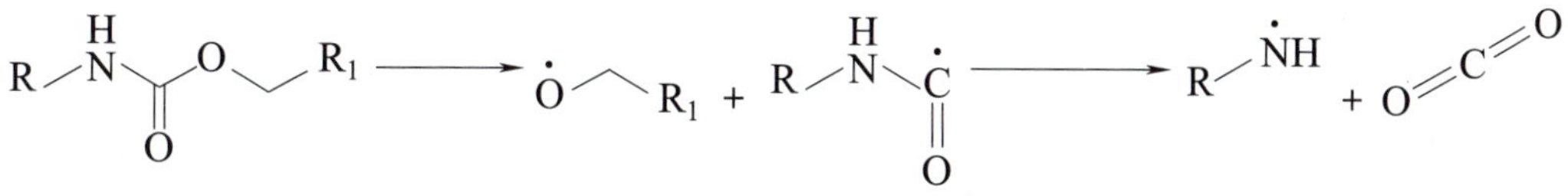

自由基进一步反应。两个氨基自由基反应形成一个中间体，再与烷氧基反应生成重氮化合物和醇：

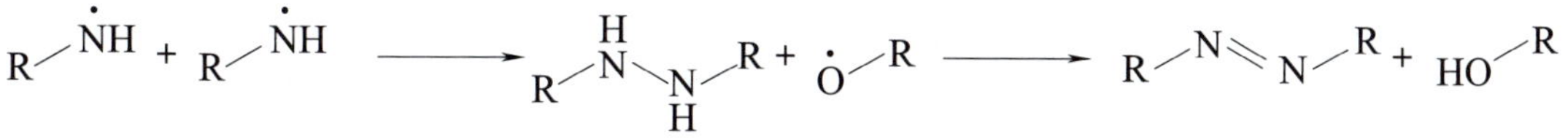

氨基自由基和烷基自出基反应生成胺和烯烃：

烷基自由基在 O_2 存在下，形成醛和羟基自由基：

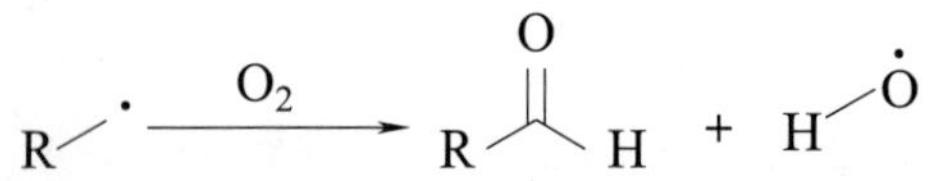

烷氧基自由基自动分解成甲醛和另一个烷基自由基：

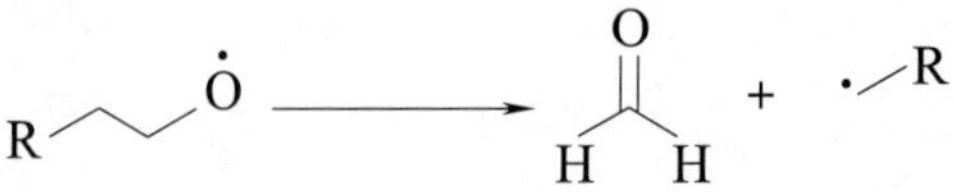

若是芳香族二异氰酸酯 MDI 合成之 PU 材料后，在光照下则发生两种氧化降解机理。

第一种机理是，PU 吸收波长大于 340 nm 的光后，在 MDI 上的甲撑上发生氧化，形成不稳定的氢过氧化合物，进而生成发色团醌一酰亚胺结构，该结构导致 PU 变黄，再进一步氧化，生成二醌一酰亚胺结构，最后变为琥珀色。反应历程如下[105,106]：

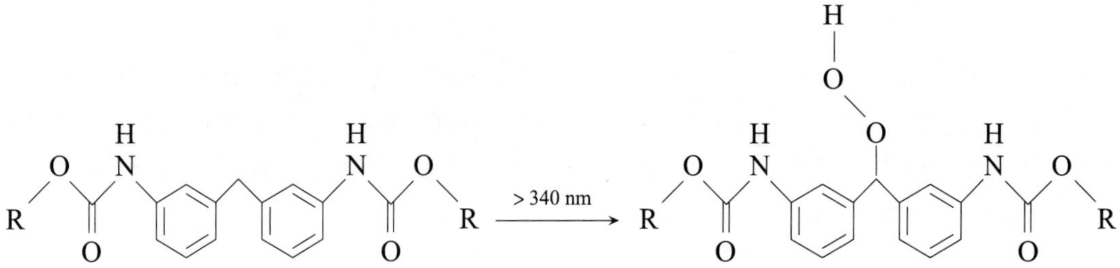

第二种机理是，在 330～340 nm 的波长光，发生 Photo-Fries 重排，生成伯芳香胺，进一步降解，产生变黄产物[107]，其历程如下：

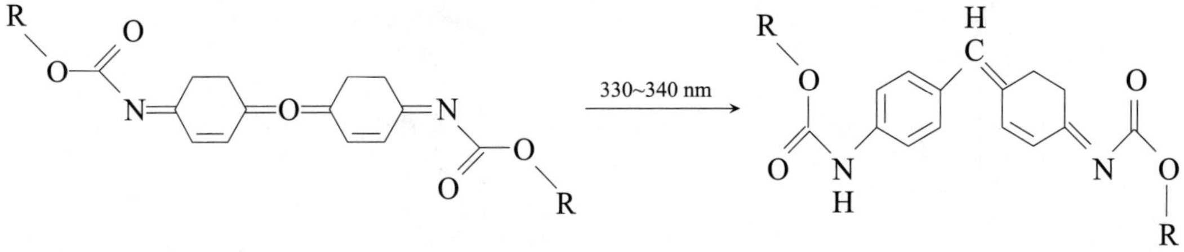

总之，对于交联度较低的聚氨酯弹性体或者聚氨酯软泡，上述降解体系通常是可行的，对于交联度较高的硬泡聚氨酯则很难被高效降解，为了提高降解效率，需要提高反应温度或延长反应时间，这样又会引起芳香胺类降解产物发生副反应，因此，高交联聚氨酯的催化降解需要既要考虑目标化学键的活性，又要兼顾降解产物的稳定性。由于硬泡聚氨酯广泛的应用，其废弃物的产量巨大，其高效降解体系的开发是近年来聚氨酯降解的重要方向之一。对于多种弱键同时存在的聚氨酯如聚碳酸酯聚氨酯，分子内除了氨基甲酸酯键之外还存在活性较高的碳酸酯键，如果在降解过程中能控制化学键活化和反应，只打开氨基甲酸酯键，而保留高附加值的聚碳酸酯结构，不但能提升降解产物的价值，而且便于产物分离，因此高选择性降解体系的开发是聚氨酯降解的另一个重要方向。

参考文献

[1] LIU T, GUO X, LIU W, et al. Selective cleavage of ester linkages of anhydride-cured epoxy using abenign method and reuse of the decomposed polymer in new epoxy preparation[J]. Green Chemistry, 2017, 19 (18): 4364-4372.

[2] JIANG J, DENG G, CHEN X, et al. On the successful chemical recycling of carbon fiber/epoxy resin composites under the mild condition[J]. Composites Science and Technology, 2017, 151: 243-251.

[3] ZHAO X, WANG X, TIAN F, et al. A fast and mild closed-loop recycling of anhydride-cured epoxy through microwave-assisted catalytic degradation by trifunctional amine and subsequent reuse without separation[J]. Green Chemistry, 2019, 21 (9): 2487-2493.

[4] DENG T, LIU Y, CUI X, et al. Cleavage of C-N bonds in carbon fiber/epoxy resin composites[J]. Green Chemistry, 2015, 17(4): 2141-2145.

[5] WANG Y, CUI X, GE H, et al. Chemical recycling of carbon fiber reinforced epoxy resin composites via selective cleavage of the carbon-nitrogen bond[J]. ACS Sustainable Chemistry & Engineering, 2015, 3(12): 3332-3337.

[6] LIU T, ZHANG M, GUO X, et al. Mild chemical recycling of aerospace fiber/epoxy composite wastes and utilization of the decomposed resin[J]. Polymer Degradation and Stability, 2017, 139: 20-27.

[7] XU P, Li J, DING J. Chemical recycling of carbon fibre/epoxy composites in a mixed solution of peroxide hydrogen and N, N-dimethylformamide[J]. Composites Science and Technology, 2013, 82: 54-59.

[8] LI J, XU P, ZHU Y, et al. A promising strategy for chemical recycling of carbon fiber/thermoset composites: self-accelerating decomposition in a mild oxidative system[J]. Green Chemistry, 2012, 14 (12): 3260-3263.

[9] DANG W, KUBOUCHI M, YAMAMOTO S, et al. An approach to chemical recycling of epoxy resin cured with amine using nitric acid[J]. Polymer, 2002, 43: 2953-2958.

[10] DANG W, KUBOUCHI M, YAMAMOTO S, et al. Chemical recycling of glass fiber reinforced epoxy resin cured with amine using nitric acid[J]. Polymer, 2005, 46: 1905-1912.

[11] SUN H, GUO G, MEMON S A, et al. Recycling of carbon fibers from carbon fiber reinforced polymer using electrochemical method[J]. Composites Part A: Applied Science and Manufacturing, 2015, 78: 10-17.

[12] NIE W, LIU J, LIU W, et al. Decomposition of waste carbon fiber reinforced epoxy resin composites in molten potassium hydroxide[J]. Polymer Degradation and Stability, 2015, 111: 247-256.

[13] TIAN F, YANG Y, WANG X, et al. From waste epoxy resins to efficient oil/water separation materials via a microwave assisted pore-forming strategy[J]. Materials Horizons, 2019, 6: 1733-1739.

[14] YUAN Y, SUN Y, YAN S, et al. Multiply fully recyclable carbon fibre reinforced heat-resistant covalent thermosetting advanced composites[J]. Nature Communications, 2017, 8: 14657.

[15] 派斯丁，梁波，覃兵. 用于合成可重复利用环氧树脂的新型化合物[P]. 中国，201180057720. 6. 2016-03-02.

[16] 梁波，覃兵，派斯丁，等. 一种增强复合材料及其回收方法[P]. 中国，201280020299. 6. 2016-02-24.

[17] 李欣，覃兵，梁波. 可降解酰肼类潜伏型环氧树脂固化剂及其应用[P]. 中国，201310136022. 6. 2014-07-30.

[18] 覃兵,李欣,梁波.可降解环缩醛、环缩酮二胺类环氧树脂固化剂及其应用[P].中国,201310136121.4.2015-06-10.

[19] 覃兵,李欣,梁波.可降解有机芳香胺类和有机芳香铵盐类潜伏型环氧树脂固化剂及其应用[P].中国,201310137093.8.2016-03-30.

[20] 覃兵,李欣,梁波.一种环氧树脂复合材料的降解回收方法[P].中国,201310137251.X.2016-11-30.

[21] 覃兵,李欣,梁波.一种可降解伯胺固化剂的制备方法[P].中国,201310306113.X.2017-08-25.

[22] 覃兵,李欣,梁波.可降解腙类环氧树脂固化剂及其应用[P].中国,201310440092.0.2015-12-02.

[23] 覃兵,李欣,梁波.可降解异氰酸酯及其应用[P].中国,201310634385.2.2016-09-28.

[24] 覃兵,李欣,梁波.一种用于印刷电路板的可回收半固化片、固化片、覆铜板及其制备、回收方法[P].中国,201410781355.9.2018-03-23.

[25] 王慧,邹林,刘小峯.2016—2017年国内外不饱和聚酯树脂工业进展[J].热固性树脂,2018,33(3):56-65.

[26] MONTARNAL D,CAPELOT M,TOURNILHAC F,et al. Silica-like malleable materials from permanent organic networks[J]. Science Advances,2011,334(6058):965-968.

[27] 张小苹,周祝林.不饱和聚酯树脂在复合材料中的应用[J].纤维复合材料,2008,1:28-31.

[28] 杨珍菊.国外复合材料行业进展与应用:上[J].纤维复合材料,2016,33(4):31-44.

[29] 沈开猷.不饱和聚酯树脂及其应用[M].3版.北京:化学工业出版社,2005.

[30] BOWMAN C N,KLOXIN C J. Covalent adaptable networks:reversible bond structures incorporated in polymer networks[J]. Angewandte Chemie-International Edition,2012,51(18):4272-4274.

[31] LONG T E. Toward recyclable thermosets[J]. Science,2014,344:706-707.

[32] 陈中武.不饱和聚酯树脂及玻璃钢在高温高压水中分解回收的研究[D].哈尔滨:哈尔滨工业大学,2008.

[33] WINTER H,MOSTERT H A M,SMEETS P J H M,et al. Recycling of sheet-molding compounds by chemical routes[J]. Journal of Applied Polymer Science,1995,57:1409-1417.

[34] OLIVEUX G,DANDY L O,LEEKE G A. Current status of recycling of fibre reinforced polymers:review of technologies,reuse and resulting properties[J]. Progress in Materials Science,2015,72:61-99.

[35] SARDON H,DOVE A P. Plastics recycling with adifference[J]. Science,2018,360(6387):380-381.

[36] KOUPARTTSAS C E,KAWTALIS P C V C N,TSENOGLOU C J,et al. Recycling of the fibrous fraction of reinforced thermoset composites[J]. Polymer Composites,2002,23:682-689.

[37] CUNLIFFE A M,JONES N,WILLIAMS P T. Recycling of fibre-reinforced polymeric waste by pyrolysis:thermo-gravimetric and bench-scale investigations[J]. Journal of Analytical and Applied Pyrolysis,2003,70(2):315-338.

[38] 张丽莉,陈丽,赵雪峰,等.超临界水的特性及应用[J].化学工业与工程技术,2003,20(1):33-54.

[39] 王荣春,卢卫红,马莺.亚临界水的特性及其技术应用[J].食品工业科技,2013,34(08):332-336.

[40] SUYAMA K,KUBOTA M,SHIRAI M,et al. Effect of alcohols on the degradation of crosslinked unsaturated polyester in sub-critical water[J]. Polymer Degradation and Stability,2006,91:983-986.

[41] SUYAMA K,KUBOTA M,SHIRAI M,et al. Degradation of cross-linked unsaturated polyesters by using subcritical water[J]. Polymer Degradation and Performance,2009,8:88-97.

[42] SUYAMA K,KUBOTA M,SHIRAI M,et al. Chemical recycling of networked polystyrene derivatives using subcritical water in the presence of an aminoalcohol[J]. Polymer Degradation and Stability,2010,95(9):1588-1592.

[43] OLIVEUX G, BAILLEUL J, SALLE E L G L. Chemical recycling of glass fibre reinforced composites using subcritical water[J]. Composites Part A: Applied Science and Manufacturing, 2012, 43(11): 1809-1818.

[44] OLIVEUX G, BAILLEUL J, SALLE E L G L, et al. Recycling of glass fibre reinforced composites using subcritical hydrolysis: reaction mechanisms and kinetics, influence of the chemical structure of the resin[J]. Polymer Degradation and Stability, 2013, 98(3): 785-800.

[45] NAKAGAWA T, GOTO M. Recycling thermosetting polyester resin into functional polymer using subcritical water[J]. Polymer Degradation and Stability, 2015, 115: 16-23.

[46] SOKOLI H, SIMONSEN M E, SØGAARD E G. Towards understanding the breakdown and mechanisms of glass fiber reinforced polyester composites in sub-critical water using some of the most employed and efficient additives from literature[J]. Polymer Degradation and Stability, 2018, 152: 10-19.

[47] ARTURI K R, SOKOLI H U, SØGAARD E G, et al. Recovery of value-added chemicals by solvolysis of unsaturated polyester resin[J]. Journal of Cleaner Production, 2018, 170: 131-136.

[48] YOON K H, DIBENEDETTO A T, HUANG S J. Recycling of unsaturated polyester resin using propylene glycol[J]. Polymer, 1997, 38(9): 2281-2285.

[49] IWAYA T, TOKUNO S, SASAKI M, et al. Recycling of fiber reinforced plastics using depolymerization by solvothermal reaction with catalyst[J]. Journal of Materials Science, 2007, 43(7): 2452-2456.

[50] VALLEE M, TERSAC G, DESTAIS-ORVOEN N, et al. Chemical recycling of class a surface quality sheet-molding composites[J]. Industrial & Engineering Chemistry Research, 2004, 43: 6317-6324.

[51] WANG Y, CUI X, YANG Q, et al. Chemical recycling of unsaturated polyester resin and its composites via selective cleavage of the ester bond[J]. Green Chemistry, 2015, 17(9): 4527-4532.

[52] WANG X, AN W, YANG Y, et al. Porous gel materials from waste thermosetting unsaturated polyester for high-efficiency wastewater treatment[J]. Chemical Engineering Journal, 2019, 361: 21-30.

[53] AN W, WANG X, YANG Y, et al. Synergistic catalysis of binary alkalis for the recycling of unsaturated polyester under mild conditions[J]. Green Chemistry, 2019, 21: 3006-3012.

[54] 刘厚钧. 聚氨酯弹性体手册[M]. 2 版. 北京: 化学工业出版社: 2012.

[55] PORCELLI L, COOKSON P A, CASATI F M. Mixture of polyethers for manufacturing flexible polyurethane foam used for e. g., bedding applications comprises nominally trifunctional copolymers [P]. USA, WO2019018142-A1. 2018-7-8.

[56] KONG W, WANG H, LI X, et al. Solvent-free polyurethane slurry used an intermediate slurry of vacuum-suction synthetic leather resistant to hydrolysis, comprises component A and component B, and where component A comprises poly tetrahydrofuran glycol[P]. China, CN107602801-A. 2017-9-7.

[57] 郝敬颖, 朱姝, 李玉松. 采用含苯环的多元醇提高聚氨酯硬泡耐温性的研究[J]. 化学推进剂与高分子材料, 2015, 13(4): 68-70.

[58] ZHOU X, LI Y, FANG C Q, et al. Recent advances in synthesis of waterborne polyurethane and their application in water-based ink: a review[J]. Journal of Materials Science & Technology, 2015, 31(7): 708-722.

[59] 柯杰曦. 聚羟基氨基甲酸酯的结构与性能关系及其改性研究[D]. 北京: 中国科学院大学, 2019.

[60] 翁汉元. 聚氨酯工业发展状况和技术进展[J]. 化学推进剂与高分子材料, 2008, 6(1): 1-7.

[61] HILLIER K. The recycling of flexible polyurethane foam[J]. Chemical Aspects of Plastics Recycling, 1997, 199(1): 127-136.

[62] HICKS D A, KROMMENHOEK M, SODERDEG D J, et al. Polyurethane recycling and waste management [J]. Cellular Polymer, 1994, 13(4): 259-276.

[63] 鹿桂芳,丁彦滨,赵春,等. 国内外化学法回收废旧聚氨酯研究进展[J]. 化学工程师,2004,109(10): 45-51.

[64] GAJEWSKI V. Chemical degradation of Polyurethane[J]. Rubber World, 1990, 202 (6): 15-18.

[65] 刘凉冰. 聚氨酯弹性体的耐热性能[J]. 弹性体,1999,9(3):41-47.

[66] 吴自强,曹红军. 废聚氨酯的综合利用[J]. 再生资源研究,2003,3(4):19-23.

[67] HARTEL J. New development in thermoset recycling and environmentally friendly processing systems[J]. Proceeding of Polyurethanes World Congress, 1993: 218-223.

[68] WEIGAND E, RASSHOFER W, HERRMANN M, et al. Recycling of polyurethanes put into practices[J]. Proceeding of polyurethanes world congress, 1993, 29(5): 435-436.

[69] SCHEIR J. Polymer recycling[M]. UK: John Wiley &Sons, 1998: 355-359.

[70] XUE S, OMOTO M, HIDAI T, et al. Preparation of epoxy hardeners from waste rigid polyurethane foam and their application[J]. Journal of Applied Polymer Science, 1995, 56(2): 127-134.

[71] SIMÓN D, LUCAS A D, RODRíGUEZ J F, et al. Flexible polyurethane foams synthesized employing recovered polyols from glycolysis: Physical and structural properties[J]. Journal of Applied Polymer Science, 2017, 134(32): 1-9.

[72] SIMÓN D, BORREGUERO A M, LUCAS A D, et al. Glycolysis of flexible polyurethane wastes containing polymeric polyols[J]. Polymer Degradation and Stability, 2014, 109: 115-121.

[73] SIMÓN D, BORREGUERO A M, LUCAS A D, et al. Valorization of crude glycerol as a novel transesterification agent in the glycolysis of polyurethane foam waste[J]. Polymer Degradation and Stability, 2015, 121: 126-136.

[74] SIMÓN D, BORREGUERO A M, LUCAS A D, et al. Glycolysis of viscoelastic flexible polyurethane foam wastes[J]. Polymer Degradation and Stability, 2015, 116: 23-35.

[75] SIMÓN D, RODRíGUEZ J F, CARMONA M, et al. Glycolysis of advanced polyurethanes composites containing thermoregulating microcapsules[J]. Chemical Engineering Journal, 2018, 350: 300-311.

[76] SIMÓN D, BORREGUERO A M, LUCAS A D, et al. Recycling of polyurethanes from laboratory to industry, a journey towards the sustainability[J]. Waste Management, 2018, 76: 147-171.

[77] TRZEBIATOWSKA P J, DZIERBICKA A, KAMMINSKA N, et al. The influence of different glycerinum purities on chemical recycling process of polyurethane waste and resulting semi-products[J]. Polymer International, 2018, 67(10): 1368-1377.

[78] MORCILLO-BOLANOS Y D, MALULE-HERRERA W J, ORTIZ-ARANGO J C, et al. Polyurethane flexible foam recycling via glycolysis using Zn/Sn/Al hydrotalcites as heterogeneous catalyst[J]. Universidad de Antioquia, 2018, 87: 77-85.

[79] 封禄田,赫秀娟. 废聚氨酯化学降解与应用的研究[J]. 辽宁化工,1999,28 (3):106-108.

[80] 王伟. 废聚氨酯发泡塑料的回收利用技术研究[D]. 太原:中北大学,2011.

[81] MATUSZAK M L, FRISCH K C, REEGEN S L, Hydrolysis of linear polyurethanes and model monocarbarnate[J]. Journal of Polymer Science: Polymer Chemistry Edition, 1973, 11: 1683-1690.

[82] DAI Z, HATANO B, KADOKAWA J I, et al. Effect of diaminotoluene on the decomposition of polyurethane foam waste in superheated water[J]. Polymer Degradation and Stability, 2002, 76: 179-184.

[83] GERLOCK J L, BRASLAW J, MAHONEY L R, et al. Reaction of polyurethane foam with dry steam: kinetics and mechanism of reactions[J]. Journal of Polymer Science: Polymer Chemistry

Edition,1980,18:541-557.

[84] 上门一登,佐佐木正人,中野明,等.隔热箱体及具有其的电冰箱和隔热箱体用材料的再生利用方法[P].中国,1513104.2004-07-14.

[85] 徐玉良.聚氨酯废料水相分解回收工艺[P].中国,1275587.2000-12-06.

[86] WANG Y,SONG H,GE H,et al. Controllable degradation of polyurethane elastomer via selective cleavage of C—O and C—N bonds[J]. Journal of Cleaner Production,2018,176:873-879.

[87] 吴自强,黄永炳,刘志宏.废聚氨酯的循环利用[J].新型建筑材料,2002,7:25-27.

[88] XUE S,OMOTO M,TAKAO H,et al. Preparation of epoxy hardeners from waste rigid polyurethane foam and their application[J]. Journal of Applied Polymer Science,1995,56:127-134.

[89] 村山公一,儿玉胜久,熊木高志.聚氨酯的分解方法[P].中国,1321700.2001-11-14.

[90] WAL H R V D. New chemical recycling process for polyurethanes[J]. Journal of Reinforced Plastics and Composites,1994,13:87-96.

[91] KANAYA K,TAKAHASHI S. Decomposition of polyurethane foams by alkanolamines[J]. Journal of Applied Polymer Science,1994,51:675-682.

[92] 徐文超,宋文生,朱长春,等.聚氨酯的回收再利用[J].弹性体,2008,18(2):65-68.

[93] 吴自强,黄永炳,刘志宏.废聚氨酯的循环利用[J].化学建材,2002,7:25-27.

[94] 张俊良.反应注射成型聚氨酯废材的回收利用[J].黎明化工,1994,5:25-28.

[95] BEHRENDT G,NABER B W. The chemical recycling of polyurethanes[J]. Journal of the University of Chemical Technology and Metallurgy,2009,44:3-23.

[96] 葛志强,徐浩星,李忠友,等.聚氨酯废弃物的处理和回收利用[J].化学推进剂与高分子材料,2008,6(1):65-68.

[97] 王静荣,陈大俊.聚氨酯废弃物的化学降解机理[J].高分子通报,2004,2(4):85-90.

[98] MOLERO C,LUCAS A D,Recovery of polyols from flexible polyurethane foam by "split-phase" glycolysis:glycol influence[J]. Polymer Degradation and Stability,2006,56:221-228.

[99] MITOVA V,GRANCHAROV G,MOLERO C,et al. Chemical degradation of polymers (polyurethanes, polycarbonate and polyamide) by esters of H-phosphonic and phosphoric acids[J]. Journal of MacromolecularScience:Part A,2013,50 (7):774-795.

[100] 刘益军,刘舫.聚氨酯废旧料的回收利用[J].化工科技市场,1999,9:11-14.

[101] 陈海平,乔迁,涂根国.聚氨酯材料的化学降解机理[J].辽宁化工,2007, 36(8):535-539.

[102] JEWSKI V. Chemical degradation of polyurethane[J]. Rubber World,1990,202(6):15-18.

[103] REK V,BRAVAR M,JOCIC T. Ageing of solid polyester-based polyurethane[J]. Journal of Elastomers & Plastics,1984,16(3):256-264.

[104] 刘凉冰.聚氨酯弹性体的紫外线稳定性[J],弹性体,2001,11(1):13-17.

[105] HOYLE C E,KIM K J,Effect of crystallinity and flexibility on the photodegradation of polyurethanes [J]. Journal of Polymer Science Part A:Polymer Chemistry,1987,25(10):2631-2642.

[106] HOYLE V E,EZZELL K S,NO Y G,et al. Investigation of the photolysis of polyurethane based on 4,4'-methylene bi(phenyl diisocyanate)(MDI) using laser flash photolysis and model compounds [J]. Polymer Degradation and Stability,1989,25(2):325-343.

[107] GARDENE J L,LEMAIRE J. Photo-thermel oxidation of thermoplastic polyurethane elastomers: part 3-influence of the excitation wavelengths on the oxidative evolution of polyurethanes in the solid state[J]. Polymer Degradation and Stability,1984,6(3):135-148.

第5章 复合材料的回收新技术

当前超临界和热裂解等早期开发的碳纤维回收技术已经趋于成熟，其中热裂解已经发展成为一种商业化的技术和方案。

尽管如此，仍然有必要开发更多地从 CFRP 中回收碳纤维的方法和技术，主要原因包括以下四方面：由于 CFRP 的产生量非常巨大，预计 2021 年起碳纤维的需求量超过 10 万 t；CFRP 使用范围领域非常广泛，包括航空航天、体育、汽车、风力发电等方面，其形态差异非常大，包括片状、板状、块状，因此有必要探索更多的回收新技术；现有回收方法需要较高的能耗，由于热固性高分子基体的不溶不熔，因此现有的处理技术没有在室温下实现的，往往需要加热至不同温度，这就意味着一定的能耗，高温热裂解技术尤甚；回收碳纤维的再利用范围仍然局限于 CFRP，为了更好地进行回收，需要开拓更多的再利用领域，因而依赖于多样化回收方法对于碳纤维性质和性能的关键影响。

CFRP 回收碳纤维的难点仍然主要在于热固性高分子基体 CFRP，当前回收方法可以分为两类：一类是利用高分子和碳纤维降解的温度差异(在惰性气氛下，高分子 400～600 ℃发生降解，而碳纤维在 800 ℃发生降解)，直接施加高温进行处理，如热裂解；另一类是在加温的基础上，辅之以有机溶剂或者试剂，如溶剂热方法。可以看出，在 CFRP 回收碳纤维过程中，基本都需要加热，因此能耗始终存在，所以新的方法主要在于热源、加热方式或介质的探索，目标在于寻找低能耗、高效率和环保的技术，同时满足各种尺寸 CFRP，特别是大件或超大件。

5.1 太阳能回收技术

热裂解技术是最早用于 CFRP 回收碳纤维的技术，由于不需要溶剂，产生的废物主要为 CO_2 等气态物质容易处理，因此快速发展，已经开始商业化使用。不过，热裂解技术回收碳纤维过程中的温度很高(400～600 ℃)，因此电能耗很大，这也提高了回收碳纤维的成本，降低了再利用的竞争力。另外，当前回收方法主要侧重于回收的可行性，而对于回收碳纤维的有序性关注较少，但有序排列的碳纤维束才具有更广的应用领域。当前高品质的 CFRP 主要集中在航空、航天领域，它们主要是一些大型的器件，如果能够在不切割的情况下回收，可以得到高品质的长 CF，将为高附加值的应用提供保障。

5.1.1 太阳能光热技术

热裂解回收需要 400 ℃以上的高温加热，因此，寻找低成本的热源无疑有利于降低能耗和成本，推进碳纤维的回收和再利用。

众所周知，太阳能是一种清洁的免费热源。虽然普通太阳光的温度并不高，但是当前已经涌现出一系列的聚光太阳能技术，基于这些聚光技术，在光斑处可以产生数百摄氏度甚至上千摄氏度的“高温区”。聚光太阳能技术结合相变材料已经广泛应用于太阳能电池或者直接作为办公大楼空调和照明的能源。由于聚光太阳能光斑处的温度可以达到数百度，因此有望作为碳纤维回收的热源(能源)。

5.1.2　聚光太阳能回收碳纤维技术

根据装置的不同，现有的太阳能聚光技术主要分为透射式和反射式(见图 5.1 和图 5.2)，由于反射式可以汇聚更大面积的太阳光，从而形成更大的焦斑，因此更广泛地被使用。如图 5.2 所示，反射式聚光太阳能主要包括碟式、槽式和塔式三种。通过控制碟式、槽式和塔式聚光太阳能装置中地面定日镜的个数和面积，就可以调控焦斑处的强度和温度。然而，上述三种聚光太阳能装置的焦斑都位于空中，这意味着待处理的 CFRP 样品的尺寸不宜过大。CFRP 样品太大，对于碟式和塔式来说，一方面会导致装置不稳，造成倾斜甚至翻倒；另一方面，会阻挡太阳光照射到定日镜表面。对于塔式来说，虽然不会存在碟式和槽式的问题，但是需要将样品搬运到塔顶，也是费时费力的工作，同时样品的固定，特别是处理后如何保持样品的有序性都有不小的挑战。很显然，需要一种可以将光聚焦于地面的聚光太阳能装置，也就是焦斑(样品台)在地面上的聚光太阳能技术。

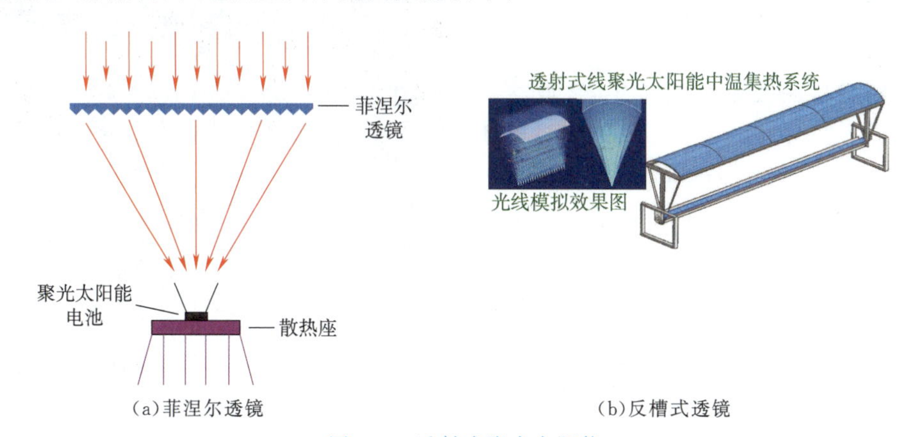

(a)菲涅尔透镜　　(b)反槽式透镜

图 5.1　透射式聚光太阳能

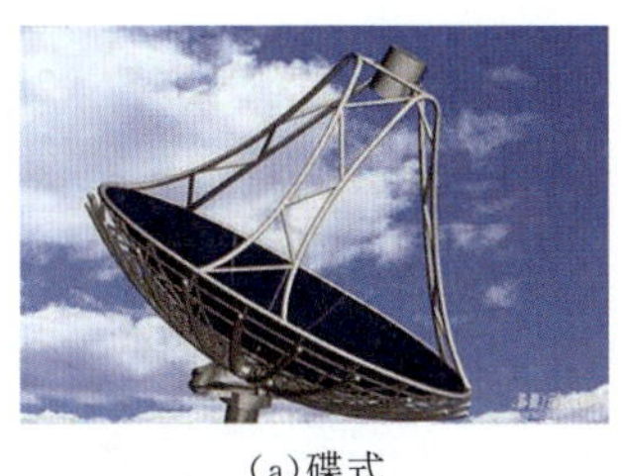

(a)碟式

(b)槽式

(c)塔式

图 5.2　反射式聚光太阳能装置

如图 5.3 所示，赵崇军研究团队与波音公司 2013 年开始合作开发了二次反射塔式太阳能装置，利用太阳光的二次反射，该装置可以将光聚焦到地面区域，不但样品处理和固定更加方便，而且可以进行大件或超大件 CFRP 的处理回收[1,2]。此外，清华大学/青海大学的梅生伟教授团队 2015 年与波音公司合作，结合二次反射塔式技术与后续热处理，开发了一种两步法回收碳纤维的方法[3-5]。

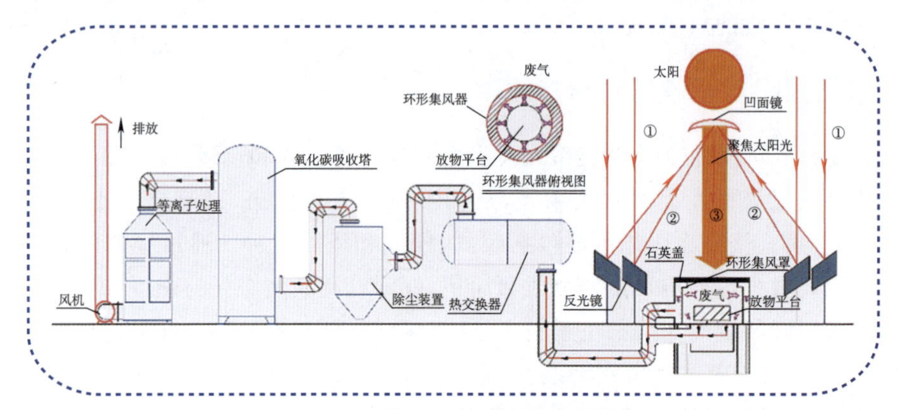

图 5.3　太阳能回收 CFRP 装置示意图[1,2]

该装置包括聚光系统、回收系统和废气处理系统。首先是聚光系统，通过调控地面定日镜的片数和聚焦光斑的大小，就可以有效地控制聚光区的温度，一般控制在 450～600 ℃。然后是回收系统，将 CFRP 放在样品台，其高分子基体在 450～600 ℃内可以快速分解，而 CF 由于具有更高的降解温度，不会发生明显的破坏。在回收过程中产生的废气通过废气处理系统中等离子体和淋洗塔转变成为无害气体。图 5.4 所示为高分子基体部分去除的 CFRP（碳纤维片）和完全去除后的 CFRP（碳纤维丝），可以看出，高分子完全去除后得到的碳纤维丝表面洁净、排列有序，且具有良好的导电性。

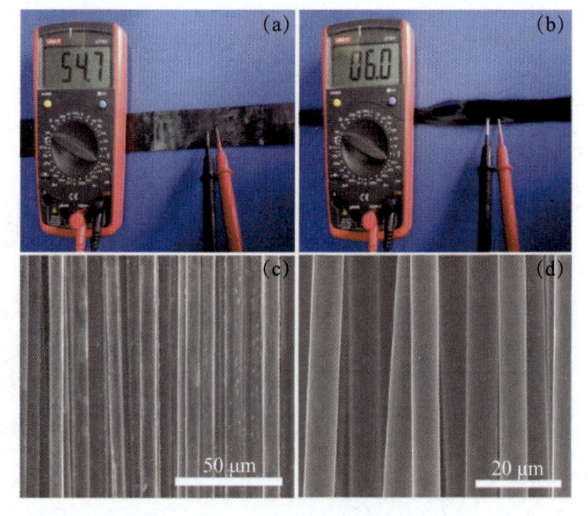

图 5.4　采用太阳能回收的碳纤维片（a，b）和碳纤维丝（c，d）

由于聚焦光斑在地面，因此样品台可以放在地面，因此，结合图 5.5 中的三维可移动平台的移动和速度，使样品的不同部位依次通过焦斑区，就可以实现大件甚至超大件 CFRP 的处理。

如果结合光伏技术提供照明和样品移动的电力，可以建立一套无需外在电力的自供电运行系统，特别适合于在偏远或者沙漠地区工作（见图 5.6）。

结合光伏系统产生电能，并以此电能来驱动定日镜的转动、信号系统的传输、样品台移动及整个系统的照明，那么就无需外接电源，因此可以将该系统安装在远离生活区的偏远地区，如放在戈壁滩甚至沙漠地区等日照非常充裕的地区，从而更有效、低成本、智能化地回收碳纤维。

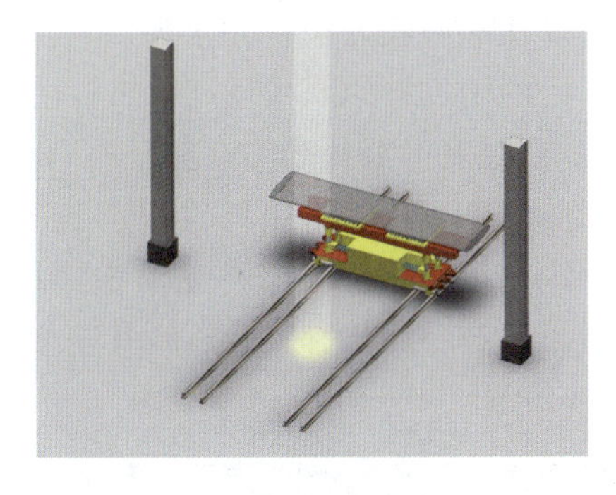

图 5.5　三维可移动样品台

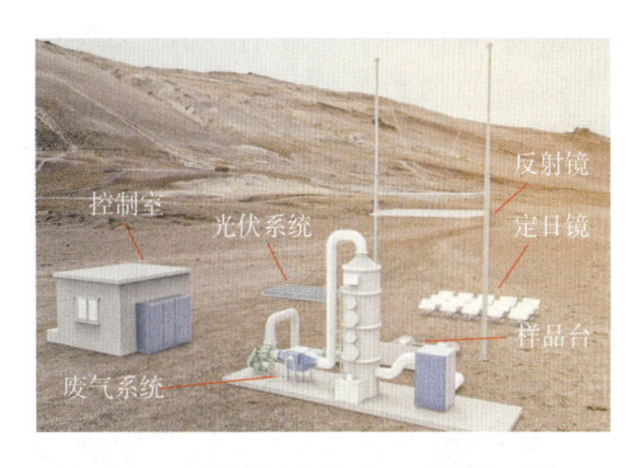

图 5.6　碳纤维回收的独立太阳能系统

太阳能回收技术不但可以有效地减少回收过程中的能耗，降低回收成本，而且可以得到高度有序的碳纤维丝，因此是一种高效低成本回收高附加值碳纤维的方法。更重要的是，结合大件 CFRP 在聚光区的移动，该方法可以回收大件甚至超大件 CFRP，这是其他方法所不具备的优势。该方法为新兴的方法，为了更好地推广，需要进一步探讨和摸索实际回收过程中的工艺参数，从而更好地推进该方法的实用化。

5.2　碳纤维自发热回收技术

热裂解技术已经发展成为一种成熟的碳纤维回收技术，是已经商业化应用的回收方法。然而，现有的热裂解技术是基于高温炉的电-热转换，不但需要大型设备，而且由于需要电-热-热裂解，同时往往需要保持惰性气氛，因此回收的操作并不简单。此外，基于高温炉实现的热裂解或者热分解有几个方面的不足：需要大型高温炉；加热是基于从外至内的加热方式和处理方式，对气氛的要求更高；受限于炉腔尺寸，样品不能太大。为了更好地回收碳纤维，寻找更简单高效的回收技术很有必要。

5.2.1　碳纤维自发热原理

作为碳材料，碳纤维具有良好的导电性，因此在通入电流时，根据 $W=I^2Rt$ 可知，碳纤维会产生焦耳热。根据这一原理，已经开发出碳纤维地暖和碳纤维浴霸加热电器，如图 5.7 所示。

(a)碳纤维地暖

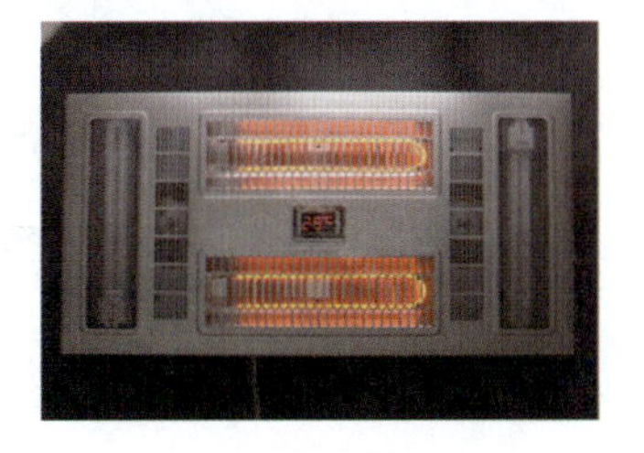

(b)碳纤维浴霸

图 5.7　基于碳纤维的加热电器

5.2.2 碳纤维自发热回收技术

虽然碳纤维具有良好的导电性,然而这一特点在以往的回收方法中并未加以利用。由于碳纤维比金属丝的电阻更大,因而在通电时可以产生更大的热效应,实现高效热转化。

CFRP 的特点在于,虽然碳纤维上下表面被环氧树脂或者酚醛树脂等高分子材料包覆,然而其中的碳纤维至少有一个方向是有序排列。例如,CFRP 采用碳纤维单向排列[见图 5.8(a)],对于厚度较大或强度要求更高的 CFRP 则采用碳纤维束经纬[见图 5.8(b)]或斜线交叉排列[见图 5.8(c)],这就意味着通过切割后,可以在相对的两个截面,甚至四个截面都可以漏出碳纤维的端头,从而可以方便简单地引入电流。

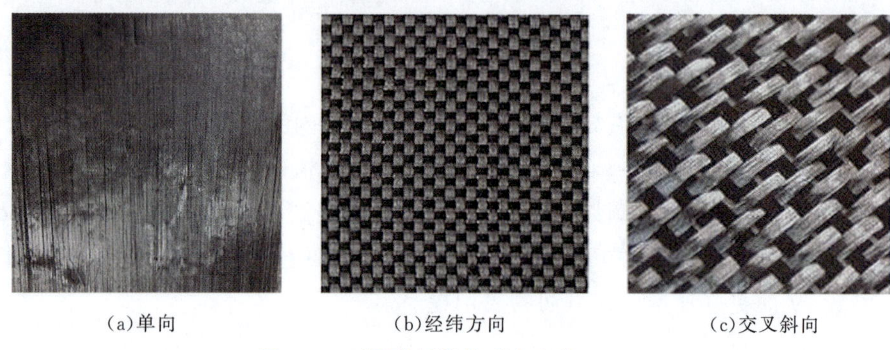

(a)单向　(b)经纬方向　(c)交叉斜向

图 5.8　不同碳纤维排列方向的 CFRP

利用碳纤维自发热回收技术的优势在于:碳纤维包埋于高分子内部,因此,在通电加热时,热量从内往外传递,周围的高分子基体可以更好地保温,减少热损失;周围高分子基体同时作为氧气的阻挡层,因此在 CFRP 处理至最外层之前,固体的 CFRPs 基体充当了一个密封的"惰性气氛保护腔",因此无须像"热裂解"等外加热方式对于空气(氧)气氛进行严格控制;由于没有很强的机械力作用,因此可以非常好地保留碳纤维原有的排列顺序;由于除了一个普通的电压调整器和一些导线外,无须任何专门的设备和装置,因此能够大幅度降低处理成本[6]。上述优点使得这种"自发热"处理方式具有很强的市场竞争力。图 5.9 所示为自发热回收碳纤维的示意图,图 5.10 所示为 CFRP 处理前后的侧视图。

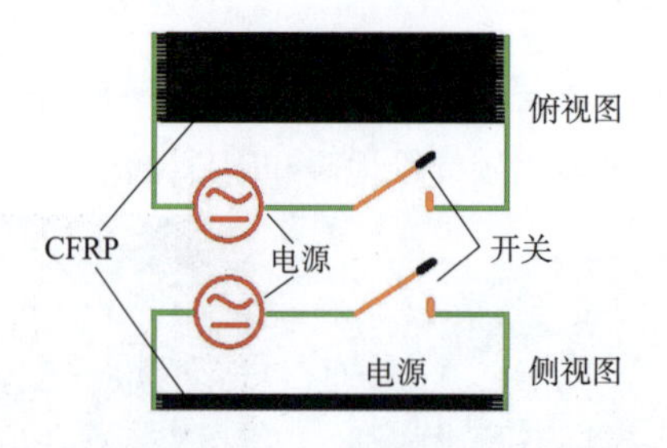

图 5.9　电热法回收 CFRP 中碳纤维的示意图

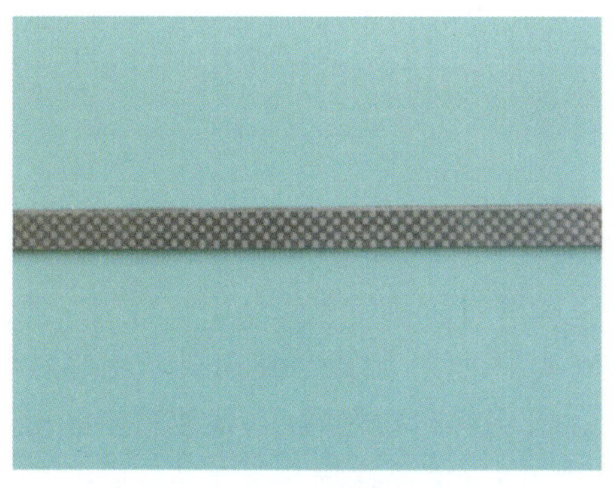

(a)处理前的 CFRP 数码照片

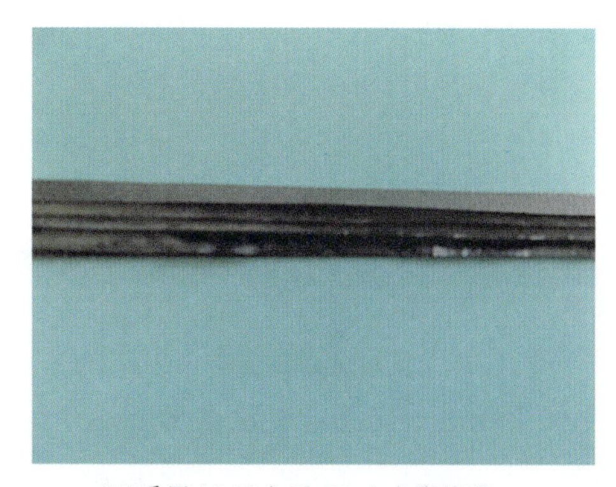

(b)采用 12 V 电压、15 A 电流处理 5 min 得到的碳纤维的数码照片

图 5.10 CERP 处理前后的侧视图

从图 5.11 中可以看出，在采用 10 V 电压、17 A 电流处理 30 min 得到的碳纤维表面平滑、洁净，没有高分子的残留物，而且没有明显的破坏，同时碳纤维丝保持相同的取向，因此该方法是一种简单有效的碳纤维回收技术。

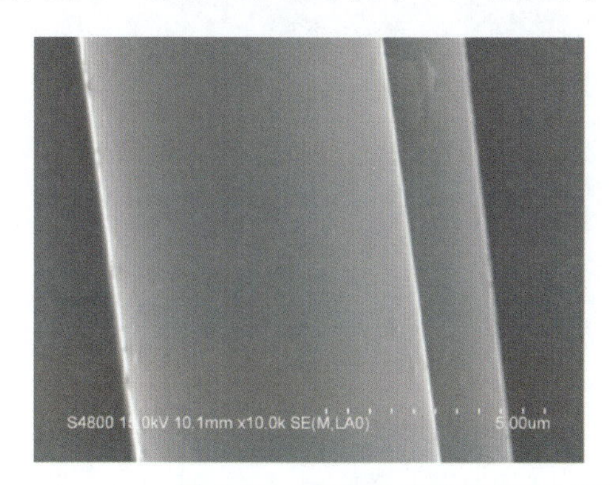

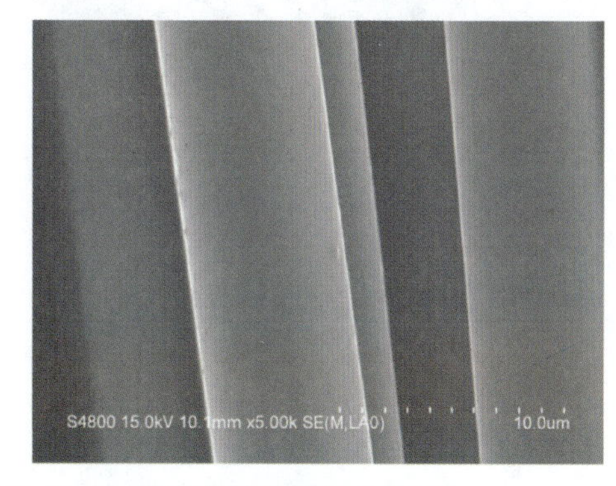

图 5.11 采用 10 V 电压、17 A 电流处理 30 min 得到的碳纤维的 SEM 图

自发热技术无须大型的仪器设备，无须严格控制惰性气氛，回收成本低且高效，回收的碳纤维表面干净无损伤，而且具有很好的有序性，是一种可以推广的方法。自发热技术所需电压低，电流大，因此这一特点与光伏太阳能电池的特点吻合，将来可以光伏太阳能-自发热回收联用，利用光伏太阳能提供自发热的电能，从而更进一步降低回收成本。

5.3 碳纤维感应发热回收技术

碳纤维通电自发热回收技术是一种简单、高效、低成本的回收技术，适用于形状规则的大件 CFRP，而对于小块 CFRP 和形状不规则的 CFRP 材料，由于难以与外电路连通，因而并不方便使用。此外，CFRP 外层包覆的高分子基体，且硬度比较大，因此难以使碳纤维裸露并接入电路形成回路，所以需要寻找一种更简便的方法，通过碳纤维的“无接触式”通电加热实现高分子基体的降解和碳纤维的回收。基于“电涡流”的感应发热技术可以实现这种功能，实现对不规则的、小块的 CFRP 中 CF 的回收。相比于电加热，涡流加热更节能、加热速度快，同时具有更环保、更安全的特点。

5.3.1 感应发热的原理和应用

涡流（eddyy current）又称傅科电流现象，是一种利用变化磁场对处于磁场中的导体进行加热的方式，是法国物理学家莱昂傅科于 1851 年发现的。

当导体放入变化的磁场中，或者在非均匀的磁场中运动，则该导体内要产生感应电动势，导体中的电子受感应电动势的驱动产生电流。由于导体的电阻很小，即使感应电动势不大，也会引起很强的电流。与宏观电流沿着导体传输不同，这种感应电流在导体中的分布随着导体的表面形状和磁场的分布而不同，路径就像一圈圈的漩涡，如图 5.12 所示，因此称为涡旋电流，简称涡流。涡流会由于导体的电阻产生焦耳热，导体的电阻率越小，产生的涡流越大，发热量就越大。基于涡流的加热技术已经得到广泛应用，其中最常见的就是家用电磁炉（见图 5.13）。

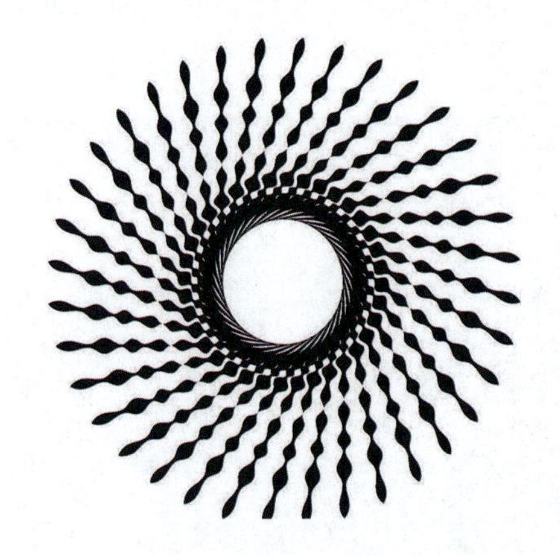

图 5.12 涡旋电流（涡流）示意图

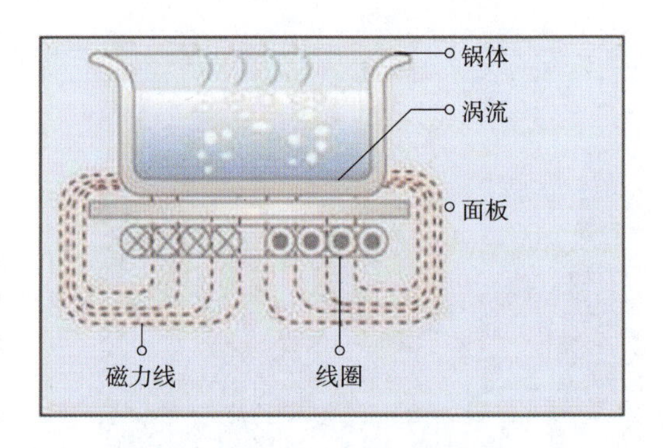

图 5.13 电磁炉加热示意图

涡流利用的是微区的涡流，因此不需要外界的完整闭合回路，这也就意味着无须外接电路，而这一特点非常适合 CFRP。由于 CFRP 中导电的碳纤维被绝缘的高分子基体完全包覆，难以与外电路连接，但是并不会影响到碳纤维的导电性，因此在交变磁场作用下，导电的碳纤维内部产生大量涡流，进而产生焦耳热，造成 CFRP 温度的升高并导致高分子基体的降解去除。显然，电磁感应加热是回收 CFRP 中碳纤维的一种简单有效的方法。

5.3.2 碳纤维感应发热回收技术[7]

感应加热法在废物回收方面已经得到一些应用。例如，为了增强轮胎强度，往往在轮胎底部加入金属丝，当对废气轮胎进行回收的时候，需要将橡胶和金属线分开进行回收，而利用感应加热方式就可以实现。在感应磁场作用下，金属线中由于感应产生电流并加热，从而导致金属线与周围橡胶发生脱离后可以抽出，并得到纯橡胶部分[8]。

基于碳纤维的良好导电特性(碳纤维具有导电性的特点在碳纤维回收方面尚未被关注和利用),对于 CFRP 材料,特别是针对小块 CFRP 和不规则形状的 CFRP,提出一种利用中高频感应效应,在对 CFRP 件无须任何预处理的情况下,引发 CFRP 中碳纤维"自发热",从而实现 CFRP 的"内加热"处理回收碳纤维的方式。该方法操作非常简单、处理速度快。图 5.14 和图 5.15 分别给出了利用电磁炉和电线圈的电磁感应回收碳纤维的示意图。

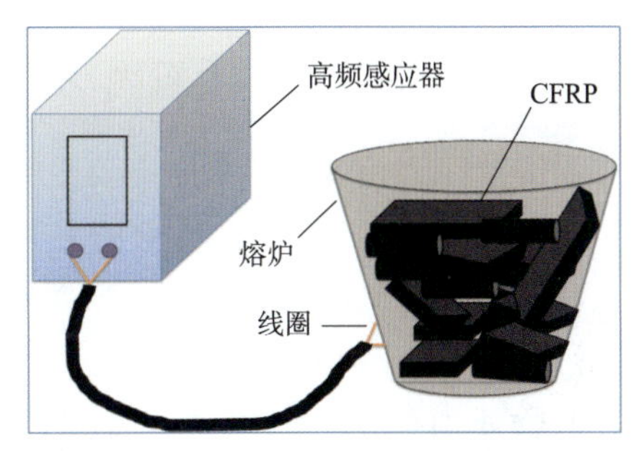

图 5.14　利用电磁感应(电磁炉)从 CFRP 废料中回收碳纤维的示意图

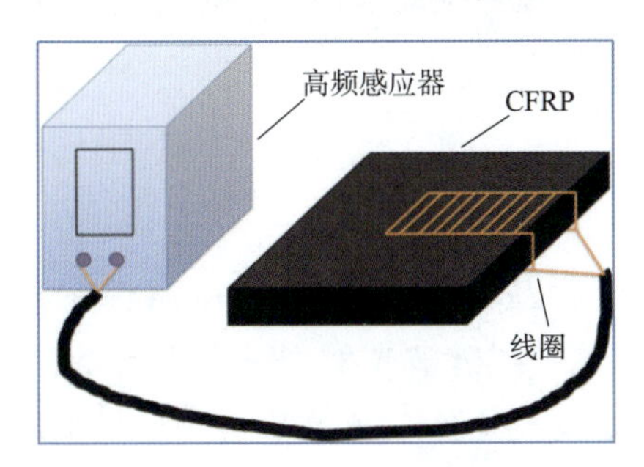

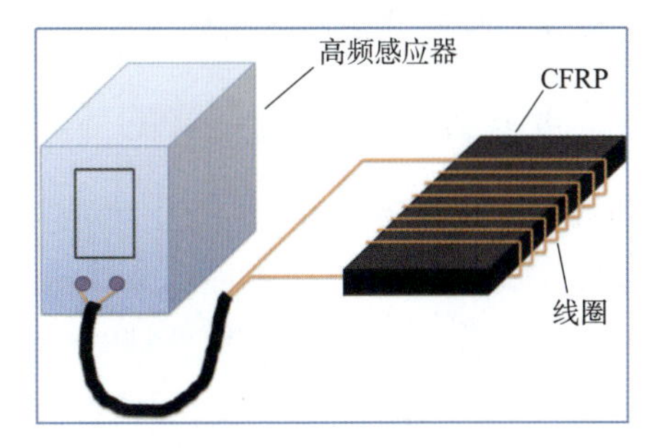

图 5.15　利用电磁感应(电线圈)从 CFRP 废料中回收碳纤维的示意图

通过感应效应在小块 CFRP 和形状不规则 CFRP 材料中导电的碳纤维产生"微区涡流回路"和"涡流回路电流",在涡流回路电流作用下,碳纤维发热并迅速"从内而外"降解高分子基体,在几秒至几分钟内,便可得到洁净的、分离的、表面无损伤、保持原有排序的碳纤维。该技术采取的是"自内而外"的处理方法,在 CFRP 处理至最外层之前,固体的 CFRP 基体充当了一个密封的"惰性气氛保护腔",因此无须像"热裂解"等外加热方式对于空气(氧)气氛进行严格控制;同时由于没有很强的机械力作用,因此可以非常好地保留碳纤维原有的排列顺序。上述优点使得这种"自发热"处理方式具有很强的市场竞争力,对于难以连入常规电路中的 CFRP 的回收处理具有独特的优势。

电磁感应技术最大的优点是利用碳纤维的导电特性和"涡流回路电流",可以实现不规则形状和小块 CFRP 中碳纤维的回收。该方法的不足之处在于回收过程中的能耗造成回收成本的提高。

5.4　激光图案化选区回收技术

CFRP 多以板材为主,而 CFRP 板材回收时未必均以游离的碳纤维丝为目标产物,其中利用 CFRP 作为基体,在其表面形成不同的图案化则可以有效地满足和实现这些 CFRP 板材的再利用。利用激光的扫描直写技术可以实现局部高分子的降解,利用计算机控制图案可以得到图案化选取碳纤维的回收,利用激光的扫描移动特性可以实现大件 CFRP 的回收。

5.4.1 激光烧蚀机理和应用

激光除了具有单色性、高亮度、方向性之外，还具有高强度的特点。由于激光的强度与面积成反比，因此激光在聚焦的情况下，能量密度大幅度提高，导致物质对于激光的非线性光学作用，从而产生激光与物质的作用。利用这一特点，激光被广泛开发用于金属等材料的钻孔、焊接和切割，如图 5.16 所示。与超短脉冲激光利用瞬时高能量不同，二氧化碳激光器是一种连续输出的激光器。

图 5.16 激光用于表面雕刻

5.4.2 激光在高分子转化方面的应用

Tour 等发现，在激光作用下，生物质、布、聚合物等可以转变成无定形碳，然后经红外波长激光（波数为 927～951 cm^{-1}）辐照后转变为石墨烯，如图 5.17 所示[9]。赵崇军研究团队研究发现，利用红外波长的 CO_2 激光器或者聚焦太阳光束在空气条件下照射 CFRP 表面，均可以形成碳气凝胶[10]。基于这些结果可以推测，激光技术可以用于高分子的去除和碳纤维的回收。

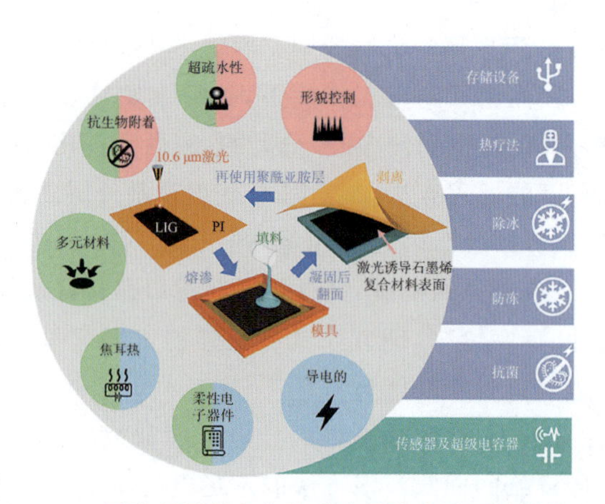

图 5.17 Tour 团队利用激光将聚酰胺转化为石墨烯材料的示意图

5.4.3 激光图案化选取回收技术[11]

激光具有单色性强、能量集中、易聚焦等优点，因此利用激光器聚焦在 CFRP 表面可以实现高分子基体的直接降解，通过控制能量，这些高分子基体可以转化为碳气凝胶[10]，在储能、电学、废水处理等方面实现再利用。处理掉高分子基体的碳纤维裸露处理，并呈现图案化，可以满足特殊的应用。图 5.18 和图 5.19 分别给出利用 CO_2 激光器直接辐照和改变方向后辐照处理 CFRP 的示意图。

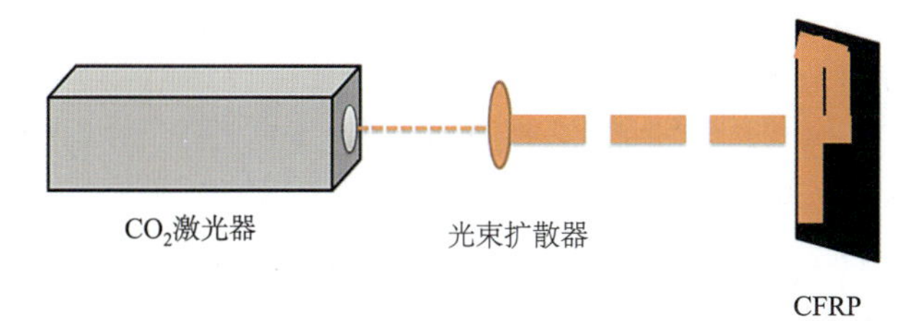

图 5.18　利用 CO_2 激光器水平光束图案化回收 CF 的示意图

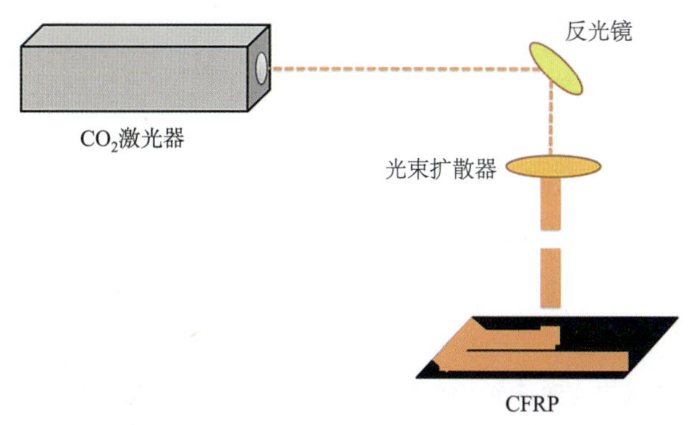

图 5.19　利用 CO_2 激光器调向光束图案化回收 CF 的示意图

激光融合技术已经应用于 CFRP 表面破损部位的修补，相信该技术未来在 CFRP 表面图案化选取回收方面也会找到用武之地。

5.5　低温熔盐回收技术

对于一些低端的 CFRP，往往不需要回收到有序的碳纤维，仅仅需要低成本、大批量地回收。金属离子对于高分子基体具有降解的作用[12,13]，然而采用溶液的方法会受到溶剂挥发的影响，特别是有机溶剂挥发会污染环境。另外，除了在溶剂中溶解，电解质在熔化时同样可以形成游离的金属离子，采用熔盐有望进行 CFRP 中高分子基体的降解，同时又不会造成溶剂的挥发。熔盐技术已经在材料合成方面得到广泛应用，但是在碳纤维回收方面报道不多。

当一种盐在常温常压时为固体，在升高温度时熔融变成液体，称其为熔融盐。如果盐在室温时也是液体，则称其为离子液体。事实上，熔融盐也是离子液体的一种，是一种高温离子液体。常见的熔融盐是由碱金属或碱土金属的卤化物、碳酸盐、硝酸盐、亚硝酸盐和磷酸盐等组成的。熔融盐在高温下具有稳定性，在较宽的温度范围内蒸气压低、热容量高、黏度低，同时具有溶解各种不同材料的能力，因而广泛用作热及化学反应介质。

中科院长春应化所唐涛等开发了一种利用熔融 KOH、NaOH 为主要组分，在其中加入各种添加剂来分解环氧树脂的方法[14,15]。通过研究咪唑固化的双酚 A 和酚醛环氧树脂混合物在不同温度熔融 KOH 中的分解行为（见图 5.20），发现在 300 ℃以上环氧树脂分解速度明显加快，330 ℃时只要 30 min 环氧树脂即可以完全分解。回收碳纤维的单丝拉伸结果（见表 5.1）表明其单丝拉伸强度和模量基本不降低，SEM 结果表明回收碳纤维表面干净无树脂残留，回收碳纤维表面的 XPS 分析结果表明表面 C—OH 含量减少，COOH 含量增加。对降解产物的分析表明分解反应主要为热裂解机理。更重要的是，熔融 KOH 可以分解废弃 CFRP 中含有的各种污染物，包括玻璃纤维、热塑性塑料、纸、油漆和聚氨酯泡沫等。将这些污染物放入 300 ℃的熔融 KOH 中，发现玻璃纤维马上分解消失，油漆 1 min 左右消失，聚氨酯泡沫密封剂 3 min 左右消失，热塑性塑料和离型纸的完全分解时间分别为 12 min 和 25 min 左右，均小于复合材料中环氧树脂完全分解所需的时间。这表明该方法可以用来处理污染严重的废弃复合材料，尤其是含有混杂玻璃纤维和碳纤维的复合材料，这也是当前发现的唯一可以去除碳纤维中玻璃纤维的方法。

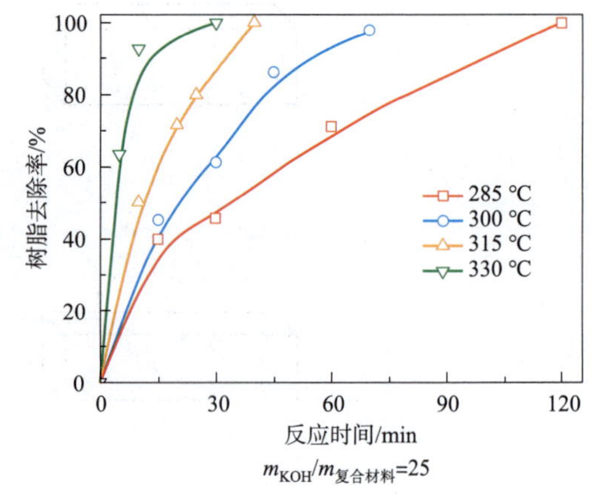

图 5.20 CFRP 在不同温度熔融 KOH 中的分解动力学曲线

表 5.1 不同温度和反应时间熔融 KOH 介质中回收的碳纤维的力学性能

样　　品	直径/μm	韦伯形状参数 β	平均拉伸强度[①]/GPa	平均拉伸模量/GPa	断裂伸长率/%
除上浆剂原纤维	6.90±0.21	6.72	3.84±1.28	251±28	1.60±0.50
回收纤维-285 ℃-120 min	6.85±0.12	4.88	3.80±1.80	254±61	1.54±0.72
回收纤维-300 ℃-70 min	6.85±0.16	3.73	3.72±1.84	246±30	1.54±0.75
回收纤维-315 ℃-40 min	6.83±0.30	5.92	3.81±1.39	252±47	1.56±0.50
回收纤维-330 ℃-30 min	6.84±0.31	4.84	3.66±1.49	254±34	1.47±0.59

注：依据 ISO11506 标准，测试长度为 20 mm，拉伸速度为 1 mm/min，拉伸根数为 30。

北京化工大学与波音公司合作，基于 $ZnCl_2$ 及其复合熔盐的催化效果[16,17]，利用 Zn^{2+} 的络合作用从而诱导 C—N 键的断裂，该方法可以显著降低热解温度，加快热解速率，从而提供了一种基于熔盐的热裂解技术。

赵崇军课题组利用不同熔盐的组合形成低温熔盐，在较低温度（<300 ℃）条件下实现 CF 的回收[18]。图 5.21 给出的是利用低温熔盐回收碳纤维的示意图。可以看出，低温熔盐技术不但可以很好地降解高分子基体回收碳纤维，而且在清洗过程中，由于水中溶解了熔盐，容易得到干净表面的碳纤维；溶解了熔盐的水的密度较大，碳纤维往往漂浮在溶液表面，而高分子基体形成的碳或前驱体密度较大，沉积在溶液底部，因此分离非常方便。

当前基于 $AlCl_3$ 开发的复合熔盐，温度不超过 300 ℃，甚至在 200 ℃以内，因此能耗并不大，但是会形成 HCl 气体，因此开发无污染的高效低温复合熔盐是实现低温熔盐的重要突破口。

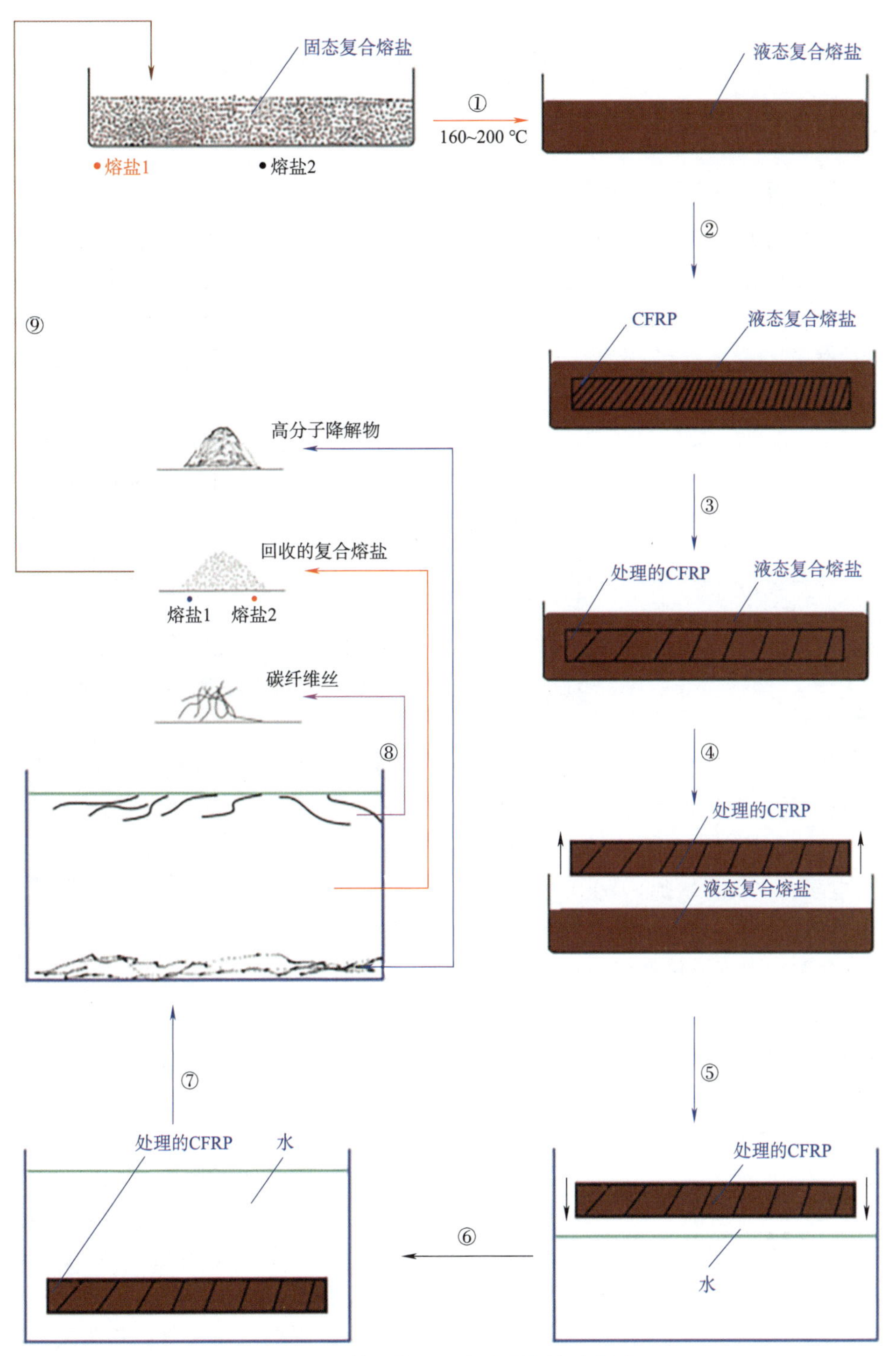

图 5.21　低温熔盐回收碳纤维的示意图

5.6 热活化氧化物半导体回收技术

5.6.1 热活化氧化物半导体回收的基本原理

1. 氧化物半导体的分解机理

半导体是由电子填充的价带、没有电子填充的导带以及隔离两者的禁带组成。构成共价键的电子是填充价带的电子，从能带来看，电子摆脱共价键的过程就是电子离开了价带从而在价带中留下了空的能级（空穴），摆脱束缚的电子进入到导带，因此，电子摆脱共价键而形成一对电子-空穴的过程，从能带图上看，就是电子从价带到导带的量子跃迁过程。半导体中电子跃迁交换的能量可以是热运动的能量，称为热跃迁；也可以是光能，称为光跃迁。

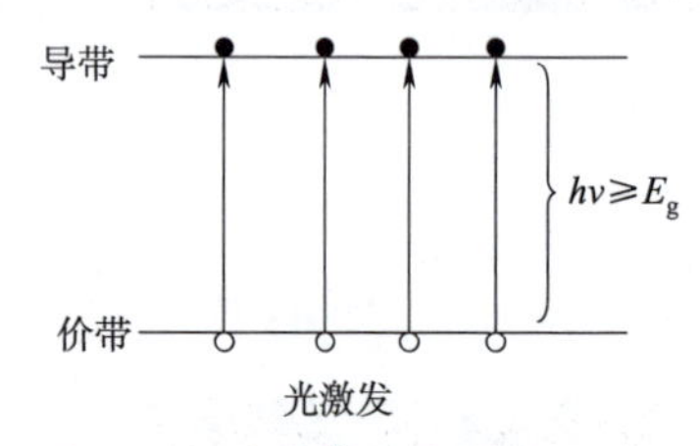

图 5.22 半导体的光激发原理

电子做光跃迁过程中，光子的能量 $h\nu$ 必须等于或大于半导体的禁带宽度 E_g，此时价带中的电子向导带中跃迁，从而在价带中形成空穴（正空），如图 5.22 所示。若导带的电子和价带的空穴相遇时，电子可以从导带落入到价带的空穴中，使半导体恢复到原来稳定的状态，也就是说，空穴具有很强的电子吸引力，即具有很强的氧化能力。光催化剂正是利用了这个特性使附着在半导体表面的有机化合物得到分解，但其分解能力微乎其微。

导带的电子和空穴相遇，电子会从导带中落入到空穴中，这个过程称为电子-空穴的复合，显然复合是与产生相对立的变化过程，通过复合将使一对电子和空穴消失，因此，半导体中的产生与复合是同时存在的，如图 5.23 所示。如果产生超过复合，电子和空穴将增加，如果复合超过产生，电子和空穴将减少，如果没有光照射，温度又保持稳定，半导体中将在产生和复合的基础上形成热平衡。光照射半导体只是表面的激发，大量的电子-空穴对产生后会立即产生复合，从而无法提取到自由状态的空穴和电子，即使光的强度提高，价带中也只能产生少量的空穴，削弱了氧化物半导体的分解能力。

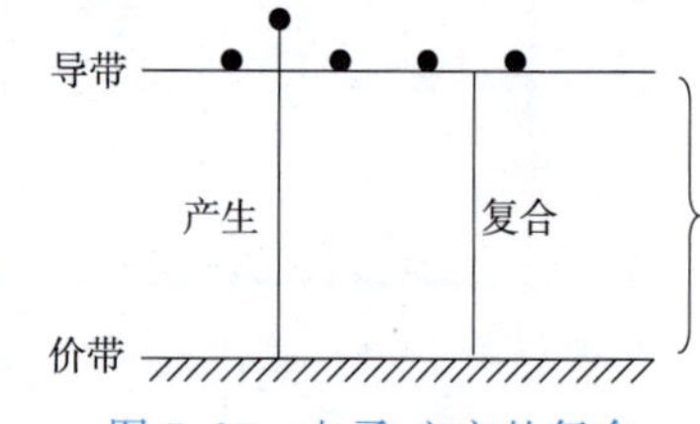

图 5.23 电子-空穴的复合

2. 氧化物半导体的分解能力的控制因素

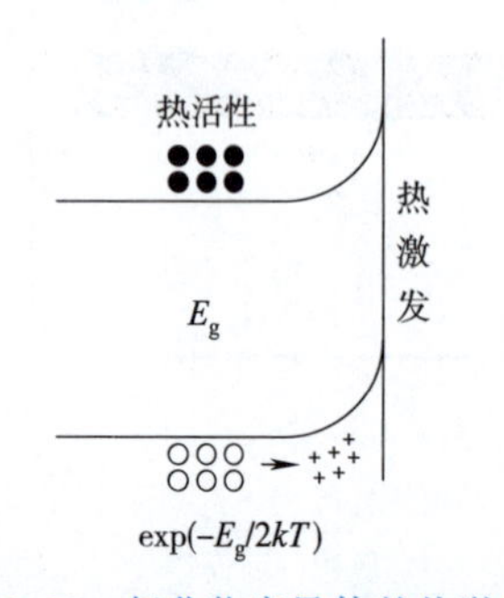

图 5.24 氧化物半导体的热激发

若要提高氧化物半导体的分解能力，则要在价带上生成大量的空穴。温度越高，越多的电子会从价带激发到导带上去，这就是热跃迁的过程，如图 5.24 所示。因为原子的热运动随着温度的升高而增强，促使电子从价带跃迁到导带，电子跃迁所吸收的能量由原子热运动提供。热激发只有少量是对半导体表面的激发，其主要还是体激发。单位时间、单位体积内复合与产生的电子-空穴对的数目称为电子和空穴的复合率和产生率。

$$复合率=rn\cdot p \tag{5.1}$$

复合率是与电子浓度 n 和空穴浓度 p 成正比的。r 表示电子与空穴复合作用强弱的常数，称为复合系数。

电子-空穴对由振动能量超过禁带宽度的原子产生，因此产生率和原子的数目成比例：

$$产生率=kT^3\mathrm{e}^{-E_g/kT} \tag{5.2}$$

达到热平衡时，复合率＝产生率，即

$$np=cT^3\mathrm{e}^{-E_g/kT} \tag{5.3}$$

式中，常数 c 是 k 和 r 的比值；k 为玻尔兹曼常数。

本征情况是指半导体中没有杂质，而完全依靠半导体本身提供载流子的理想状况，载流子的唯一来源就是电子-空穴对的产生，每产生一个电子，同时也产生一个空穴，所以电子浓度 n 和空穴浓度 p 相等。

$$n=p=n_i=c^{1/2}T^{3/2}\mathrm{e}^{-E_g/2kT} \tag{5.4}$$

实际应用的“本征情况”都是指当温度足够高，本征激发的载流子远远超过了杂质浓度时的情况。载流子浓度是一个完全确定的温度的函数，随着温度的上升而迅速增加，因此，热激发半导体可以在半导体中形成大量空穴，提高空穴对共价键中电子的捕捉能力，构筑优异的半导体氧化分解系统。

3. Cr_2O_3半导体的电子顺磁共振(ESR)分析

有氧化物半导体参与的复合材料氧化分解反应体系中，树脂基体的分解能力与氧化物半导体的禁带宽度 E_g、纯度、结晶性和比表面积有关，Cr_2O_3的纯度高，可以避免杂质对电子-空穴对产生的阻碍。此外，Cr_2O_3稳定性较好，其熔点为 2 200 ℃，更适宜分解 CFRP。

通过 ESR 测试，可以分析 Cr_2O_3 半导体在不同温度激发下产生的空穴数量，从而验证氧化物半导体在高温激发下能够产生大量的空穴。Cr_2O_3 样品由 Wako 公司提供(纯度为 99%、比表面积为 3 m^2/g)，测试前对样品进行超声均匀分散和真空干燥处理。采用 Bruker-E580 型 ESR 光谱仪，微波频率为 9 858 MHz。Cr_2O_3样品在 200 ℃、250 ℃、300 ℃下的 ESR 谱图如图 5.25 所示。在 3 513～3 515 mT 磁场区间测试范围内观察到了明显的共振信号，该信号为未成对电子信号。

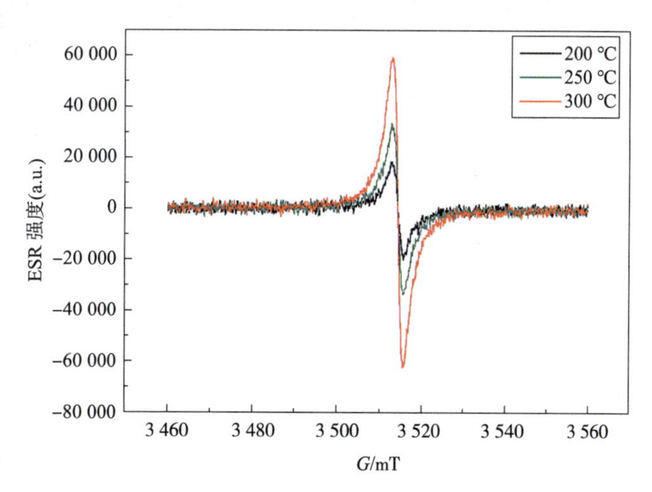

图 5.25　Cr_2O_3样品的 ESR 谱图

ESR 谱图中表明，强度峰值随着温度的增加而升高。ESR 谱图记录的是一次微分曲线，需要对 ESR 谱图进行二次积分求出谱图面积。根据 Cr_2O_3的用量，可定量求出未成对电子的浓度，结果见表 5.2。可以看到，随着温度的增加，未成对电子浓度逐渐增大，表明温度与未成对电子浓度成正比。

表 5.2 不同温度下的未成对电子浓度

温度/℃	未成对电子浓度/(spins·g^{-1})①
200	8.907×10^{16}
250	1.130×10^{17}
300	2.271×10^{17}

注:①spins 指电子自旋数单位。

Cr_2O_3 的未成对电子浓度在 300 ℃时高达 2.271×10^{17}。本征半导体没有杂质,每分裂出一个未成对电子,同时产生一个空穴,因此,未成对电子浓度和空穴浓度相等,表明氧化物半导体受到温度的激发产生了大量不能立即重组的电子-空穴对。

4. 热活化氧化物半导体回收 CFRP 原理

粉末状的 TiO_2、Cr_2O_3、ZnO、NiO、Fe_2O_3 等氧化物半导体都具有热活性,在热激发下其价带电子会向导带迁移,价带由于缺失电子形成大量空穴,该空穴和电子在高温下不能立即重组,即通过热活化致使氧化物半导体产生空穴。Mizuguchi 等发现金红石相的 TiO_2 在 350 ℃时的空穴数量是常温下的 8.8×10^{13} 倍[19]。氧化物半导体的热活化作用是指在室温条件下无氧化分解作用,但在高温时对有机物显现出明显的氧化分解作用[20]。

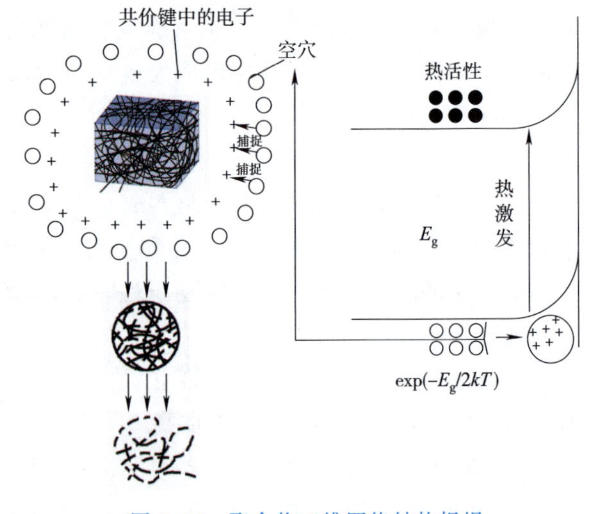

图 5.26 聚合物三维网络结构坍塌

热活化氧化物半导体回收 CFRP 分为四个过程:

(1)热活化氧化物半导体产生大量空穴;

(2)空穴捕捉来自树脂基体分子链中共价键的电子;

(3)树脂基体大分子链中因缺乏电子而变得不稳定,致使树脂基体大分子链断裂、坍塌和破坏,并形成低分子量单体;

(4)低分子量单体与 O_2 进一步发生燃烧反应生成 CO_2 和 H_2O,如图 5.26 所示。

5.6.2 工艺参数对树脂基体分解和碳纤维性能的作用规律

温度和时间与树脂基体的分解率呈正相关性,时间的影响不及温度,氧气浓度和流量对树脂基体的分解率影响不明显。随着温度的增加、处理时间的延长,碳纤维表面的残余树脂越来越少、表面越来越干净[21-23]。

采用热活化 Cr_2O_3 回收 CFRP,O_2 浓度为 99.99%,温度为 420~500 ℃,时间为 5~30 min 时,环氧树脂的分解率变化如图 5.27 所示。环氧树脂的分解率与温度和时间呈正相关性，时间对分解率的影响不及温度。环氧树脂的分解率主要取决于半导体在热激发状态下产生的空穴数量，而空穴数量与温度呈正相关性，因此，温度越高环氧树脂的分解率越高。相同温度下处理时间为 5～10 min 时环氧树脂的分解率增幅较大，10～30 min 时环氧树脂的分解率呈上升趋势，但增幅逐渐减小，因此时间与分解率呈弱的正相关性。时间的延长并不增加空穴的数量，但可以加深分解反应深度，10 min时分解反应处于平衡状态，因此，10～30 min 时环氧树脂的分解率增幅逐渐减小。

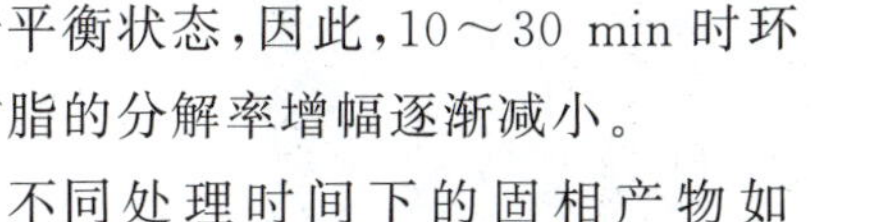

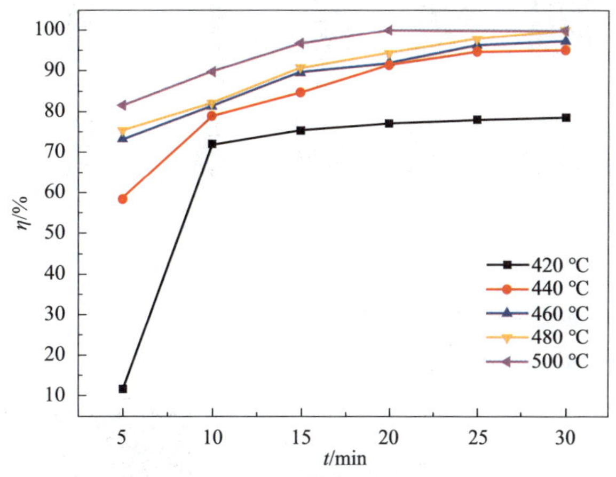

图 5.27　不同温度下树脂基体分解率随时间的变化曲线

不同处理时间下的固相产物如图 5.28所示。5～10 min 时 CF/EP 复合材料板材开始局部发生变形、变薄；15 min 时复合材料边缘处出现少量细丝；20～30 min 时复合材料由片状分散成丝，最后变成一团蓬松且柔软的碳纤维丝。500 ℃时参与氧化分解反应的空穴数量增多，环氧树脂分解率增加，碳纤维丝逐步从树脂基体中剥离。

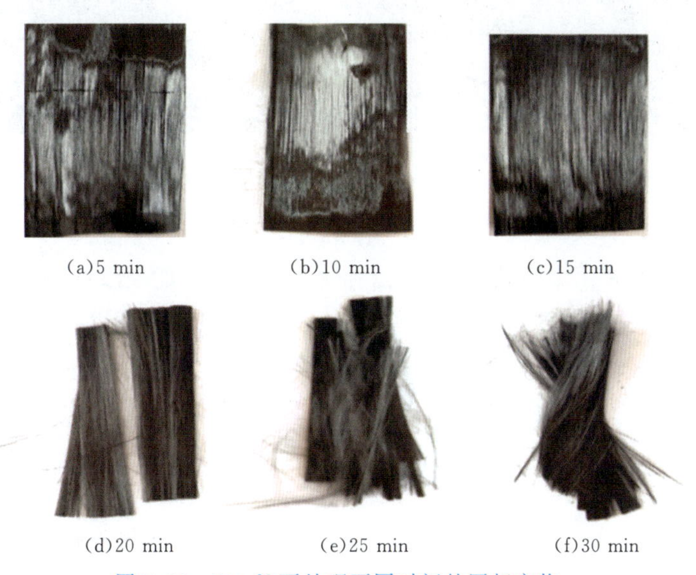

(a)5 min　(b)10 min　(c)15 min

(d)20 min　(e)25 min　(f)30 min

图 5.28　500 ℃下处理不同时间的固相产物

碳纤维(CF)/环氧树脂(EP)复合材料在不同温度下分解的固相产物变化如图 5.29 所示。分解过程中 CF/EP 复合材料由方形片材分散为细条状，碳纤维丝逐渐从树脂基体中剥离，并且温度越高片材越薄越柔软，细条状片材越分散，分散的碳纤维丝越多。420 ℃时 CF/EP 复合材料质地变得柔软，边缘的树脂基体开始分解，有少量碳纤维丝出现。520 ℃时固相产物为一团蓬松的碳纤维丝，CF/EP 复合材料中的树脂基体几乎全部被分解。

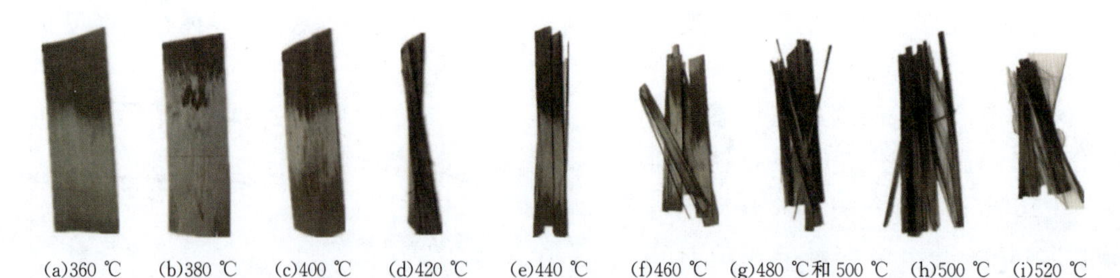

(a)360 ℃　(b)380 ℃　(c)400 ℃　(d)420 ℃　(e)440 ℃　(f)460 ℃　(g)480 ℃和 500 ℃　(h)500 ℃　(i)520 ℃

图 5.29　CF/EP 复合材料分解的固相产物(99.999%O_2、15 min)

回收的碳纤维的微观形貌如图 5.30 所示。相同温度下处理时间越长,回收的碳纤维表面残余树脂越少;相同处理时间下温度越高,回收的碳纤维表面的残余树脂越少,表面越光滑。

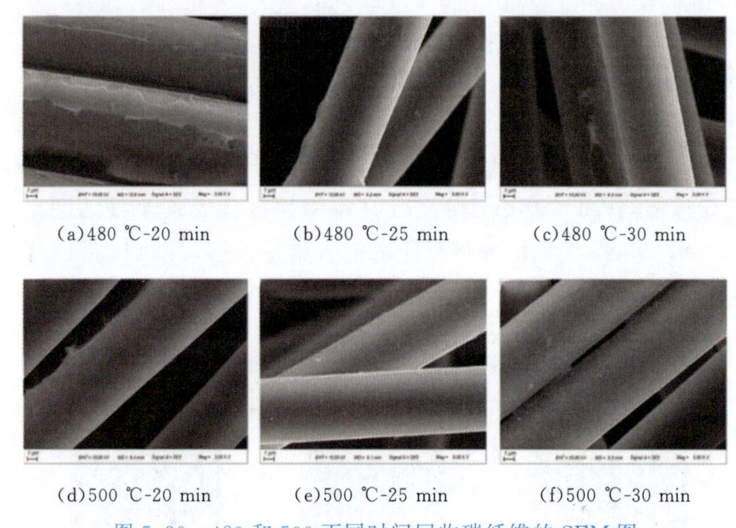

(a)480 ℃-20 min　(b)480 ℃-25 min　(c)480 ℃-30 min

(d)500 ℃-20 min　(e)500 ℃-25 min　(f)500 ℃-30 min

图 5.30　480 和 500 不同时间回收碳纤维的 SEM 图

碳纤维经合适的氧化表面处理后,可以钝化和消除表面的裂纹缺陷,不同程度地提高碳纤维的强度,但容易氧化过度,会破坏碳纤维表面,导致单丝强度下降。回收过程中只要控制合适的温度、处理时间、氧气浓度及流量,可以提高碳纤维的单丝拉伸强度。回收过程中已对碳纤维表面进行了热处理,可以通过控制工艺条件提高碳纤维的强度。

5.6.3　回收 CF/EP 复合材料废弃物

采用响应面法建立树脂基体分解率与工艺参数间的量化关系,获得最佳的回收工艺条件为:温度为 500 ℃、时间为 25 min、O_2浓度为 80%、O_2流量为 180 mL/min,回收获得的碳纤维丝束如图 5.31 所示。

图 5.31　回收的碳纤维固相产物

以两类 CF/EP 复合材料废弃物为回收试样,对最优工艺参数进行检验,回收前后得到的产物如图 5.32 所示。可以看出,在最优工艺条件下获得蓬松的碳纤维丝,环氧树脂基体分解完全。环氧树脂实际分解率与理论计算值相吻合。

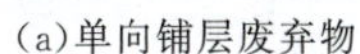

(a)单向铺层废弃物

(b)回收单向铺层废弃物后的产物形态

(c)编织结构废弃物

(d)回收编织结构废弃物后的产物形态

图 5.32　回收前后得到的产物

5.6.4　热活化氧化物半导体回收 CFRP 装置

以丙酮、乙醇或异丙醇为溶解介质，以硝化纤维素为表面活化剂和分散剂，通过定量配比，将氧化物半导体 TiO_2、ZnO、Cr_2O_3、NiO、Fe_2O_3 中的一种与溶解介质和硝化纤维素均匀混合，配制成含有氧化物半导体的浸渍液。将该浸渍液均匀涂覆于堇青石蜂窝载体中，在其表面形成氧化物半导体涂层，并且在蜂窝载体内部设置有 U 形电热管，以实现对涂层的热激发。建立蜂窝载体-复合材料夹心结构，其中上下层为含有涂层的蜂窝载体，夹心层可内置待回收的复合材料废弃物，如图 5.33～图 5.35 所示，搭建的复合材料废弃物回收处理装置包括氧气输送单元、回收处理单元及尾气排放单元，模型如图 5.36 所示。

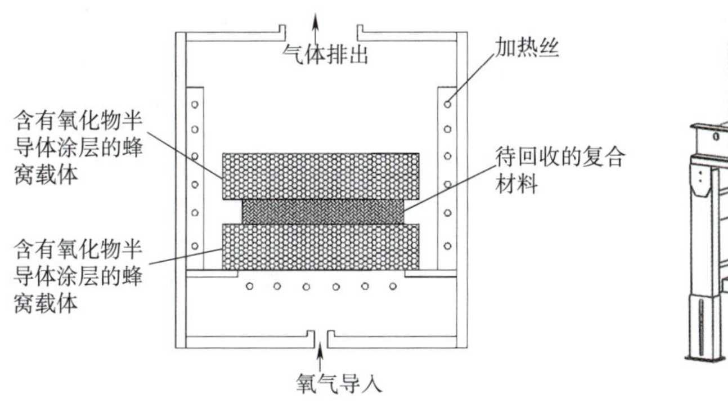

图 5.33　蜂窝载体-复合材料的夹心结构

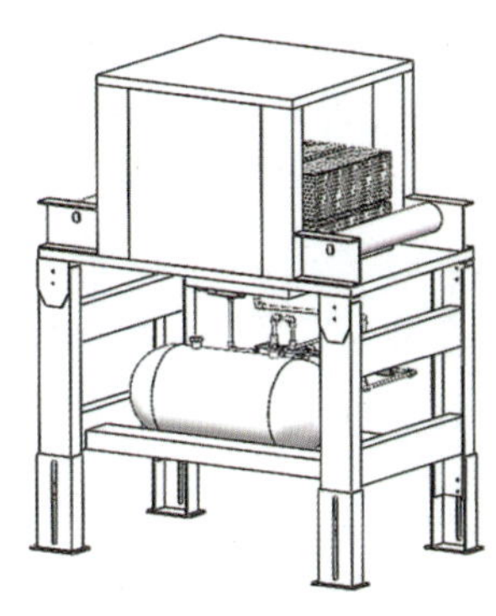

图 5.34　回收处理单元

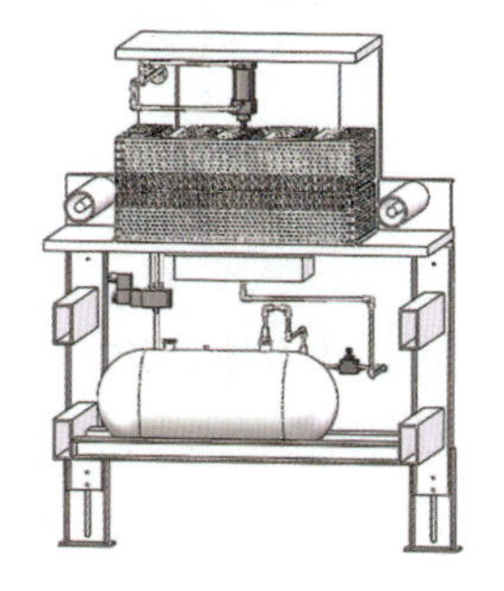

图 5.35　回收处理单元剖视图

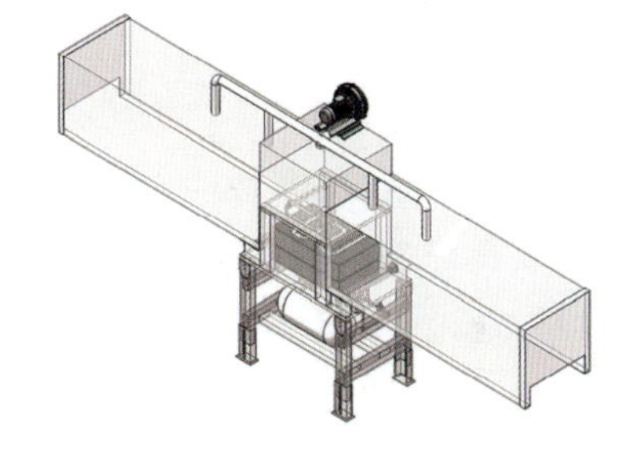

图 5.36　回收处理装置模型

5.6.5 应用前景分析

该回收工艺技术具有高效、高质和环境友好的特点，“高效”体现在该工艺技术可以大幅度缩短复合材料热裂解的时间、降低热裂解的温度，“高质”体现在回收的碳纤维单丝拉伸强度可以保持 90%以上，“环境友好”体现在回收过程中无液相产物，气体产物以 CO_2 和 H_2O 为主，而且氧化物半导体可以多次循环使用，回收工艺过程具有清洁生产的特点。采用热活化 Cr_2O_3 氧化分解技术从船艇用复合材料的废弃物中回收高性能的碳纤维材料如图 5.37 所示。

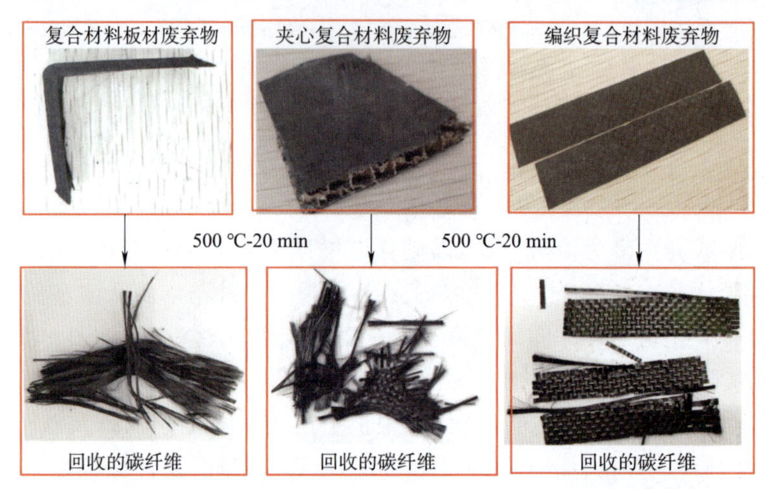

图 5.37 各种复合材料废弃物及从其中回收的碳纤维

密切结合机械制造业节能减排和高端装备绿色低碳发展需求，以废弃的碳纤维复合材料制品、生产过程中的边角料和残次品及使用过程中破损的结构件为对象，以回收保持原有织构和铺层结构的长纤维为目标，搭建可连续化操作、清洁化生产的碳纤维复合材料废弃物高效低成本回收试验装置，如图 5.38 所示。未来将重点围绕夹心复合材料废弃物、编织复合材料废弃物、异型复合材料废弃物等，研究高效、低成本的回收技术及装备，并应用于碳纤维及其复合材料领域，实现树脂基复合材料的可持续应用。

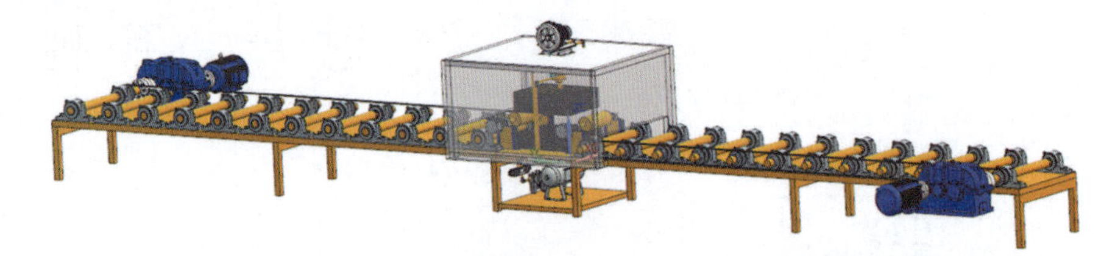

图 5.38 可连续化操作的复合材料废弃物热活化氧化物半导体回收装置

复合材料废弃物中回收的高性能碳纤维材料进一步通过研磨、筛分工艺制成一定目数的粉末，然后通过双螺杆挤塑机将碳纤维粉末与 PLA、聚酰亚胺及 PEEK 等热塑性树脂基体共混并制成线材，通过 FDM 增材制造技术将再制造复合材料线材成型为复合材料制品使用，如图 5.39 所示。再制造复合材料成型制造技术是先进复合材料可持续应用的关键技术之一，不仅可以实现碳纤维的再资源化，而且可以降低碳纤维复合材料的制造成本和生产能耗。

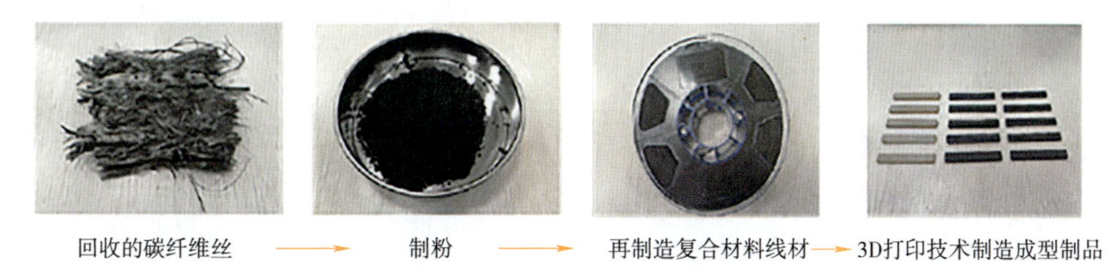

图 5.39　再制造复合材料制品

5.7　可降解热固性树脂基复合材料

可降解热固性树脂基复合材料由增强纤维和可降解热固性树脂构成。通过含有动态共价键或可逆共价键，赋予热固性树脂在特殊溶剂中可降解功能，从而实现复合材料的降解回收。根据树脂类型主要可分为可降解环氧树脂、可降解聚六氢三嗪树脂和可降解聚亚胺树脂。

5.7.1　可降解环氧树脂

1. 含缩醛动态共价键结构

缩醛是醛类与醇类物质经缩合反应生成的。缩醛一般在中性及碱性条件下是稳定的，但在酸性条件下缩醛容易发生水解反应而生成原来的醛和醇。通过把缩醛结构（—O—CH(CH_3)—O—）引入到环氧预聚物或固化剂中，利用缩醛（或缩酮）结构在酸性环境中能够分解的原理，可以制备可降解回收的环氧树脂及其复合材料。

（1）含缩醛结构环氧预聚物。

如图 5.40 所示，IBM 的 Buchwalter 等[24]在 1996 年已经合成出含缩醛结构的脂环族环氧预聚物，这些预聚物与普通脂环族环氧预聚物一样能够采用酸酐固化，玻璃化转变温度达到 90～120 ℃。利用缩醛（或缩酮）结构在酸性环境中能够分解的原理可赋予树脂具有降解功能。

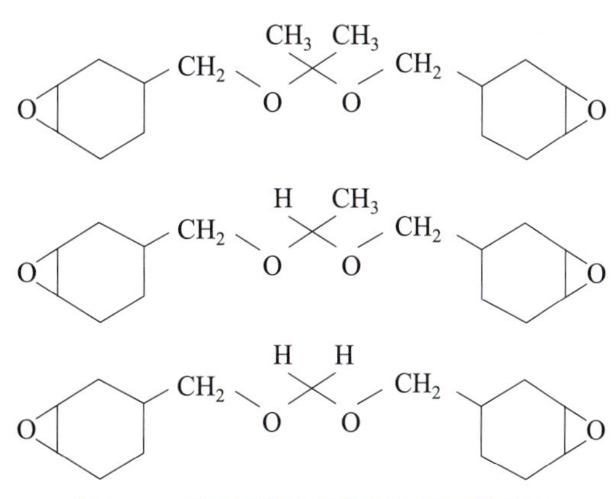

图 5.40　含缩醛结构的脂环族环氧预聚物

Hashimoto 等[25]将乙缩醛结构引入到双酚 A 和酚醛环氧预聚物中（见图 5.41），固化后获得了玻璃化转变温度为 21～91 ℃、起始热分解温度为 225～273 ℃、拉伸强度和杨氏模量分别为 52～65 MPa 和 1.20～2.96 GPa 的环氧树脂。

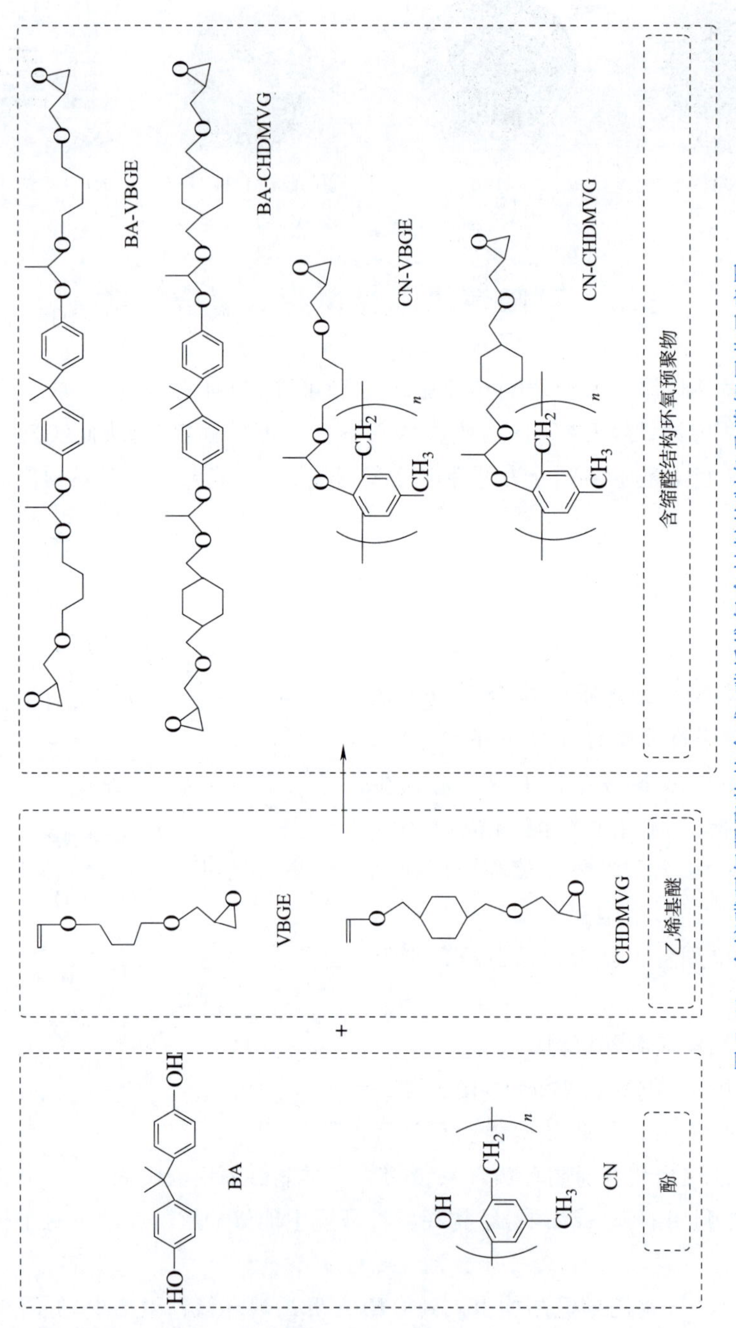

图 5.41　含缩醛环氧预聚物的合成、碳纤维复合材料的制备及降解回收示意图

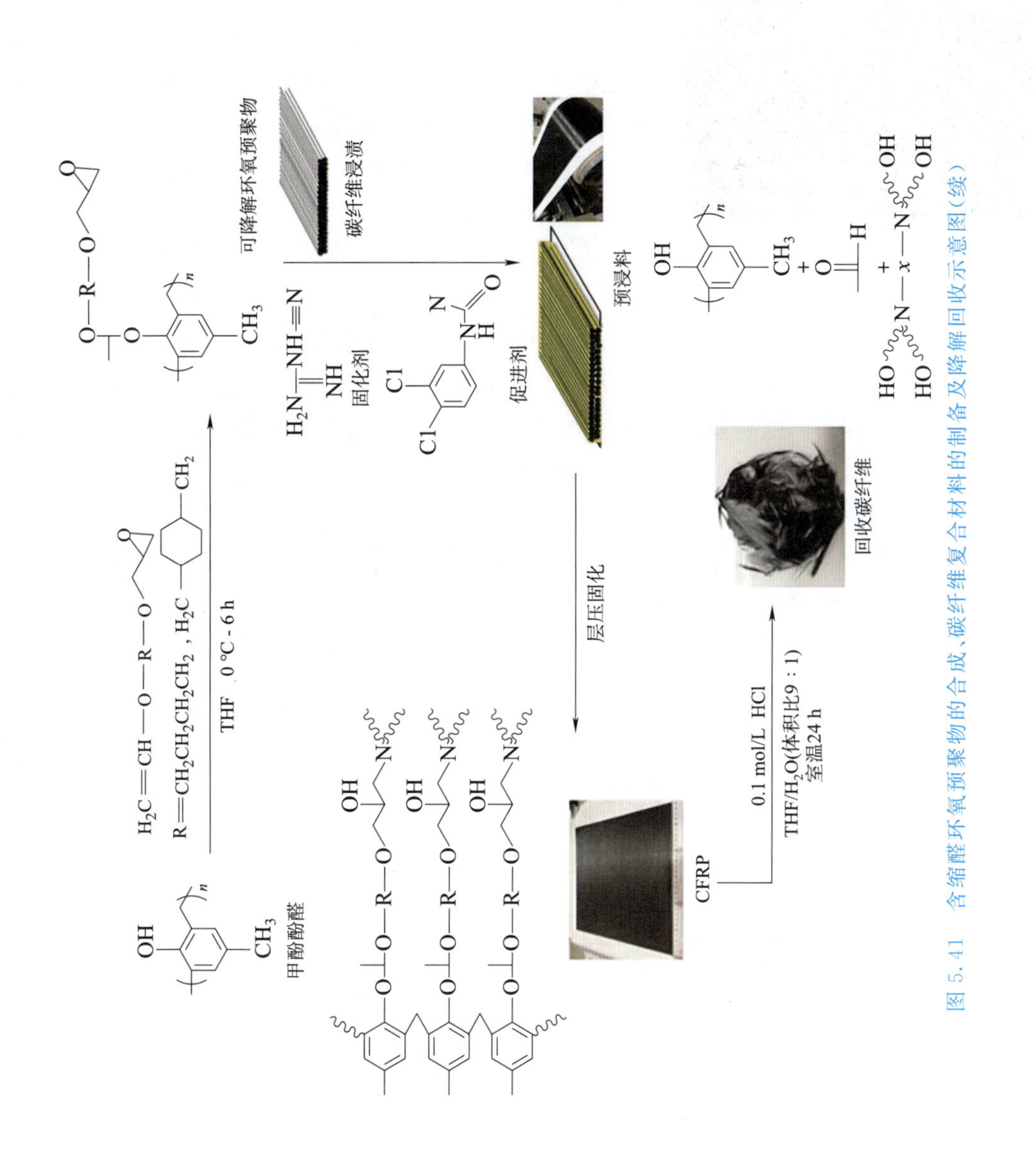

图 5.41 含缩醛环氧预聚物的合成、碳纤维复合材料的制备及降解回收示意图(续)

Hashimoto 等[26]进一步制备了碳纤维/环氧树脂基复合材料。如图 5.42 所示，具体过程为：首先通过酚醛树脂的酚羟基和含有环氧丙基的乙烯基醚的反应向预聚物结构中引入缩醛结构，再经双氰胺固化得到含缩醛结构的环氧树脂及其复合材料。复合材料的机械性能与传统双酚 A 环氧复合材料相当。通过缩醛结构的酸解，该复合材料在酸性条件下可以回收得到化学结构组成、机械性能等均得到很好保持的碳纤维。由于缩醛结构的柔韧性和不稳定性，环氧树脂固化物及其复合材料的热稳定性与普通双酚 A 环氧树脂及其复合材料相比明显偏低。

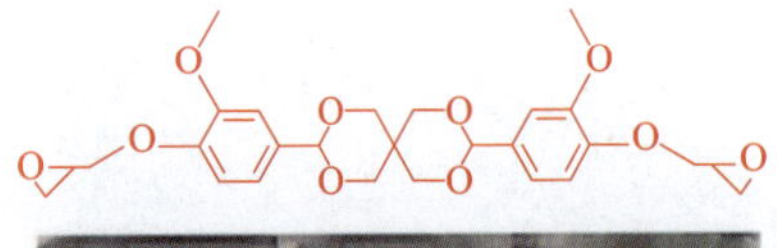
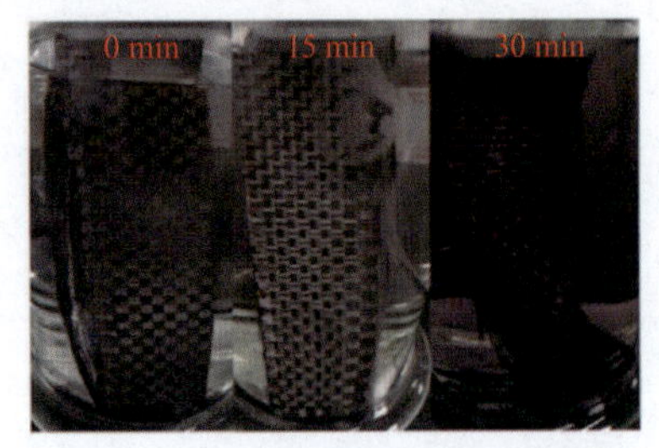

图 5.42　香草醛基螺旋环双缩醛环氧预聚物结构及复合材料回收过程

为改善缩醛结构的柔韧性，马松琪等[27]通过引入刚性螺旋环双缩醛结构制备了香草醛基螺旋环双缩醛环氧预聚物。采用二氨基二苯甲烷固化后，玻璃化转变温度达和热分解温度分别达到 169 ℃和 278 ℃，略高于陶氏的 DER331 环氧预聚物。固化物及其复合材料性能也与 DER331 固化物及其复合材料相当。这种树脂基复合材料在 0.1 mol/L 盐酸溶液中可以快速降解，回收得到的碳纤维保持了原始碳纤维的形貌、表面化学结构及力学性能。

(2)含缩醛结构固化剂。

梁波等发明并生产了基于可降解缩醛或缩酮结构的脂肪胺、芳香胺等固化剂，进一步结合普通环氧树脂预聚物制备可回收热固性环氧树脂及其复合材料[28,29]。该系列产品可广泛应用于纤维增强复合材料，复合材料力学性能与传统环氧树脂复合材料制品相当(代表性产品见表 5.3 和表 5.4)。不同于传统的环氧树脂系列，这种复合材料能够在低浓度酸性有机溶剂(约 5%)、100～150 ℃的温度和常压的条件下，通过破坏三维交联立体网状结构中的酸敏缩醛或者缩酮键实现热固性树脂完全降解为线性热塑聚合物溶解在降解液中，达到降解目的(见图 5.43)。环氧树脂和增强材料质量回收率大于 96%，回收的纤维材料可以被再利用到复合材料的生产，而降解后的树脂可以作为工程塑料实现再利用。

表 5.3　可降解快速固化环氧树脂性能(RAF-601)

项　　目	产品特性	测试标准
密度/($g \cdot cm^{-3}$)	1.15～1.25	GB/T 1033
拉伸强度/MPa	70～90	GB/T 2567
拉伸模量/GPa	2.4～3.0	GB/T 2567
弯曲强度/MPa	110～140	GB/T 2567
弯曲模量/GPa	2.5～3.0	GB/T 2567
断伸延长率/%	2.0～3.5	GB/T 2567

表 5.4　T700+RAF-601 碳纤维复合材料力学性能

项　　目	测试结果	测试标准
R/C/%	30	GB/T 3855
ρ/(g·cm^{-3})	1.59	GB/T 1463
T_g(℃,DMA)	149.45	ASTM D7028
0°拉伸强度/MPa	1 754	GB/T 1447
0°拉伸模量/GPa	142	GB/T 1447
0°弯曲强度/MPa	1 670	GB/T 1449
0°弯曲模量/GPa	127	GB/T 1449

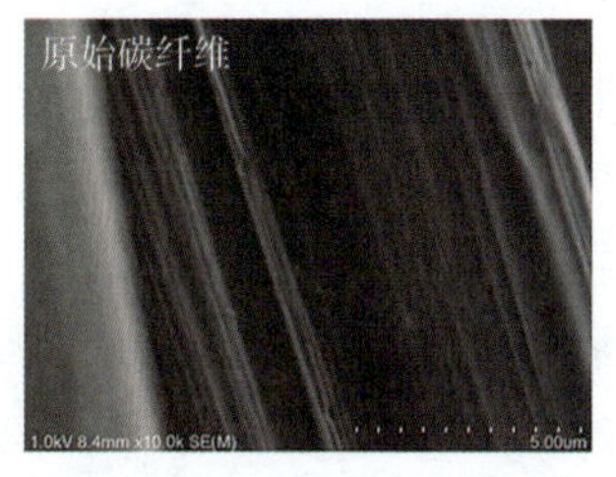

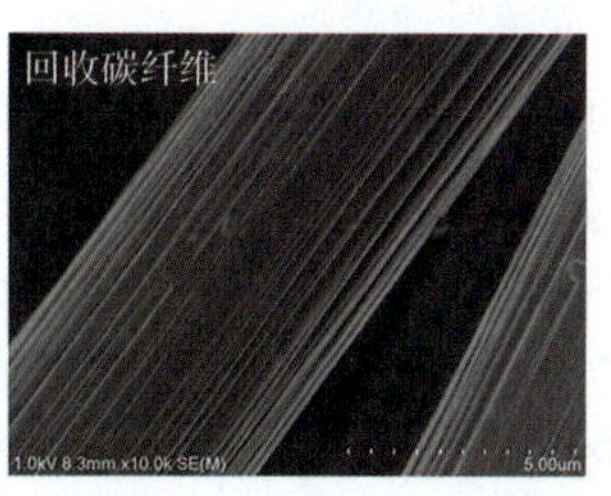

Aksaca 3K A-38	原始碳纤维(TDS value)	回收碳纤维
碳的质量分数/%	93.13	93.91
单丝拉伸强度/MPa	3 700(3 800)	3 600
单丝拉伸模量/GPa	236(240)	238
单丝断裂伸长率/%	1.40(1.6)	1.34

图 5.43　复合材料降解前后碳纤维性能对比

2. 含硫醚动态共价键结构

如图 5.44 所示,Johnson 等[30]采用 4,4′-二硫代二苯胺和 4,4′-二氨基二环己基甲烷组成的混合固化剂来固化双酚 F 缩水甘油醚而得到了在恶劣环境中机械性能不受影响且能够在 2-巯基乙醇中降解回收的新型环氧树脂。Luzuriaga 等[31]采用 4,4′-二硫代二苯胺作为固化

化学回收
2-巯基乙醇/DMF

高温
24 h

机械回收

图 5.44　化学回收:采用含硫醇的溶液回收碳纤维增强环氧复合材料;
机械回收:玻纤增强环氧树脂的机械回收及二次复合材料片材的制备过程

剂来固化双酚 A 缩水甘油醚而得到含动态双硫键的环氧树脂，该树脂的 T_g 为 130 ℃，拉伸模量和强度分别为 2.6 GPa 和 88 MPa。这种新型环氧树脂与作为参照的普通环氧树脂（固化剂为二乙基甲基二胺）相比不仅性能相当，并且能够在热压条件下重新成型，具有可修复、可回收等特殊性能。将此树脂作为基体与玻璃纤维、碳纤维制备复合材料，复合材料同样具有二次成型、可修复、可回收性能。利用 S-S 在巯基乙醇/DMF 的介质中发生的交换反应实现树脂及其玻璃纤维和碳纤维增强的复合材料的回收利用。

以上两种体系的动态双硫键是通过固化剂引入的，Takahashi 等[32]则通过环氧预聚物向体系内引入双硫键，Zhao 等[33]采用分别含有双硫键结构的环氧预聚物和固化剂制备环氧树脂，环氧树脂降解后得到更短链段的降解产物，回收性能更好。

3. 含可交换羧酸酯结构

如图 5.45 所示，Yu 等[34]利用多官能度脂肪酸分子、双酚 A 缩水甘油醚和醋酸锌金属催化剂为原料，合成含有可逆化学酯键新型交联树脂及其碳纤维复合材料。通过乙二醇在 180 ℃下发生酯交换反应，造成交联网络逐步降解为小分子并被乙二醇溶解，实现树脂与碳纤维的分离。回收的碳纤维性能几乎不受影响，模量可以保持 97%，抗张强度保持 95%，并可以完美实现多次循环回收。

图 5.45　含可交换羧酸酯结构环氧树脂和复合材料的循环回收

4. 含六氢三嗪可逆共价键结构

如图 5.46 所示，马松琪等[35]采用合成的六氢均三嗪-三对苯甲酰胺基脂肪胺为固化剂与普通双酚 A 缩水甘油醚反应，制备含六氢三嗪可逆共价键结构的环氧树脂。树脂玻璃化转变温度达到 151 ℃，拉伸强度约为80 MPa，杨氏模量约为 2 GPa，性能与采用二氨基二苯甲烷固化环氧树脂接近，但不同于用普通环氧树脂，这种新型环氧树脂在 pH≤0 的强酸溶液中 2 h 内可以完全降解。

5.7.2　可降解聚六氢三嗪树脂

García 等[36]利用多聚甲醛（POM）与芳香二胺 4,4′-二氨基二苯醚（ODA）制备了一种含有六氢三嗪结构的可回收新型聚六氢三嗪热固性树脂（PHT）。多聚甲醛与芳香二胺的反应历经加成、缩合和高温脱水环化过程，在较低温度 50 ℃反应时（见图 5.47），POM 与二胺的加成和缩合反应形成有水分子参与的半缩醛（HDCN）动态共价网络，HDCN 网络在高温 200 ℃进一步脱水环化形成六氢三嗪环，并最终得到 PHT 树脂。PHT 树脂表现出突出的力学性能和高玻璃化温度（T_g），尤其是以 4,4′-二氨基二苯醚（ODA）作为芳香二胺单体时，PHT 树脂的杨氏模量和拉伸强度分别约为 10.3 GPa 和 90 MPa，T_g 为 222 ℃，优于传统环氧树脂，但脆性较大，断裂伸长率小于 3%。这种 PHT 树脂可在 0.5 M 硫酸溶液中完全降解并获得单体 ODA。

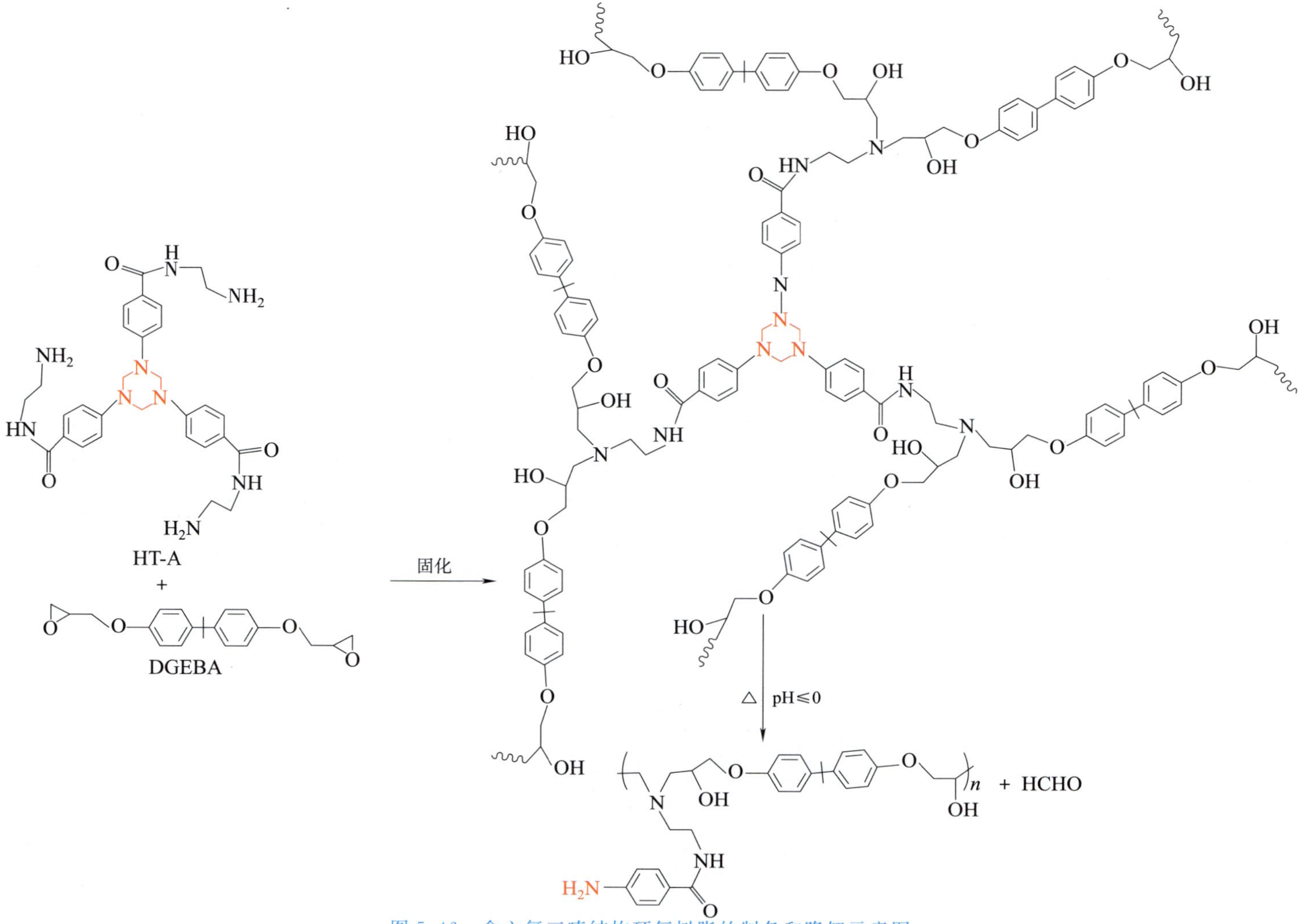

图 5.46　含六氢三嗪结构环氧树脂的制备和降解示意图

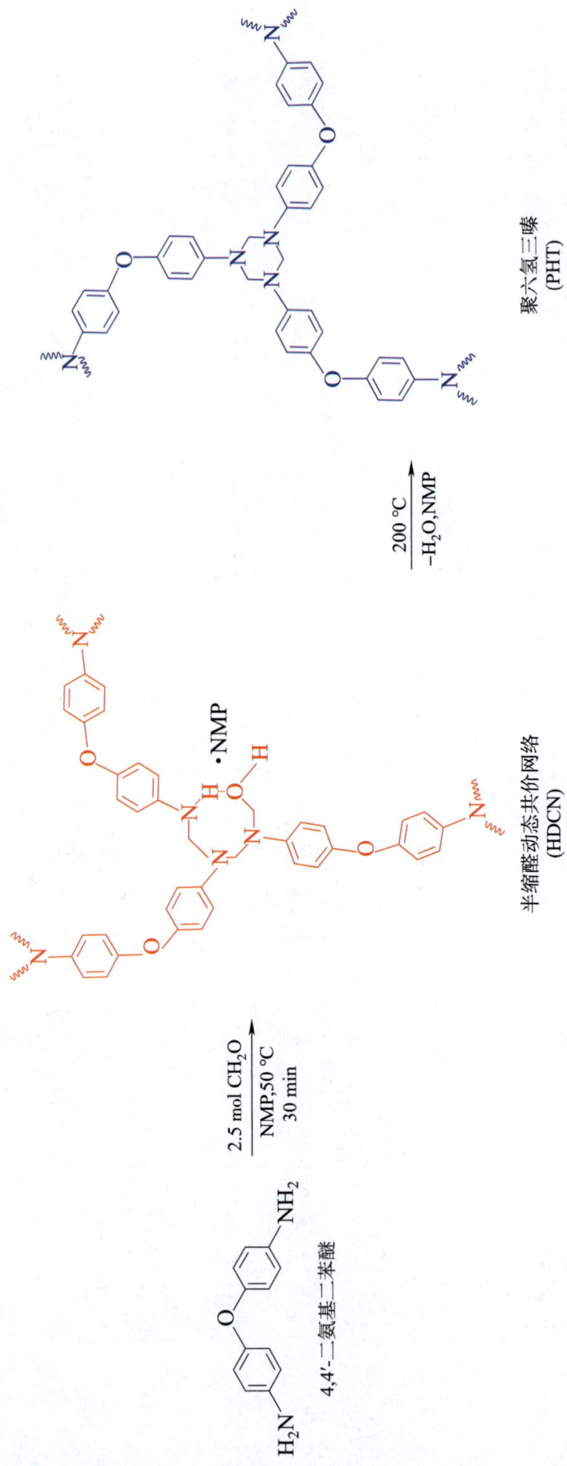

4,4′-二氨基二苯醚

2.5 mol CH_2O

NMP,50 ℃

30 min

·NMP

半缩醛动态共价网络

(HDCN)

200 ℃

$-H_2O$,NMP

聚六氢三嗪

(PHT)

图 5.47　4,4′-二氨基二苯醚和多聚甲醛的缩合聚合

如图 5.48 所示，Kaminker 等[37]采用甲苯二甲胺等低熔点胺与多聚甲醛反应，在无溶剂条件下制备高性能聚六氢三嗪树脂。树脂剪切强度最高可达 11 MPa，拉伸强度最高达到 46 MPa，且树脂在室温下 1 mol/L 盐酸溶液中 20 h 可完全降解。

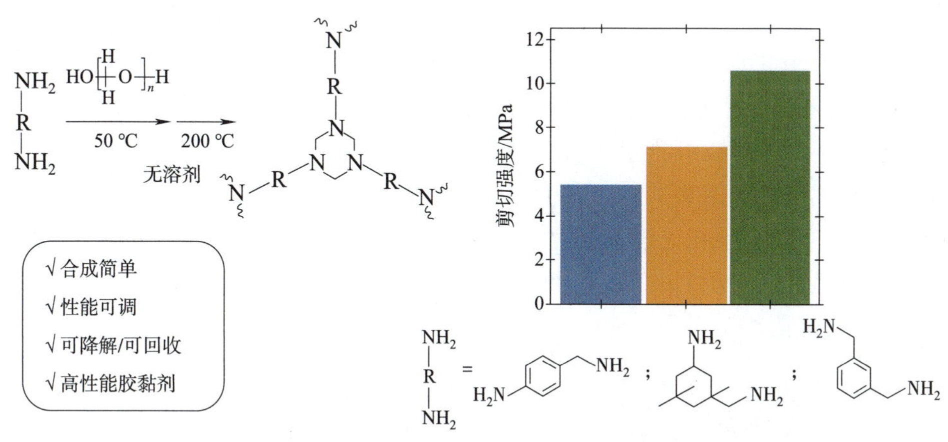

图 5.48　无溶剂条件下聚六氢三嗪树脂合成示意图

张彦峰等[38]利用二胺与甲醛之间一步缩合反应制备了一种半缩胺醛动态共价网络，该反应具有无须催化剂、反应快、100％原子利用率、原料易得且室温即可反应的特点（见图 5.49）。制备得到的热固树脂采用粉碎-热压的方法可以进行可塑加工，且成型的样品具有

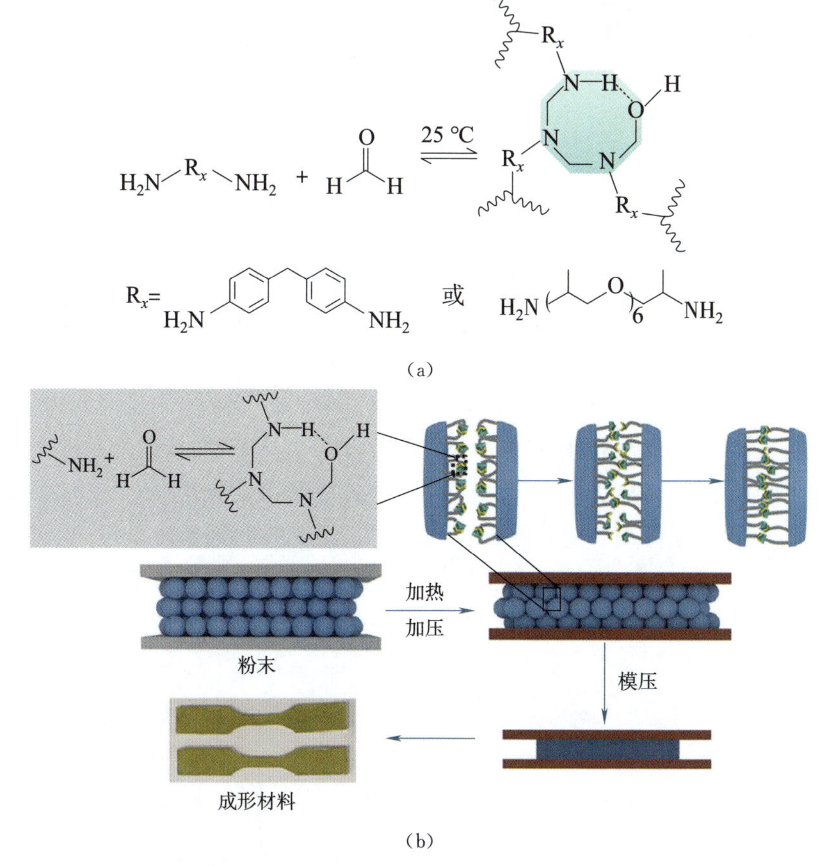

图 5.49　可调、可加工、可降解聚六氢三嗪制备示意图

良好的形状记忆性能、自修复性能、可循环回收和耐溶剂性。其中，利用 4,4′-二氨基二苯甲烷与甲醛制备的 HDCN 具有较强的力学性能，其杨氏模量和拉伸强度分别为 1.6 GPa 和 60 MPa，其形状回复率能够达 93.5%，自修复后材料的力学性能能够恢复至修复前的 95% 以上。

如图 5.50 和图 5.51 所示，袁彦超等[39]对 PHT 树脂合成工艺进行了改进优化，采用 2,2′-双[4-(4-氨基苯氧基苯基)]丙烷与解聚后的 POM 反应，合成可降解回收的新型高性能热固性树脂，进一步采用碳纤维增强、制备可多次循环回收利用的先进复合材料，这种复合材料的机械、耐热等性能达到甚至超过世界上部分现有同类商用先进复合材料的性能指标。该研究首次实现了碳纤维在先进复合材料领域的多次无损回收和循环再利用，得益于碳纤维的重要特征(性能、长度和编织结构)在回收过程中能够完美保存，用其制备的再生复合材料性能与回收前性能相比几乎不变。

(a) (b)

图 5.50 新型聚六氢三嗪热固性树脂及其碳纤维增强先进复合材料

5.7.3 可降解聚亚胺树脂

亚胺键是由醛或酮与伯胺发生脱水缩合而形成，是热力学控制的可逆动态共价键。亚胺键可逆性表现在水解性、亚胺的交换反应与氨基转换反应。

Wei 等[40]采用芳香二醛、脂肪二胺和脂肪三胺在无催化剂溶剂中进行共聚，得到的具有交联结构的聚亚胺树脂，不仅具有良好耐水解性，而且在热和水的作用下具有良好的可塑性、再加工性。经过研磨，回收后机械性能不降反而略微上升。当选用不同结构的脂肪二元胺，得到的聚亚胺体系可变度大，有弹性体(断裂伸长率>200%，拉伸强度约为 10 MPa)、半结晶体(断裂伸长率<5%，拉伸强度可达 65 MPa)，其 T_g 从 18 ℃变化到 135 ℃。他们以此为基础，制备了碳纤维复合材料。如图 5.52 所示，对于 6a 型聚亚胺，在 121 ℃、45 MPa 条件下，热压时间仅需要 60 s，便可得到复合材料层压板。利用亚胺的氨基转换反应，可实现碳纤维的回收。例如，在体系中加入一定量的脂肪二元胺或含二元胺的乙醇溶液，聚亚胺降解为可溶性低聚物，并且回收的碳纤维保持了良好的编织结构及力学性能。

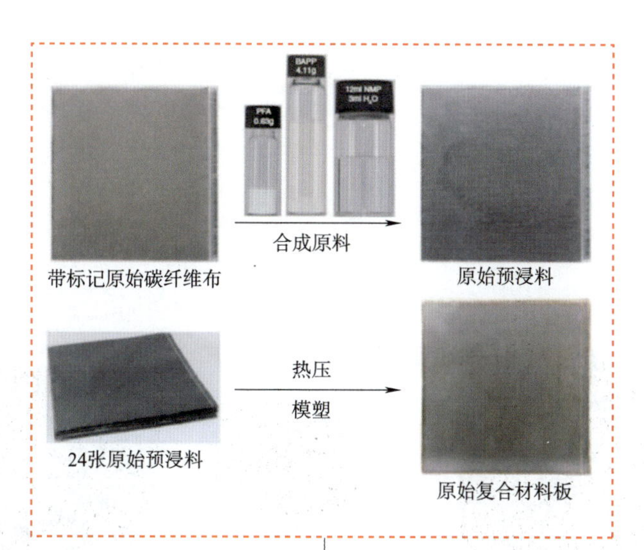

制备过程

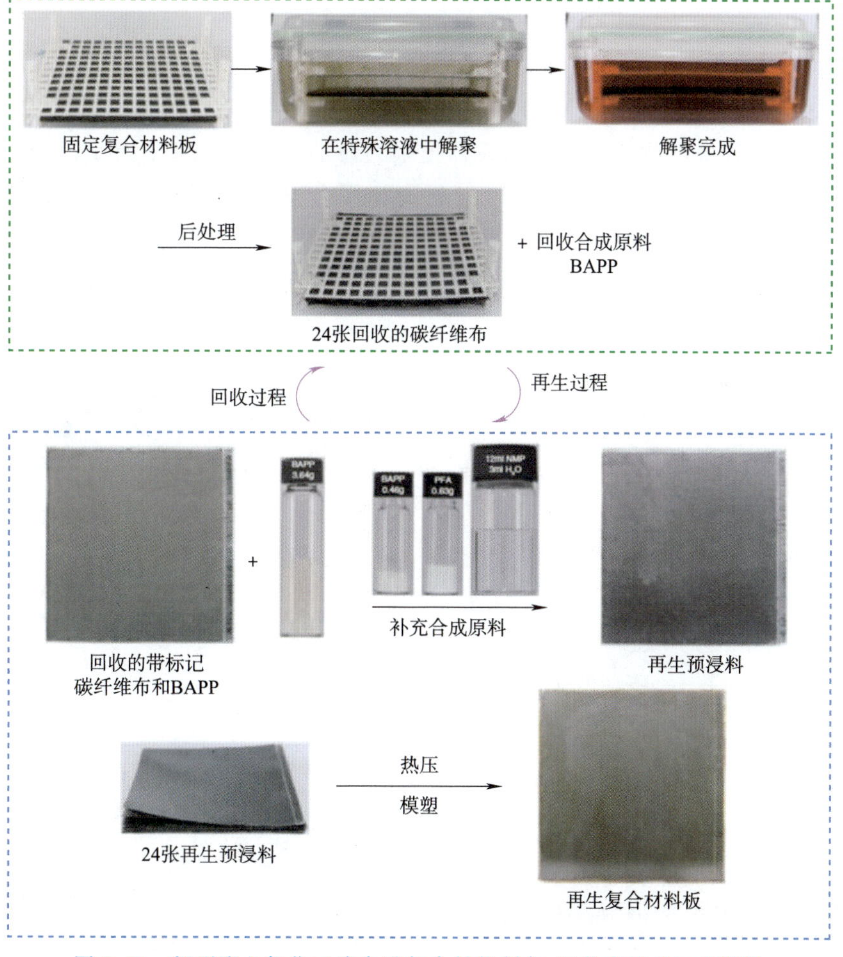

图 5.51　新型聚六氢化三嗪先进复合材料制备、回收和再生工艺路线

图 5.52　聚亚胺树脂的制备及降解回收

马松琪等[41]以香草醛为原料合成了一种含磷三醛单体，进而通过与不同二胺单体反应制备了三种聚亚胺树脂：TFMP-M、TFMP-P、TFMP-H（见图 5.53）。其中 TFMP-M 树脂 T_g 约为 178 ℃，拉伸强度约为 69 MPa，拉伸模量约为 1 925 MPa，垂直燃烧试验达到 V-0 级别。由于亚胺键的存在，该类热固性树脂展现出了优异的热延展性，在 180 ℃热压下，10 min 内就可重新加工成型回收，并且在重塑后，其主体化学结构能够保持，力学性能没有明显的下降；同时可在温和酸性条件下水解，实现了热固性树脂的降解以及单体的回收。

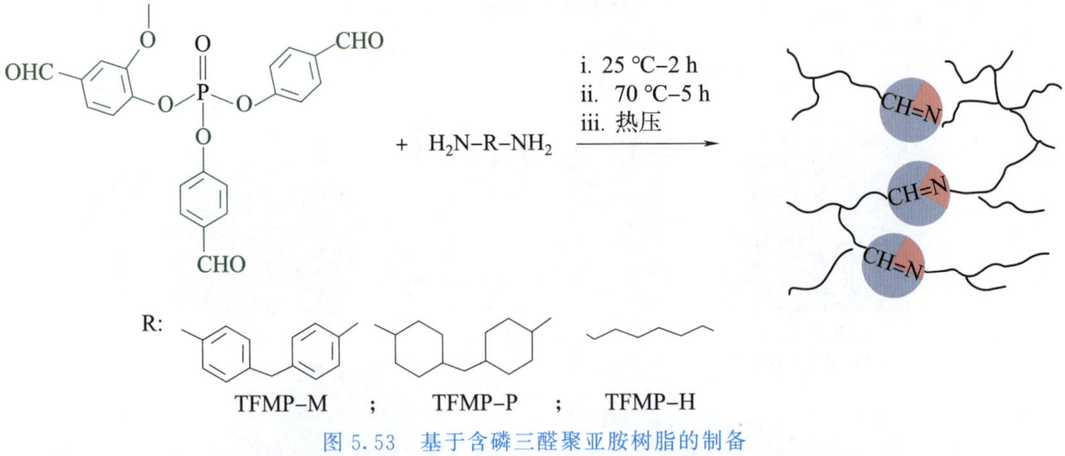

图 5.53　基于含磷三醛聚亚胺树脂的制备

马松琪等[42]以香草醛为原料制备单官能度环氧单体，进而通过二胺固化，采用环氧固化过程中原位形成席夫碱的合成方法，得到香草醛基亚胺环氧树脂。树脂 T_g 约为 172 ℃、拉伸强度约为 81 MPa、模量约为 2 112 MPa、断裂伸长率约为 15%，优于陶氏 DER331 环氧树脂。由于希夫碱的动态化学键性质，得到的香草醛基希夫碱环氧树脂具有优异的可重塑性能，180 ℃热压 20 min 就可以使碎片样品重新变成完整的材料。通过不同温度下的松弛曲线经阿伦尼乌斯方程拟合计算得到拓扑结构冻结温度（T_v）为 70 ℃。并且通过席夫碱结构在酸性条件下的水解，可以实现环氧树脂的降解，其碳纤维复合材料在常温下浸泡，就可以实现碳纤维的回收（见图 5.54），回收得到的碳纤维保持了原始碳纤维的织物结构、微观形貌、表面化学结构以及力学性能；同时力学性能与 DER331 环氧树脂基复合材料相当。

图 5.54　香草醛基亚胺环氧树脂碳纤维复合材料回收示意图

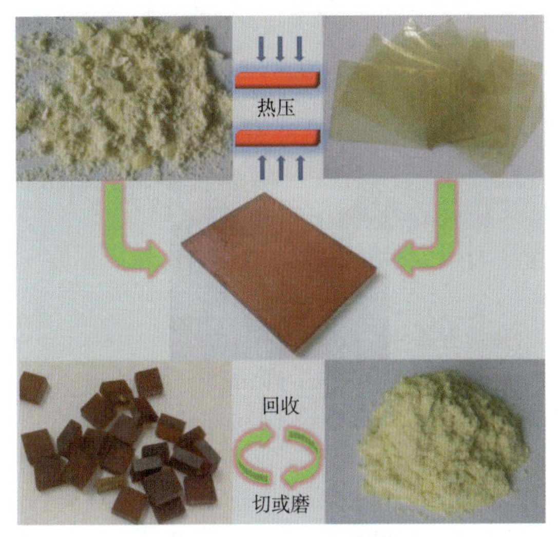

图 5.55　全芳香结构聚亚胺树脂再加工和循环回收利用示意图

为改善聚亚胺树脂的疏水性、耐热性和使用安全性，袁彦超等[43]采用芳香三醛、芳香二醛和芳香二胺制备了一系列全芳香结构聚亚胺树脂。这类树脂具有良好的疏水、热稳定性、较高的玻璃化转变温度和优异的力学性能，5%失重温度达到 440 ℃，T_g 约为 240 ℃，力学性能与普通双酚 A 环氧树脂相当。如图 5.55 所示，树脂具有良好的再加工和循环回收利用能力。进一步制备的复合材料综合性能优良，通过温和方式可以顺利回收利用碳纤维和合成原料。

参考文献

[1] ZHAO C H，ZHOU Y N，GE Z X，et al. Facile construction of MoS_2/RCF electrode for high-performance supercapacitor[J]. Carbon，2018，127：699-706.

[2] 赵崇军，王格非，黄友富，等. 太阳光二次反射回收碳纤维装置及其回收方法[P]. 201410543145.6，2017-1-18.

[3] MEI S，LU Q，XUE X，et al. System and method for reclaiming carbon fibers using solar energy[P]. US2019/0277538 (A1)，2019-9-12.

[4] 梅生伟，卢强，薛小代，等. 一种采用两步法回收碳纤维的太阳能系统和方法[P]. 专利号：ZL201611248783.0，2019-10-22.

[5] 梅生伟,吴磊,张韶红,等.一种两步法回收碳纤维的方法[P]. ZL201611247334.4,2019-7-12.

[6] ZHAO C J,HUANG Y F,DONG J B,et al. Method and system for recycling carbon fiber[P]. US 2017203384 (A1),2017-7-20.

[7] 赵崇军,黄友富,葛正祥,等.基于感应发热效应从碳纤维增强高分子材料中回收碳纤维的方法[P]. CN105482154A,2016-4-13.

[8] 安江和夫,山田康雄.加热除去轮胎中金属线的方法及其装置[P]. ZL02812027.2,2018-3-12.

[9] LUONG D X,YANG K C,YOON J,et al. Laser-induced graphene composites as multifunctional surfaces[J]. ACS Nano, 2019,13:2579-2586.

[10] ZHAO C J,DONG J B,HUANG Y F,et al. Methods and systems for producing carbon aerogel[P]. US10071910(B2). 2018-9-11.

[11] ZHAO C J,HUANG Y F,DONG J B, et al. Method and systems for recovering carbon fibers from objects[P]. US 2017198416 (A1),2017-7-13.

[12] 侯相林,王玉琪,邓天昇.一种碳纤维/双马树脂复合材料中碳纤维的回收方法[P]. CN108912389A, 2018-11-30.

[13] 侯相林,刘影,邓天昇.一种降解环氧树脂碳纤维复合材料的方法[P]. ZL201310163799.1,2015-8-19.

[14] 唐涛.刘杰.姜治伟,等.一种熔融浴及用其回收热固性环氧树脂或其复合材料的方法[P].中国, ZL201010592920.9,2014-11-12.

[15] NIE W D,LIU J,LIU W B, et al. Decomposition of waste carbon fiber reinforced epoxy resin composites in molten potassium hydroxide[J]. Polymer Degradation and Stability,2015,111:247-256.

[16] WU T Y,ZHANG W Q,JIN X, et al. Efficient reclamation of carbon fibers from epoxy composite waste through catalytic pyrolysis in molten $ZnCl_2$[J]. RSC Adv,2019,9:377-388.

[17] 隋刚,金鑫,杨小平,等,废弃碳纤维树脂基复合材料热解催化剂及回收碳纤维方法[P]. 106807425B,2019-6-7.

[18] 赵崇军,王格非,黄友富,等.一种低温熔盐回收碳纤维的方法[P]. ZL 201310531538.0,2016-4-20.

[19] MIZUGUCHI J,SHINBARA T. Disposal of used optical disks utilizing thermally-excited holes in titanium dioxide at high temperatures: a complete decomposition of polycarbonate[J]. Journal of Applied Physics,2004,96(6):3514-3519.

[20] HUANBO C,SUNYU. Kinetics of recycling CF/EP composites by thermal excitation of Cr_2O_3[J]. Journal of Polymers and the Environment,2019,27(9):1937-1947.

[21] HUANBO C,ZHU Y. Research on process parameters for recycling CF/EP composites by thermal excitation of oxide semiconductor[J]. Fibers and Polymers,2020,DOI:10.1007/s12221-020-9638-9.

[22] CHENG H,SUN Y,CHANG Y J. Recycling carbon fiber/epoxy resin composites by thermal excitation oxide semiconductors[J]. Fibers and Polymers,2019,20 (4):760-769.

[23] CHENG H,CHANG J,SUN Y. Numerical simulation of stress distribution for CF/EP composites in high temperatures[J]. Journal of Thermal Stresses,2019,42(4):416-425.

[24] BUCHWALTER S L,KOSBAR L L. Cleavable epoxy resins:design for disassembly of a thermoset [J]. Journal of Polymer Science Part a Polymer Chemistry,1996,34(2):249-260.

[25] HASHIMOTO T,MEIJI H,URUSHISAKI M,et al. Degradable and chemically recyclable epoxy resins containing acetal linkages: Synthesis, properties, and application for carbon fiber-reinforced plastics [J]. Journal of Polymer Science Part A-Polymer Chemistry,2012,50(17):3674-3681.

[26] YAMAGUCHI A,HASHIMOTO T,KAKICHI Y,et al. Recyclable carbon fiber-reinforced plastics

(CFRP) containing degradable acetal linkages: synthesis, properties, and chemical recycling[J]. Journal of Polymer Science Part A-Polymer Chemistry,2015,53(8):1052-1059.

[27] MA S,WEI J,JIA Z et al. Readily recyclable,high-performance thermosetting materials based on a lignin-derived spirodiacetaltrigger[J]. Journal of Materials Chemistry A,2019(7):1233-1243.

[28] PASTINE S J,LIANG B,QIN B. Connora technologies,inc. Novel agents for reworkable epoxy resins [P]. US 20130245204A1,2013-09-19.

[29] 梁波,覃兵,派斯丁,等.一种增强复合材料及其回收方法[P]. ZL201280020299.6,2016-02-24.

[30] JOHNSON L M,LEDET E,HUFFMAN N D,et al. Controlled degradation of disulfide-based epoxy thermosets forextremeenvironments[J]. Polymer,2015,64:84-92.

[31] LUZURIAGA A R D,MARTIN R,MARKAIDE N,et al. Epoxy resin with exchangeable disulfide crosslinks to obtain reprocessable,repairable and recyclable fiber-reinforced thermoset composites[J]. Materials Horizons,2016,3(3):241-247.

[32] TAKAHASHI A,OHISHI T,GOSEKI R,et al. Degradable epoxy resins prepared from diepoxide monomer with dynamic covalent disulfide linkage[J]. Polymer,2016,82:319-326.

[33] ZHOU F, GUO Z, WANG W, et al. Preparation of self-healing, recyclable epoxy resins and low-electricalresistance composites based on double-disulfide bond exchange[J]. Composites Science and Technology,2018,167:79-85.

[34] YU K,SHI Q,DUNN M L,et al. Carbon fiber reinforced thermoset composite with near 100% recyclability[J]. Advanced Functional Materials,2016,26(33):6098-6106.

[35] YOU S,MA S,DAI J,et al. Hexahydro-s-triazine:a trial for acid-degradable epoxy resins with high performance[J]. ACS Sustainable Chemistry & Engineering,2017,5:4683-4689.

[36] GARCíA J M,JONES G O,VIRWANI K,et al. Recyclable,strong thermosets and organogels via paraformaldehyde condensation with diamines. [J]. Science,2014,344(6185):732-735.

[37] KAMINKER R,CALLAWAY E B,DOLINSKi N D,et al. Solvent-free synthesis of high-Performan-cepolyhexahydrotriazine(PHT) Thermosets[J]. Chemistry of Materials,2018,30:8352-8358.

[38] LEI H,WANG S,LIAW D J,et al. Tunable and processableshape-memory materials based on solvent-free, catalyst-free polycondensation between formaldehyde and diamine at room temperature[J]. ACS Macro Letters,2019,8:582-587.

[39] YUAN Y,SUN Y,YAN S,et al. Multiply fully recyclable carbon fiber reinforced heat-resistant covalent thermosetting advanced composites[J]. Nature Communications,2017,8:14657.

[40] TAYNTON P,NI H,ZHU C,et al. Repairable woven carbon fiber composites with fullrecyclability enabled by malleable polyimine networks[J]. Advanced Materials,2016,28(15):2904-2909.

[41] WANG S,MA S,LI Q,et al. Robust,fire-safe,monomer-recovery,highly malleable thermosetsfromre-newablebioresources[J]. Macromolecules,2018,51:8001-8012.

[42] WANG S,MA S,LI Q,et al. Facile in situ preparation of high-performanceepoxyvitrimer from renewable resources and itsapplication in nondestructive recyclable carbonfibercomposite[J]. Green Chemistry, 2019,21:1484-1497.

[43] 袁彦超,贾雷,赵建青,等.一种芳香聚亚胺热固性树脂及其制备方法[P].中国发明专利. ZL201810311937.9,2020-11-02.

第6章 再生纤维的再利用技术

通过热回收、化学降解回收等方法得到的再生纤维不同于原始纤维，可以将其看作一种“新材料”。如何实现再生纤维在复合材料中的再次利用，实现再生纤维的价值、性能最大化是复合材料回收再利用系统中一个非常重要的课题。

本章从再生纤维的特性入手，论述当前再生纤维的再利用技术，从再利用技术的低成本化和再生产品高性能化发展方向展开讨论。

6.1 再生纤维的特性

当前再生纤维的主要来源有：在纤维增强复合材料的生产过程中，由于切割、打磨等原因产生的干纤维废料；在预浸料生产工艺中，切割的废料及过期的半成品会产生一部分预浸料废料；纤维增强复合材料产品损坏或服役到期后，通过热回收或者化学降解回收得到的再生纤维，如图6.1所示。

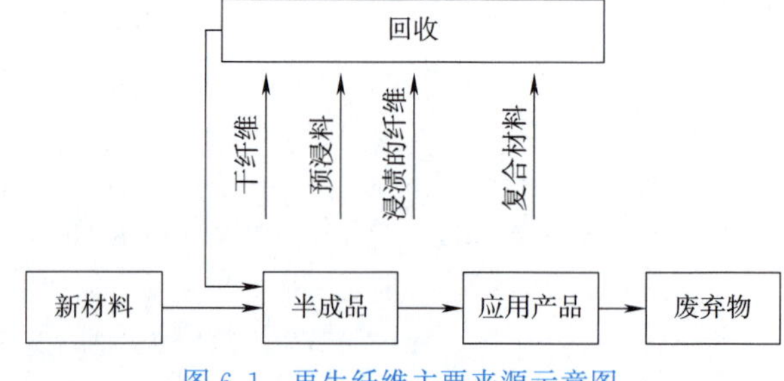

图6.1 再生纤维主要来源示意图

在纤维增强复合材料的回收过程中，为了提高回收效率，材料不可避免地被切割或粉碎成小块使其适合回收工艺，纤维的有序排列结构在回收过程中被破坏，因此，再生纤维与原生纤维的一个显著不同之处在于：再生纤维通常以短簇、蓬松杂乱的形式存在，如图6.2所示。

(a)原始碳纤维

(b)再生碳纤维

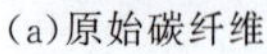

图6.2 原始碳纤维与再生碳纤维形态对比

再生纤维增强复材性能主要受再生纤维长度及再生纤维含量影响。再生纤维长度越长，作为增强体其性能增强效果越好，但是长度越长，其回收处理效率越低。在一定范围内，再生纤维含量越高复材性能越好，但再生纤维多蓬松杂乱，不易制得高填料含量的复材。因此，在再生纤维二次利用过程中，需要根据纤维的长度、排列状态等特性，选择合适的再利用技术以实现其价值的最大化。

6.1.1　再生碳纤维的特性

据统计，全球废弃碳纤维复合材料制品至 2020 年已达 21.54 万 t，其中碳纤维废料达 13.98 万 t，按平均价格 200 元/kg 计算，价值约合人民币 279.6 亿元以上。每 100 kg 航空碳纤维复合材料废弃物中，就有 60～70 kg 的碳纤维，这些碳纤维仍然具有极高的再利用价值，其力学强度和电、磁、热性能几乎与原有碳纤维相当，可用来重新制备高性能复合材料。

碳纤维复合材料回收利用的最大亮点在于，回收得到的再生碳纤维可以保持其原始纤维的大部分性能，可达到原始纤维性能的 90%以上，即使在二次利用后依然如此。同时，回收利用工艺成本优势显著，能源消耗大大减低。据美国波音公司推算，回收碳纤维的成本大约是生产原始碳纤维的 50%～70%，电能消耗量不足生产原始纤维的 5%。当前，由于原始玻璃纤维本身价格低廉，再生玻璃纤维成本优势不够显著，因此，有关再生纤维的二次利用技术更多地集中在再生碳纤维领域。

原始碳纤维表面通常有一层上浆剂，以实现纤维和基体更好的界面结合，而多数回收工艺均会导致上浆剂层的去除，采用热回收得到的再生碳纤维表面还会残留少量的残炭，如图 6.3所示，这些因素都造成了再生碳纤维与基体界面结合的减弱，大大降低了再生碳纤维的增强效果[1]。因此，开发一种简单、高效、低成本的再生碳纤维表面改性方法成为再生碳纤维再利用技术的一个发展方向。

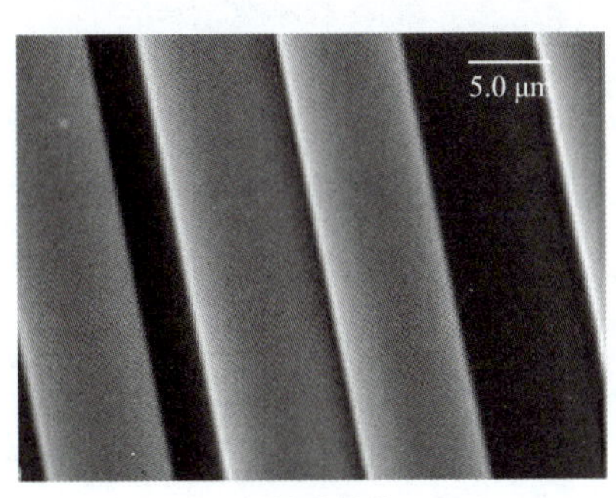

(a)原始碳纤维

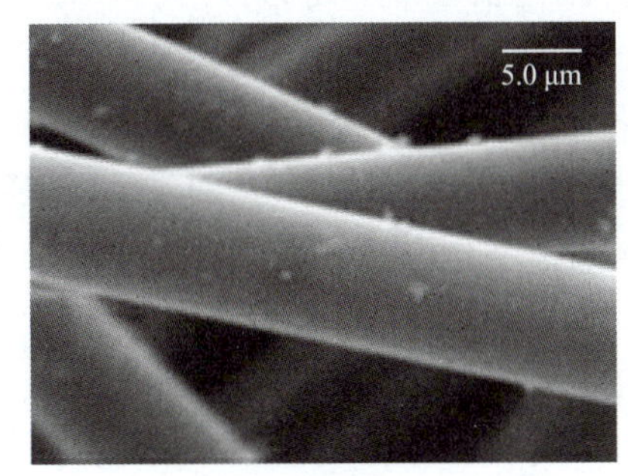

(b)再生碳纤维

图 6.3　原始碳纤维与再生碳纤维微观形貌对比

6.1.2　再生玻璃纤维的特性

碳纤维回收利用技术的迅速发展为玻璃纤维的回收铺平了道路。然而，由于玻璃纤维本身的价值较低，玻璃纤维回收再利用当前还未取得进一步成效。

水泥窑工艺是用于玻璃纤维回收的一项较为成熟的技术，这种方法一方面能够实现材料自身带有的能量回收，另一方面回收可得到再生玻璃纤维，它们可用作低价值的水泥填料。虽然该方法相比填埋具有一定的经济和环保优势，但无法实现回收利用的最佳经济回报。热解是另一可选择的技术，但当前的技术还不能很好地实现玻璃纤维的强度和回收成本的平衡。

适合玻璃纤维回收再利用的商业模式也亟待发展，因为世界上 90%以上的复合材料都是用玻璃纤维制品。

6.2 再生碳纤维作为增强材料的再利用

6.2.1 在热塑性塑料中的应用

再生碳纤维经过磨碎机切碎或研磨后，可以获得短纤维（>2 mm）或粉末状纤维（<2 mm）[2]，经过处理后的干纤维或预浸渍纤维颗粒可以用作热塑性注射成型、挤出成型、模压成型的填料，可以达到与热塑性塑料直接复合再次利用的效果。再生碳纤维成型工艺如图 6.4 所示。

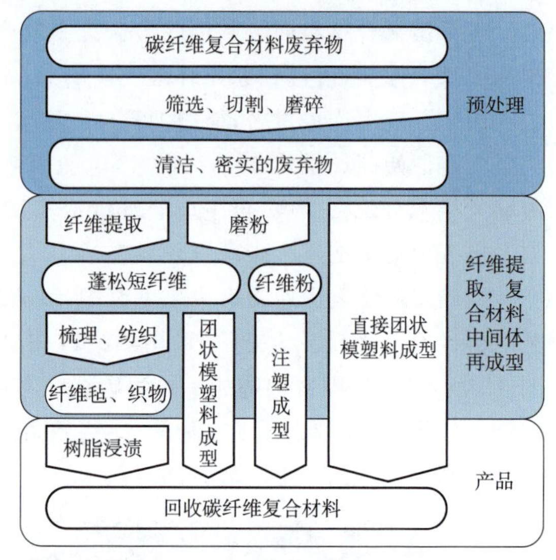

图 6.4　再生碳纤维成型工艺图

日本研究人员 Takahashi 等[3]直接采用切碎的 CFRP 废弃物与热塑性塑料复合制备了再生 CFRP。他们将服役到期的 CFRP 废弃物直接切割成 1 cm 长的碎料，并通过双轴造粒机将这些碎料与热塑性塑料（包含 ABS 和 PP 两种）直接复合，制备了再生碳纤维体积含量不同的（7%、15%、24%、30%）再生 CFRP 粒料，如图 6.5 所示。与原始碳纤维增强热塑性塑料相比，这种再生 CFRP 具有几乎相同的力学性能，通过调整注射成型的工艺，生产的再生 CFRP 可作为二级汽车零部件使用。这种快速、高效、低成本的再利用回收 CFRP 的方法展现出巨大的应用潜力。

美国 Shocker Composites 公司[4]将回收得到的碳纤维与 ABS 复合成颗粒，通过挤出成型及 3D 打印实现了再生纤维制品的大规模打印，并成功试用在商用 3D 打印机中，制备了立方体、花瓶等多种精美工艺制品，如图 6.6 所示。

图 6.5　再生纤维与热塑性树脂包覆颗粒

图 6.6　rCF/ABS 共混颗粒增强的 3D 打印立方体及六角花瓶

美国南达科他州矿业技术学院纳米复合材料先进制造中心[5](CNAM)开发了一种再生纤维增强PP热塑性板材(DiFTs)工艺，该工艺可生产出包含不连续再生纤维的板材，并成功制备了30%rCF/PP制成的汽车差速器盖。使用DiFTs工艺制备的rCF增强的弯曲原型零件及PP胶带卷如图6.7所示。

图6.7 使用DiFTs工艺制备的rCF增强的弯曲原型零件及PP胶带卷

通常情况下，热塑性树脂基体的熔体黏度较大，碳纤维的浸润、分散比较困难，因此实现再生碳纤维在树脂基体中的良好分散是决定复合材料最终性能的重要影响因素。采用将热塑性纤维预先与再生碳纤维混合的办法可以大大缩短浸润时间，改善基体和再生碳纤维的浸润效果，实现再生碳纤维增强体在基体中的良好分散。日本研究人员Wei等[6]采用了一种类似于湿法造纸的技术，将再生碳纤维和尼龙6(PA6)纤维混合制备成碳纤维纸，其制备过程示意图及产品实物如图6.8所示，采用此方法制备得到的rCF/PA6复合材料表现出稳定的弯曲强度和模量，其中再生T300级碳纤维的复合材料在纤维体积含量为20%时，弯曲强度和弯曲模量分别达到300 MPa和15 GPa。

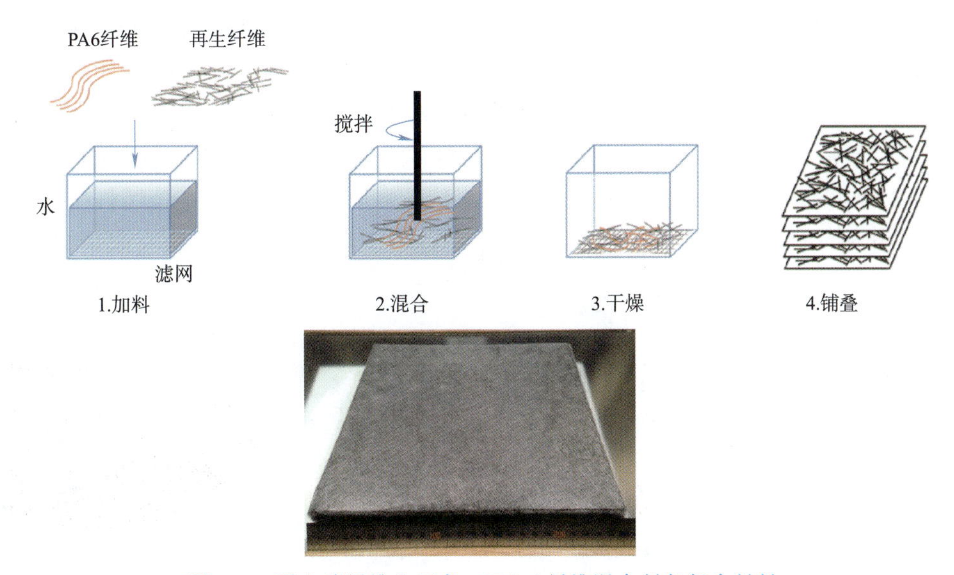

图6.8 再生碳纤维和尼龙6(PA6)纤维混合制备复合材料

由于碳纤维通常回收自不同碳纤维的产品，再生碳纤维一般组成较为复杂，而不是单一的组分，研究不同种类碳纤维的混合法则具有重要意义，因此，该研究团队还采用T300级和

T800级两种再生碳纤维制备复合材料，研究了混合纤维的增强效果，得到了混合再生碳纤维增强PA6复合材料的弹性模量和弹性强度公式：

$$\sigma_c=\varphi_f[c_3\beta\sigma_{T800}+c_4(1-\beta)\sigma_{T300}]+(1-\varphi_f)E_r\varepsilon_c$$

$$E_c=\varphi_f[c_1\beta E_{T800}+c_2(1-\beta)E_{T300}]+(1-\varphi_f)E_r$$

式中，E_c、E_{T800}、E_{T300}和E_r分别是再生复合材料、T800级再生碳纤维、T300级再生碳纤维和PA6的弹性模量；σ_c、σ_{T800}和σ_{T300}分别是再生复合材料、T800级再生碳纤维和T300级再生碳纤维的强度；ε_c是PA6最大应力下的应变；φ_f是混合再生碳纤维的体积分数；β是T800级再生碳纤维在混合再生碳纤维中的体积分数；c_1(值为0.270)和c_2(值为0.270)分别是T800级和T300级再生碳纤维在混合增强体中的弹性模量拟合系数；c_3(值为0.340)和c_4(值为0.398)分别是T800级和T300级在混合增强体中的强度拟合系数。

6.2.2 在热固性塑料中的应用

德国研究人员Saburow等[7]基于传统BMC(块状模塑料)生产工艺使用再生碳纤维制备了rCF-BMC，其生产工艺流程如图6.9所示。干纤维编织物废料被裁剪成100 mm×100 mm的碎块作为增强体，以不饱和聚酯-聚氨酯杂化树脂(UPPH)为树脂体系，并加入相应的填料，同时在BMC制备过程中加入了溶剂实现树脂基体和纤维更均匀的混合，最终通过模压工艺制备了平均纤维体积含量42%再生碳纤维复合材料(工艺参数：143.5 ℃，15 MPa，112 s)。

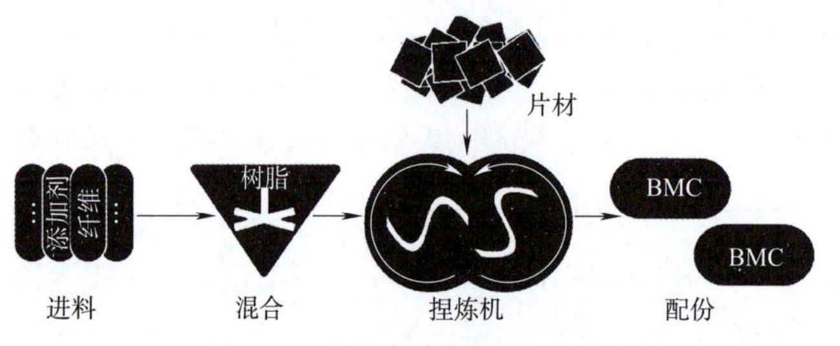

图6.9 再生碳纤维BMC工艺流程

将这种再生碳纤维复合材料的机械性能与采用相同纤维、纤维体积含量和树脂体系的原始纤维增强SMC进行比较，结果表明，rCF-BMC复合材料的力学性能与vCF-SMC复合材料相当，但是rCF-BMC复合材料在加工成型过程中需要更高的压力。破坏断面微观形貌分析表明，rCF-BMC复合材料破坏机制与vCF-SMC复合材料类似，即整个纤维束从基体中被拉出或是纤维与树脂之间的界面受损。rCF-BMC产品如图6.10所示。

图6.10 rCF-BMC产品

该工艺的主要优点是投资少，生产干扰小，可直接引入现有的生产线，从废弃物产生到再利用整个生产路线简单且经济合理，有望成为解决碳纤维废料的再利用问题的可行方案。将来可优化纤维废料的尺寸和种类、填料的配方、切割参数、捏炼参数等工艺条件来进一步提升该技术的稳定性和可靠性。

欧洲研究人员AndreaFernández等[8]采用树脂膜注入工艺(RFI)制备了再生碳纤维增

强环氧树脂基复合材料，如图 6.11 所示。他们采用从碳纤维织物预浸料中热回收到的再生碳纤维为原料，通过气流展纱技术将再生碳纤维充分展纱，将再生纤维丝束铺放成薄纤维层，然后将其与半固体环氧树脂膜交替铺放，最后放入模具并在热压机中固化，制造层压板的平均层间剪切强度为(64.3±1.8) MPa，与原始碳纤维复合材料层压板此项力学性能的下限相当(60 MPa)。

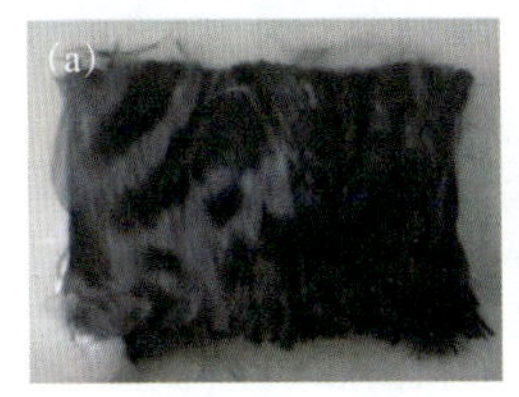

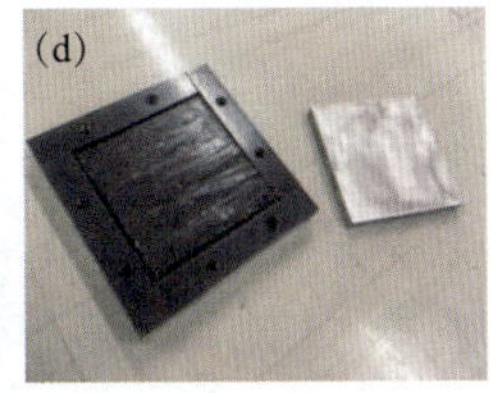

图 6.11　树脂膜注入工艺(RFI)制备再生纤维增强复合材料

欧洲研究人员 Oliveux 等[9]采用手糊法制备了准单向再生碳纤维增强环氧树脂复合材料。通过从热固性碳纤维复合材料中溶剂回收得到的碳纤维丝束单向地铺放在模具中，并用手糊法浸渍环氧树脂后热压成型。由于再生纤维束形态的不规则性，再生纤维束并不是完全单向的，如图 6.12 所示。因此评估了不同取向度再生纤维束复材的力学性能。结果表明，取向度的提高有利于纤维体积含量的提高，纤维拉伸强度也越高，纤维束角度标准偏差为±6°的复材，纤维体积分数可达 57.9%，拉伸强度大于 750 MPa。然而，这种手糊法制备的准单向再生碳纤维丝束复合材料层间剪切强度普遍较低于 40 MPa。

(a)准单向再生碳纤维丝束

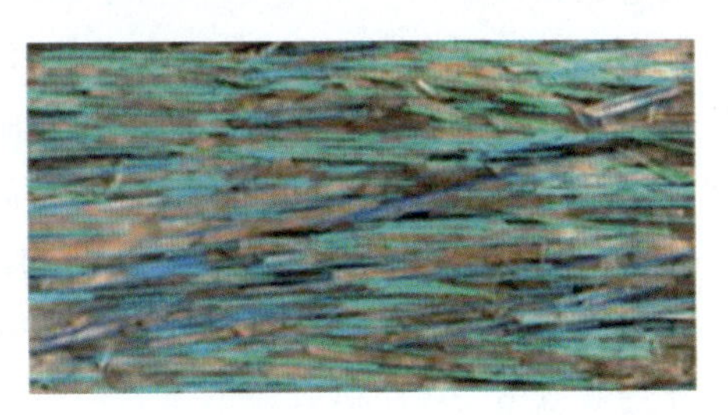

(b)准单向再生碳纤维丝束取向方向示意

图 6.12　准单向再生碳纤维增强环氧树脂复合材料

德国研究人员 Wölling 等[10]采用短切再生碳纤维制备了无纺毡，并通过 RTM 工艺使之与环氧树脂复合成复合材料。分别通过干法和湿法两种成型工艺来制备再生碳纤维无纺毡，如图 6.13 所示。干法成型工艺采用机械梳理原理制备无纺毡，加入少量聚酯黏合剂黏合纤维，湿法成型工艺则采用类似造纸的方法，加入羧甲基纤维素以促进纤维悬浮液分散并作为纤维干燥之后的黏结剂。采用干法成型工艺可以实现纤维无纺毡更高的取向度，因此，这种基于热固性环氧树脂和干法成型再生碳纤维无纺毡的再生复合材料实现了优异的力学性能。(拉伸强度最大为 317.0 MPa，弹性模量为 26.6 GPa，其中纤维体积分数为 25.8%)

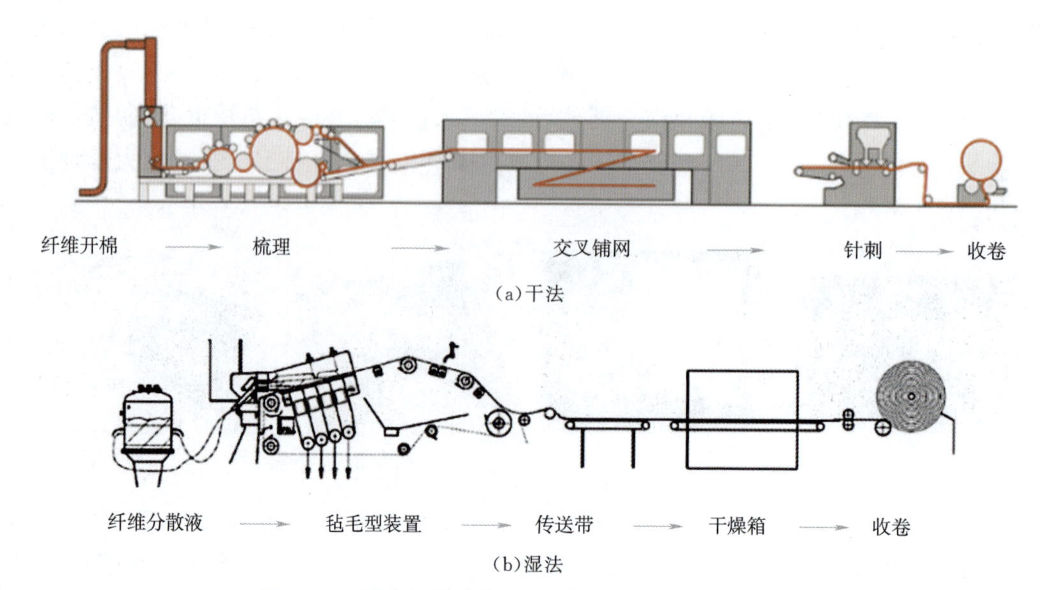

图 6.13 干法和湿法成型工艺制备再生碳纤维无纺毡

6.2.3 取向毡的制备与应用——高纤维体积分数的实现途径

从粉末碳纤维用于热塑性塑料颗粒注塑的应用，到短纤维用于制备无纺布作为增强体，再到再生连续碳纤维用于制备复材，再生碳纤维的再利用价值越来越高，再生碳纤维制品的性能也越来越好。研究表明，与随机取向的短纤维复合材料相比，高度对齐的短纤维复合材料的拉伸刚度提高可达 90%，并且在排列方向上的拉伸强度提高超过 100%。当高度对齐的短纤维复合材料与连续纤维复合材料进行比较时，高度对齐的短纤维复合材料保留了 94%的拉伸刚度和 80%的连续纤维复合材料的拉伸强度。由此可见，获得具有与连续纤维复合材料相当的机械性能的短纤维增强复合材料的潜力方法在于纤维排列，因此，迫切需要开发一种普遍适用于再生碳纤维的复材制备工艺方法，以提高纤维的连续性，提高纤维在复材中的体积含量，控制纤维的取向，使再生碳纤维复材将来能够适用于一些更高价值的结构件应用。

取向碳纤维的方法可分为两大类：干法取向和湿法取向。干法取向包括使用磁场或电场，而后者利用流体动力。传统的磁场或者电场取向方法虽然能够取得一定的取向效果，但是这些方法不能制备具有足够高取向度的纤维排列和高纤维体积分数的复合材料，这限制了它们在高性能材料的使用。而湿法取向有望成为解决这些问题的方法。湿法取向是利用流体动力学方法将纤维悬浮在液体中并通过会聚喷嘴加速混合物，通过使纤维经受流体速度的差异来实现取向。

英国研究人员 Pickering 等[11]采用流体法取向技术实现了再生碳纤维取向毡的制备，将不连续的纤维分散在甘油中形成悬浮液，通过调整短纤维长度、纤维浓度和分散体系黏度获得良好分散的纤维悬浮液。如图 6.14 所示，将悬浮液泵送至具有渐缩的取向装置，渐缩头内悬浮液具有速度梯度，纤维随着悬浮液穿过渐缩头时发生取向，最后通过抽滤和干燥步骤得到再生碳纤维取向毡。该方法获得的取向毡纤维取向度较好，超过 90% 的纤维在 ±15° 范围内，但是该工艺连续化程度和生产效率较低，制备的取向毡的厚度较低。在热压罐中采用 0.7 MPa 的低压成型压力制备了复合材料，在长度为 3 mm 的再生碳纤维制备的取向毡增强复材中，纤维体积含量可达 46%，比拉伸模量和比拉伸强度分别达到 0.057 GPa/(kg/m^3) 和 0.42 MPa/(kg/m^3)。

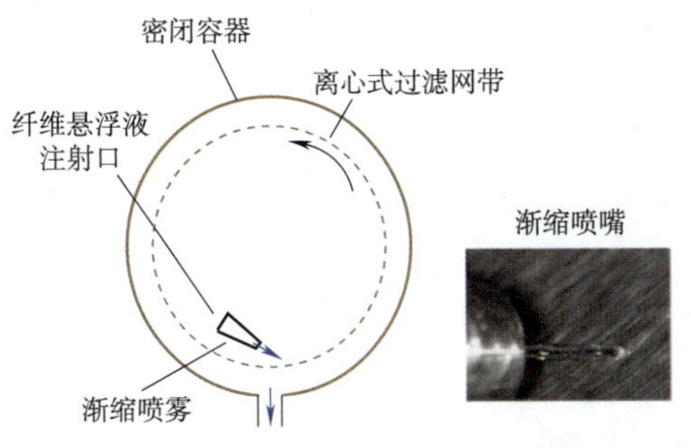

(a)制备工艺示意图及渐缩喷嘴细节图

(b)制备得到的样品

图 6.14　流体取向技术制备再生碳纤维取向毡

英国研究人员 Yu 等[12] 开发了一种高性能不连续光纤(HiPerDiF)的新方法，进一步提高了不连续纤维的取向度。如图 6.15 所示，这种新方法直接将不连续碳纤维分散在水中，然后将纤维悬浮液引导到具有窄间隙的平行取向板上，并且通过液体的动量变化使纤维横

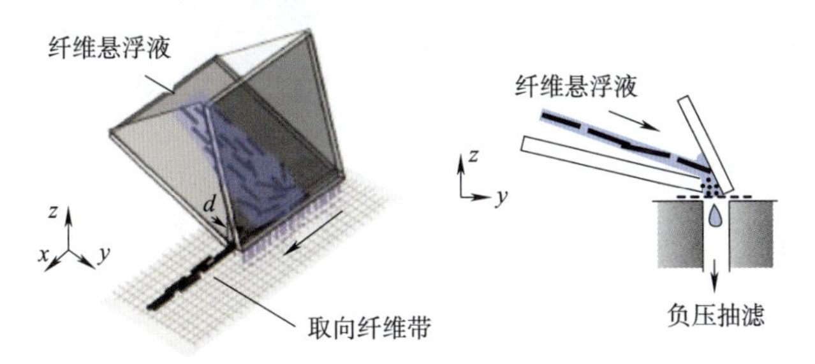

(a)三维流程示意图

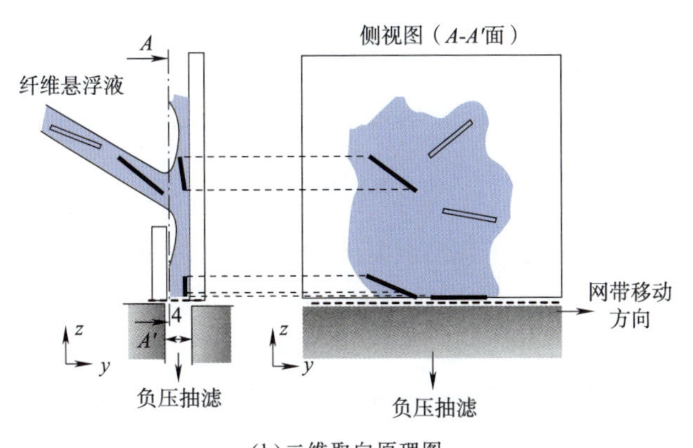

(b)二维取向原理图

图 6.15　高性能不连续纤维束(HiPerDiF)法制备取向毡

向于液体流动方向排列，可通过集成多个对齐的丝束预成型件来制造预成型件。制得的不连续纤维取向度较高，67%的纤维排列在±3°的范围内。此外，通过使用低黏度介质水代替甘油作为流体介质，大大减少了再制造时间和成本，提高了生产效率。使用长度为 3 mm 碳纤维制备的预制件，成功生产出取向短碳纤维增强环氧复合材料，在纤维排列方向上，这些样品的拉伸模量可达 115 GPa，拉伸强度为 1 509 MPa，纤维体积分数为 55%。结果表明，HiPerDiF 方法可以生产高度对齐的短纤维复合材料，其机械性能与连续纤维复合材料相比具有竞争力。

以上两种方法都显示出湿法取向在制备不连续纤维取向毡方面的潜力，但是其制备的取向毡尺寸及生产效率都未能达到能够工业化的等级。造纸工艺的好处是路线简单成本低，可实现大批量生产，其产品碳纤维纸也具有广泛的工业应用，如抗静电、EMI 屏蔽、电阻加热、耐化学性及结构材料等。

北京化工大学贾晓龙研究团队发明了一种绿色高效制备短切纤维高取向度连续取向毡的方法[13-15]。如图 6.16 所示，他们通过取向头将储料装置中分散好的短切纤维悬浮液，分散在传送网带上，借助传送网带下方的负压抽吸箱在传送网带上完成悬浮液中的水分及分散剂的分离，再将获得的湿态的短切纤维连续取向毡干燥后收卷。该装置自动化程度高，制备的短切纤维连续取向毡的厚度、宽度和长度及纤维含量可控性高，制品中短切纤维的取向度高且取向结构均匀。该发明节能环保、优质高效，解决了制备效率低、无法连续和规模化生产的问题，为短切纤维取向毡的工业化应用提供了技术保障。

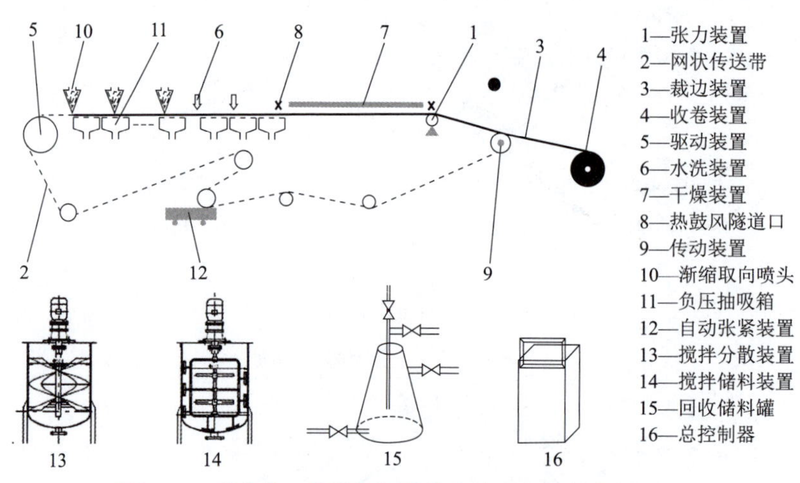

图 6.16　北京化工大学短切纤维连续取向毡制备装置

为了配套再生碳纤维取向毡在高性能复合材料中的应用，贾晓龙研究团队还发明了一种回收碳纤维预浸料的制备方法[16]。针对回收碳纤维再利用提供了一种半浸渍预浸料的制备方法，采用回收碳纤维和生物基有机物分散剂组成的回收碳纤维布，其中所用的生物基有机物分散剂不仅改善了回收碳纤维的润湿性能，使回收碳纤维更容易被树脂浸渍；而且该分散剂与树脂基体有一定反应性，分散剂自身有一定交联度，因此会在纤维增强体附近形成三维网络结构与树脂基体形成较好的界面结合。如图 6.17 所示，在制备回收碳纤维预浸料时，将树脂膜涂覆在回收碳纤维取向布上，然后再进行含浸，含浸时梯度控制温度和压力，有效减少了预浸料制备过程中回收碳纤维布受到的压力，保持了纤维的长度和取向，成功制得半浸渍预浸料。该半浸渍预浸料能够有效提高气体渗透性，在固化成型阶段可利用干纤维作为排出气体的通道，在较低压力成型的条件下也能实现较低孔隙率的效果，很好地保持了回收碳纤维布中的短纤维的长度和取向状态，并且有效控制了复合材料生产成本，开辟了一种适用于低压成型工艺的回收碳纤维预浸料制备方法，解决了利用回收碳纤维制备高性能复合材料的问题，实现了回收碳纤维二次高效利用。

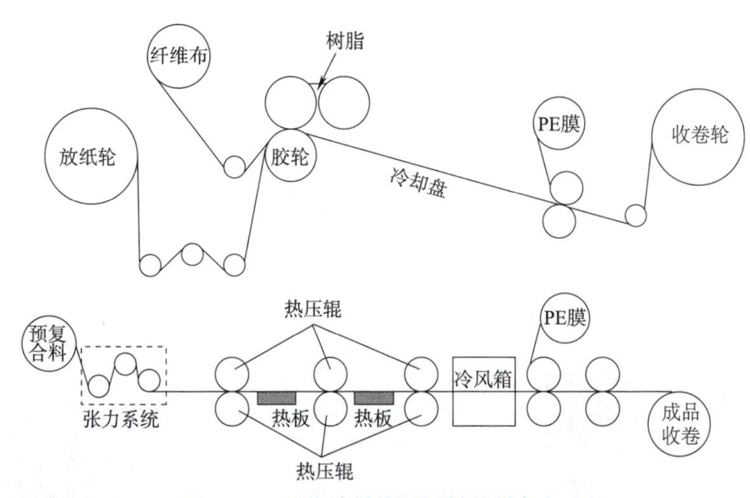

图 6.17　回收碳纤维预浸料的制备方法

6.2.4　与热塑性纤维混纺制备连续纱线

为了获得高度对齐的短纤维复合材料，除上述用湿法工艺制备取向毡外，还可以将短簇的再生纤维与热塑性连续纤维进行混纺制备出连续纱线。这种工艺可以利用连续纤维辅助再生纤维的取向和定位，从而在定向方向上获得更好的机械性能。

德国研究人员 Hengstermann 等[17]报道了使用短碳纤维与连续热塑性纤维(PA6)混合，成功地实现了复合纱线的生产，如图 6.18 所示。短碳纤维长度及其与热塑性纤维的混合

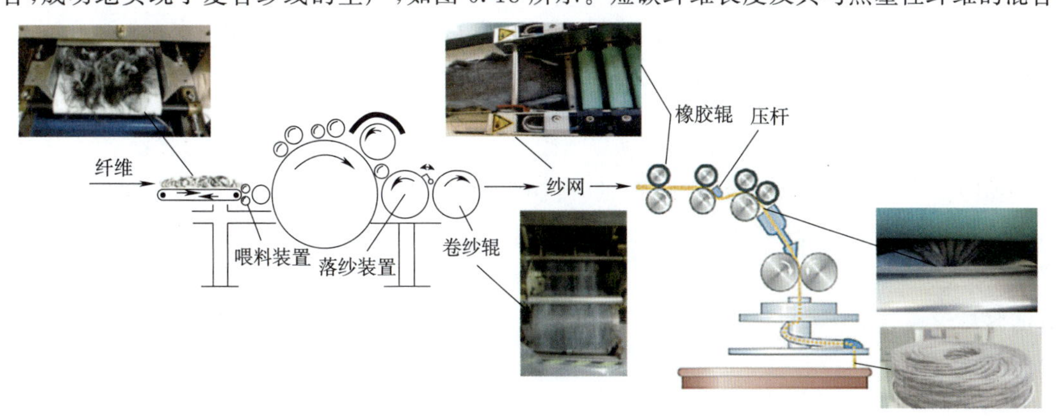

图 6.18　短碳纤维与 PA6 热塑性纤维制备复合材料

比例对梳棉工艺及短碳纤维在梳棉网中的取向有重要影响，短碳纤维长度的增加会改善梳理效果，提高其取向度。混合纱线强度试验结果表明，使用 60 mm 短碳纤维的混合纱线强度增加，捻度增加，纤维体积含量增加。通过研究碳纤维长度，碳纤维类型(即原始或再生碳纤维)，碳纤维体积含量和纱线捻度对单向热塑性复合材料的力学性能的影响发现：复合材料中碳纤维长度，纱线捻度和碳纤维含量对热塑性复合材料的拉伸性能起着重要作用，纱线捻度的增加降低了拉伸强度。在纤维体积含量为 50%的条件下，40 mm 和 60 mm 的短碳纤维的混合纱线制造的 UD 热塑性复合材料的拉伸强度分别为(838±81) MPa 和(801±53) MPa。

英国研究人员 Akonda 等[18]改进了传统的梳理和包裹纺纱工艺，将再生碳纤维与聚丙烯(PP)纤维制备成混纺纱线，如图 6.19 所示，并可通过热压方式用于生产热塑性复合材料。控制再生碳纤维和 PP 纤维的比例可调节由混纺纱线制成的热塑性复合材料试样中再生碳纤维的体积含量为 15%～27.7%，超过 90%的再生碳纤维取向于同一轴线方向。对于再生碳纤维体积分数为 27.7%的复合材料试样拉伸强度和弯曲强度分别达到 160 MPa 和 154 MPa。利用再生碳纤维制备混纺纱线，从而得到的热塑性复合材料具有良好的力学性能，这种工艺可作为许多非结构应用材料的低成本解决方案。

图 6.19 再生碳纤维与聚丙烯纤维混纺纱线

6.3 再生碳纤维作为功能材料的再利用

6.3.1 电磁屏蔽复合材料

英国研究人员 Wong 等[19]通过造纸方法将再生碳纤维加工成具有不同面密度的无纺毡，如图 6.20 所示，并研究了其在电磁屏蔽功能方面的应用。与双螺杆挤出成型工艺不同，采用造纸工艺可以最大限度地保持再生碳纤维的原始长度，纤维随机分散并相互搭接，因此更加容易形成导电网络。

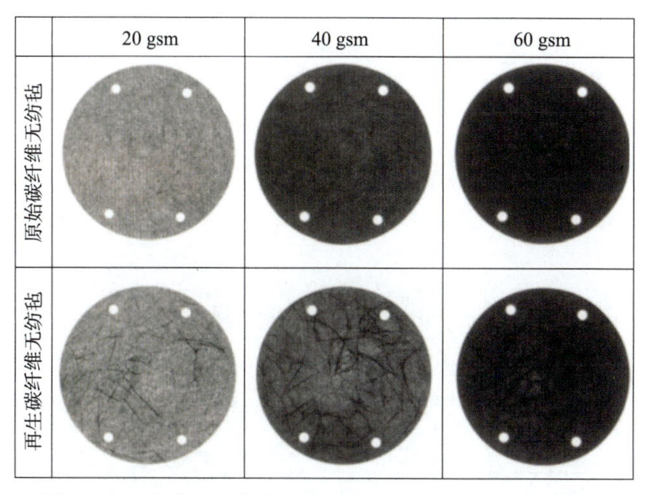

图 6.20 通过造纸方法制备的具有不同面密度的无纺毡

研究表明，与原始碳纤维(14.4 mm)制成的无纺毡相比，再生纤维无纺毡的屏蔽性能仅降低 12%。建立具有良好纤维分散的互连纤维网络，形成良好的导电网络之后，一定范围内纤维长度的变化对屏蔽效果影响不大；再生碳纤维无纺毡的面密度越高，屏蔽效能越好；此外，将再生碳纤维无纺毡分别布置在玻纤复材的两侧会大大提高其电磁屏蔽性能，并且发生双波反射机制，这种夹层结构层压板的电磁屏蔽性能至少提高 12%，在某些频率下，会达到 80%，大大节约了材料成本。

北京化工大学贾晓龙研究团队[20]也通过造纸法制备了再生碳纤维无纺毡，并将其与环氧树脂复合成高性能复合材料应用于电磁屏蔽材料。他们通过多巴胺的温和氧化聚合成功制备了聚多巴胺表面改性的再生碳纤维，在再生碳纤维上引入大量的胺基和酚羟基，从而改善了再生碳纤维的亲水性，因此，这种改性再生碳纤维在水中很容易被润湿和分散，可以通过造纸方法轻松获得结构均匀性高的再生碳纤维无纺毡。该研究还采用多种定量表征手段(拥挤系数 N，分散系数 β 和分形维数 D)对再生碳纤维在悬浮液中的分散性进行了细致深入的研究，得到分散最佳的工艺条件，由此制备出的再生碳纤维复合材料电磁屏蔽性能可达 40 dB。这主要归因于均匀分散的再生碳纤维形成了良好的导电网络，进一步提升了复合材料的导电率。此外，均匀分散的再生碳纤维与环氧树脂形成了较多界面，微波进入材料内部后多次反射也进一步促进了再生碳纤维复合材料的电磁屏蔽的吸收损失。

6.3.2 碳-碳复合材料

为了实现再生碳纤维(rCF)的高价值再利用，郭文建等[21]提出一种基于 rCF 制备 C/C-SiC 刹车片的新策略，如图 6.21 所示。结果表明，rCF 具有与原始碳纤维(vCF)相当的晶体结构和拉伸强度，且热解后热解炭附着在 rCF 表面，通过进一步浸渍热解可以将 rCF 转化为 C/C 复合材料，热解炭对 C/C 复合材料的致密化率没有明显的负面影响。基于 rCF 制备的 C/C-SiC 复合材料在微观结构和弯曲强度方面与 vCF 组对照没有显著差异。基于 rCF 的 C/C-SiC 复合材料的摩擦系数值与 vCF 对照组的摩擦系数一样稳定，在摩擦试验期间均保持在约 0.4，无论是在 25 ℃还是在 300 ℃。基于 rCF 的 C/C-SiC 复合材料的磨损率为 3.8 μm/min，与基于 vCF 的 C/C-SiC 复合材料耐磨损性能相当(4.5 μm/min)。此方法制备的基于 rCF 的 C/C-SiC 复合材料可用作制动衬垫应用于自动制动系统。这项工作为 rCF 的高价值二次利用开辟了新的道路。

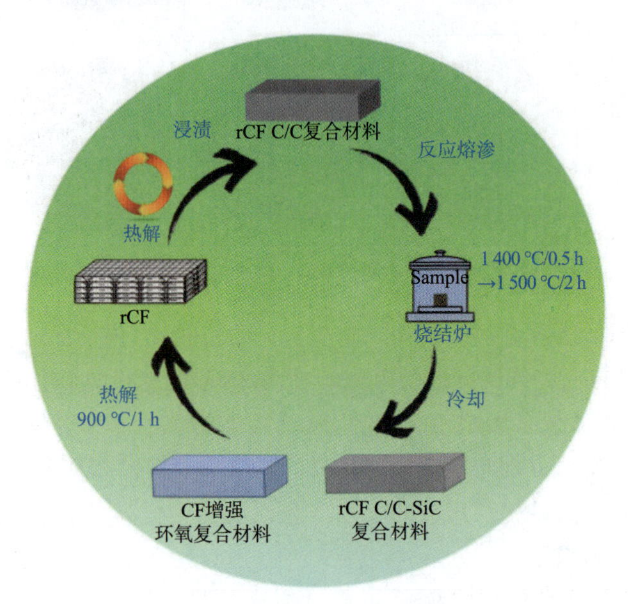

图 6.21　再生碳纤维制备刹车衬片

6.4　再生纤维再利用中的品质控制研究

通过合适的纤维回收工艺和再制造工艺，可以获得与原始碳纤维复合材料性能几乎相当的回收碳纤维复合材料。但是，由于回收过程中，纤维本身的强度在热解或者化学降解过程中受到一定的损伤，纤维长度有所下降，再加上回收过程残留的树脂基体或者树脂基体残炭，以及再制造过程对纤维长度的保留率等，都会使再生碳纤维复合材料各项性能有所下降，因此需要针对再生纤维再利用中的品质控制开展相关研究。

再生纤维复合材料机械性能的下降主要是由于纤维的缩短和纤维表面残留基质的积累，这抑制了纤维和基质之间的界面黏合。优化纤维回收过程并避免纤维损坏将有助于在连续循环回路中保持更高的机械性能。为了最大限度地利用再生碳纤维，未来应致力于通过解决下列问题改善再生复合材料的机械性能：多次再循环利用的闭环回路需要进一步优化纤维回收过程，以减少基质在纤维表面上的残留；再制造过程中可适当引入施胶剂，以减少对纤维的损害；应引入再生碳纤维分级从而保持再生复合材料中的高刚度和高纤维体积分数。

6.4.1　再生纤维的机械强度

韩国研究人员 Baek 等[22]对再生碳纤维和聚对苯二甲酸乙二醇酯(PET)制造的碳纤维增强复合材料的机械和界面性能展开相关研究,以探索再生碳纤维在复合材料工业应用中的适用性。再生碳纤维在不同的温度下被回收,如图 6.22 所示,在低温(400 ℃以下)下,树脂残留在再生碳纤维表面上,导致相对较差的界面结合;而在过高的温度(600 ℃以上)下,在再生碳纤维表面上发生氧化,导致纤维强度降低严重。500 ℃为最佳处理条件,再生碳纤维表面相对清洁并且机械性能的降低量最小。

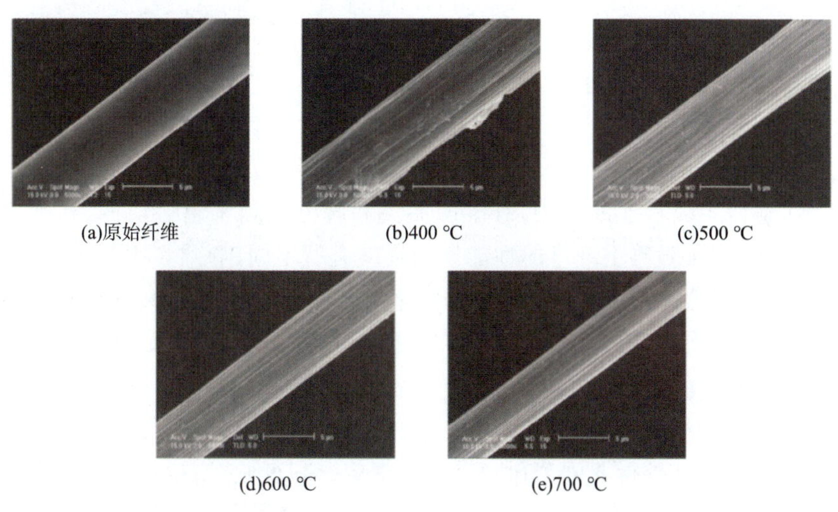

(a)原始纤维　(b)400 ℃　(c)500 ℃

(d)600 ℃　(e)700 ℃

图 6.22　不同温度回收再生纤维表面形貌

6.4.2　再生纤维的界面性能

日本研究人员 Cai 等[23]研究了超热蒸汽处理对碳纤维拉伸性能及其与聚丙烯树脂界面黏合的影响。超热蒸汽处理不会引起碳纤维的特定降解,但是再生碳纤维的拉伸强度低于原始纤维,且拉伸强度数据离散性更小。超热蒸汽回收过程引起的纤维表面缺陷是导致再生碳纤维的拉伸强度降低的原因,但恰是这种窄的缺陷尺寸分布,导致其强度离散性小。此外,比较再生碳纤维与相应的原始纤维复合材料的层间剪切强度,发现超热蒸汽处理改善了纤维和基体间界面黏附,这是由于处理过程中在纤维表面引入了外源性含氧官能团,这些官能团与树脂之间存在界面化学相互作用。

日本研究人员 Lee 等[24]研究了不同等离子体表面处理条件对再生碳纤维与聚合物界面黏合的影响。等离子体是含有阳离子和电子的带电和中性粒子的准中性气体,这些带电粒子在再生碳纤维表面与其发生反应并产生含氧官能团,因此改善了再生碳纤维和树脂间的界面结合。

北京化工大学汪晓东研究团队[25]用双酚 A 型缩水甘油醚(DGEBA)对再生碳纤维进行表面改性,然后通过简单的熔融挤出制备再生碳纤维/尼龙 6 复合材料。再生碳纤维的表面改性改善了纤维和尼龙 6 基体之间的界面黏合，实现了显著的增强效果，因此大大提高了复合材料的机械性能和热稳定性。

北京化工大学贾晓龙研究团队[20]用聚多巴胺对再生碳纤维进行表面改性，通过这种温和的纤维改性方法有效地保留再生碳纤维的机械强度，同时在其表面引入丰富的活性官能团，利用聚多巴胺对再生碳纤维良好的黏附性和与环氧树脂交联固化的优势大大提高了界面结合强度，在再生碳纤维和环氧树脂间架起了一道桥梁，实现了再生碳纤维复合材料拉伸性能、弯曲性能、层间剪切性能、热机械性能的协同提升。

6.5 商业化现状与前景

6.5.1 再生纤维再利用的商业化挑战

首先，实现再生纤维再应用商业化最大的挑战是纤维的分类与分级。随着复合材料行业的发展，为了适应更多行业的应用，纤维的品类和牌号也越来越多，它们具有不同的尺寸和性能。各种回收方法对再生纤维的性能损伤程度有所不同，导致再生纤维品类的复杂性，如果不能引入良好的分类与分级标准，性能各异的再生纤维将会极大地影响再生纤维复合材料的性能稳定性。当前，ELG 通过基于再生纤维的杨氏模量和抗拉强度对再生纤维分类以尝试解决该问题。

其次，当前再生纤维的再利用缺乏大规模的示范应用，这也极大地阻碍了其商业化进程。长久以来，再生碳纤维行业的公司一直屏息凝望汽车行业，希望再生碳纤维在此领域得到广泛应用，但是，转折点还没有到来，加工节拍和成本问题依然是其在该行业应用的绊脚石。只有证明使用再生纤维材料的经济、技术和环境理由，从供应链的制造业方推导出再生纤维再利用问题的解决方案，才能很好地实现再生纤维再利用的商业化。

6.5.2 再生纤维再利用的商业化现状

当前，国内外已经有不少公司完成了再生碳纤维再利用技术的商业化，但是较多地集中在一些较低应用价值的产品上，再生碳纤维或直接以填料的形式存在于复合物中，或以无规短纤维形态增强树脂基体，未能充分发挥再生碳纤维的强度。

芝加哥一家复合材料公司[26]（JM Polymers，美国伊利诺伊州）采用再生碳纤维生产了一种新型粒状碳纤维增强热塑性复合材料，并把它命名为 FiberX2。这种材料采用了回收自航空航天和体育用品复材的再生碳纤维和常用于汽车行业的尼龙 66(PA66)，使用这种材料制成的部件更加环保，具有更少的碳足迹。相对于具有相同纤维长度和含量的原始碳纤维增强材料，成本降低了 15%～20%。该产品的拉伸强度比长玻璃纤维增强聚丙烯高 1.5～1.8 倍(50%LFT-PP 为 124 MPa，20%rCF-PA 66 为 184 MPa)。

对比不同含量再生碳纤维增强 PA66 的力学性能发现：30%含量的再生碳纤维增强效果最佳含量，其拉伸强度与原始碳纤维增强复材相当(均为 221 MPa)，而含量为 20%(184 对 190 MPa)和 40%(221 对 234 MPa)时再生碳纤维增强效果略低于原始碳纤维。就弯曲模量而言，不同含量的再生碳纤维增强塑料的弯曲模量普遍比原始碳纤维好。不同含量原始碳纤维与再生碳纤维增强聚酰胺 6/6(CF-PA66)力学性能对比如图 6.23 所示。

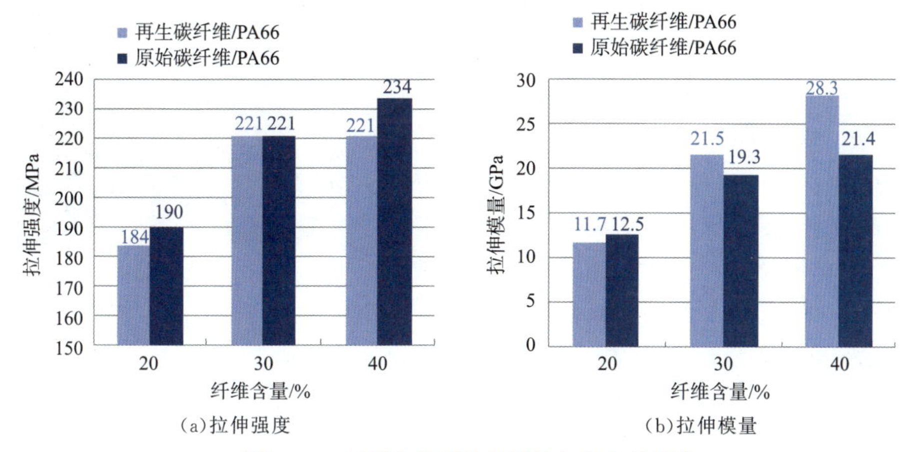

图 6.23　不同含量原始碳纤维与再生碳纤维增强聚酰胺 6/6(CF-PA66)拉伸强度与模量对比

Toho Tenax Europe GmbH 公司[27]开发了一种基于再生碳纤维和聚醚醚酮(PEEK)的新型复合材料，如图 6.24 所示，并采用注塑成型工艺制造了飞机的机翼检修面板，证明了再生碳纤维增强热塑性塑料颗粒的性能及实用性。该化合物的拉伸模量和强度具有与原始标准材料几乎相同的性能，其他性能(包括伸长率、黏度、耐化学性、耐磨性和低吸水性)都与标准材料相当。值得注意的是，与原始碳纤维增强 PEEK 复合材料相比，再生复合材料在性能相当的情况下可降低 40%～60%的成本。

图 6.24　再生碳纤维增强聚醚醚酮粒料

中国台湾的永虹先进材料公司利用再生碳纤维制备了汽车蓄电池盖，仅用 10%体积分数的再生碳纤维就使复合材料达到了之前 30%体积分数的玻璃纤维 SMC 复合材料的性能，实现了 28%的减重及 8%～16%的成本降低。此外，该公司还用注塑成型制备了再生碳纤维增强的电动机机外壳，与传统的铝合金制机外壳相比，减重一半以上，制备效率可达 90 s/件。

英国碳纤维回收公司 ELG 推出了一系列再生碳纤维产品：包括磨碎的碳纤维粉末，长度为 80～100 μm，可直接作为导电填料或增强填料；切碎的短纤维，长度为10 mm，可应用于 BMC 或者 SMC 模塑料，或是作为树脂转移模塑成型的预成型件；碳纤维无纺布，可用于预浸料产品，或者液体树脂浸润模压成型；碳纤维和热塑纤维的无纺毡等产品。

专注于为汽车、赛车、航空和国防等应用领域提供先进轻量化复合材料的制造商英国 ProDrive Composites 公司与谢菲尔德大学先进制造研究中心(AMRC)和 ELG 公司合作，使用再生纤维和反应性热塑性树脂制造可回收的汽车复合材料部件，如图 6.25所示。该工艺可实现复合材料多次的循环使用。当初代复合材料达到使用寿命后，纤维和树脂可以进行回收利用，作为一种热塑性的二次部件(如车身面板)原材料；当该二次部件使用寿命结束时，还可以将其粉碎并重新模塑成新的部件。

图 6.25 ProDrive Composites 公司生产的汽车复合材料部件

中国南通复源新材料科技有限公司(FUY)将回收提取的碳纤维开发成为碳纤维针刺毡、碳纤维短切专用料等两类再生碳纤维产品提供给市场。再生碳纤维针刺毡类产品包括：①纯碳纤维毡，面密度 150～1 000 g/cm^2，可以用作优质增强材料，通过湿法模压生产毡增强热固性树脂复合材料，或用作碳纤维 SMC 原材料；还可以用作低导热的隔热保温软毡，或加工生产硬质石墨毡，应用于光伏、热加工设备等领域；②热塑性纤维/碳纤维混合毡，面密度 150～1 000 g/cm^2，热压成型制备碳纤维毡热塑性树脂复合材料(CMT)，热塑性纤维可以是 PP、PET、PC、PPS 或 PEEK 等纤维；③预氧纤维/碳纤维毡，主要用作加工生产隔热保温碳纤维软毡或硬毡。

再生碳纤维短切专用料产品主要应用于增强各种热塑性塑料，从 FUY—110 到 FUY—160 有六种系列专用短切料，分别用于增强尼龙、PP、PPS、PPA、LCP、PEEK 等，针对不同树脂的特征对碳纤维表面进行专门的改性上浆，增强效果好，分散性佳。产品还呈堆积密度较高的米粒状聚集形态(见图 6.26)，解决了回收短碳纤维实际应用时通常遇到的因堆积密度小导致混配挤出时喂料不畅的工程问题。

图 6.26 中国南通复源的增强热塑性树脂用短切再生碳纤维产品

6.5.3 再生纤维再利用的商业化前景与展望

综上所述，再生碳纤维由于具有高性价比、低碳排的优势，对汽车、电子电器、改性工程塑料、土木建筑等行业的应用具有巨大吸引力，尤其在全球倡导发展循环经济的当今。因此，近年来国内外从事再生碳纤维高值化应用研究开发的机构越来越多，全球已经有四家公司(英国 ELG、德国 KarboNXT、美国碳转化、中国复源新材)能够持续为市场提供三大类再生碳纤维产品:无纺毡、短切、粉。

然而,再生碳纤维的大规模商业化应用并没有开始,主要是由于三方面的原因。一是回收获得的再生碳纤维中,经常混杂大量其他纤维、金属、无机粉体等杂质,分离这些杂质需要额外的高成本,极大限制了再生碳纤维的推广应用。二是再生碳纤维是一种非连续的、蓬松、无浆形态,与连续成卷的新碳纤维大相径庭,因此不能在已有的新碳纤维领域应用,必须开拓新的应用技术和市场,并借助跨行业(如塑料加工领域)的知识和技术。国外少有的几个规模化再生碳纤维的应用案例,都是经过了一个艰苦的联合创新技术开发过程才得以实现。三是再生碳纤维产品的标准化与稳定性问题,当前国内外都缺少标准,令很多大用户望而却步。

为了推动再生碳纤维再利用的商业化进展,在技术层面上还有很多重要课题亟待突破,包括再生碳纤维表面无机微粉分离技术、再生碳纤维用热塑性上浆剂的开发、再生碳纤维的连续性化/取向化/高含量应用技术,碳纤维无纺毡预浸料的生产制造技术、碳纤维无纺毡增强热固性/热塑性复合材料的生产制造技术、再生碳纤维产品性能的质量控制和标准研究、碳纤维粉尘对人体和生态系统的影响、回收再利用技术的 LCA 评价等经济和环境评估等。

参考文献

[1] JIANG G, PICKERING S J. Structure-property relationship of recycled carbon fibres revealed by pyrolysis recycling process[J]. Journal of Materials Science, 2016, 51(4): 1949-1958.

[2] STOEFFLER K, ANDJELIC S, LEGROS N, et al. Polyphenylene sulfide (PPS) composites reinforced with recycled carbon fiber[J]. Composites Science and Technology, 2013, 84: 65-71.

[3] TAKAHASHI J, MATSUTSUKA N, OKAZUMI T, et al. Mechanical properties of recycled CFRP by injection molding method[J]. ICCM-16, Japan Society for Composite Materials, Kyoto, Japan, 2007.

[4] GARDINER G. Sustainable, inline recycling of carbon fiber[EB/OL]. https://www.compositesworld.com/blog/post/sustainable-inline-recycling-of-carbon-fiber.

[5] Alfondadvanced manufacturing laboratory for structural thermoplastics[EB/OL]. Advanced Structures & Composites Center https://composites.umaine.edu/equipment-and-facilities/alfond-advanced-manufacturing-laboratory/.

[6] WEI H, NAGATSUKA W, LEE H, et al. Mechanical properties of carbon fiber paper reinforced thermoplastics using mixed discontinuous recycled carbon fibers[J]. Advanced Composite Materials, 2018, 27(1): 19-34.

[7] SABUROW O, HÜTHER J, MAERTENS R, et al. A direct process to reuse dry fiber production waste for recycled carbon fiber bulk molding compounds[J]. Procedia CIRP, 2017, 66: 265-270.

[8] FERNÁNDEZ A, LOPES C S, GONZÁLEZ C, et al. Characterization of carbon fibers recovered by pyrolysis of cured prepregs and their reuse in new composites[J]. Recent Developments in the Field of Carbon Fibers, 2018: 103.

[9] OLIVEUX G, BAILLEUL J L, GILLET A, et al. Recovery and reuse of discontinuous carbon fibres by solvolysis: realignment and properties of remanufactured materials[J]. Composites Science and

Technology,2017,139:99-108.

[10] WÖLLING J,SCHMIEG M,MANIS F,et al. Nonwovens from recycled carbon fibres-comparison of processing technologies[J]. Procedia CIRP,2017,66:271-276.

[11] PICKERING S J,TURNER T A,MENG F,et al. Developments in the fluidised bed process for fibre recovery from thermoset composites[C]// 2nd Annual Composites and Advanced Materials Expo, CAMX 2015; Dallas Convention CenterDallas; United States. 2015:2384-2394.

[12] YU H,POTTER K D,WISNOM M R. A novel manufacturing method for aligned discontinuous fibre composites (high performance-discontinuous fibre method)[J]. Composites Part A: Applied Science and Manufacturing,2014,65:175-185.

[13] 贾晓龙,李燕杰,罗国昕,等.一种短切纤维分散体及其制备方法[P]. 中国,CN105818398A. 2016-08-03.

[14] 贾晓龙,李燕杰,罗国昕,等.一种短切纤维取向毡的制备方法[P]. 中国,CN105178090A. 2015-12-23.

[15] 贾晓龙,罗国昕,李燕杰,等.一种制备短切纤维连续取向毡的方法及装置[P]. 中国,CN106758481A. 2017-05-31.

[16] 贾晓龙,还献华,罗锦涛,等.一种回收碳纤维预浸料的制备方法[P]. 中国,CN109651635A. 2019-04-19.

[17] HENGSTERMANN M,HASAN M M B,ABDKADER A,et al. Development of a new hybrid yarn construction from recycled carbon fibers (rCF) for high-performance composites. Part-Ⅱ: Influence of yarn parameters on tensile properties of composites[J]. Textile Research Journal,2017,87(13):1655-1664.

[18] AKONDA M H,LAWRENCE C A,WEAGER B M. Recycled carbon fibre-reinforced polypropylene thermoplastic composites[J]. Composites Part A: Applied Science and Manufacturing,2012,43(1):79-86.

[19] WONG K H,PICKERING S J,RUDD C D. Recycled carbon fibre reinforced polymer composite for electromagnetic interference shielding[J]. Composites Part A: Applied Science and Manufacturing,2010,41(6):693-702.

[20] HUAN X,SHI K,YAN J,et al. High performance epoxy composites prepared using recycled short carbon fiber with enhanced dispersibility and interfacial bonding through polydopamine surface-modification[J]. Composites Part B: Engineering,2020:107987.

[21] GUO W,BAI S,YE Y,et al. A new strategy for high-value reutilization of recycled carbon fiber: preparation and friction performance of recycled carbon fiber felt-based C/C-SiC brake pads[J]. Ceramics International,2019.

[22] BAEK Y M,SHIN P S,KIM J H,et al. Investigation of interfacial and mechanical properties of various thermally-recycled carbon fibers/recycled pet composites[J]. Fibers and Polymers,2018,19(8):1767-1775.

[23] CAI G,WADA M,OHSAWA I,et al. Interfacial adhesion of recycled carbon fibers to polypropylene resin: effect of superheated steam on the surface chemical state of carbon fiber[J]. Composites Part A: Applied Science and Manufacturing,2019,120:33-40.

[24] LEE H,OHSAWA I,TAKAHASHI J. Effect of plasma surface treatment of recycled carbon fiber on

carbon fiber-reinforced plastics (CFRP) interfacial properties[J]. Applied Surface Science,2015,328:241-246.

[25] FENG N,WANG X,WU D. Surface modification of recycled carbon fiber and its reinforcement effect on nylon 6 composites:mechanical properties,morphology and crystallization behaviors[J]. Current Applied Physics,2013,13(9):2038-2050.

[26] MALNATI P. Green composites:Chicago compounder introduces recycled CF-reinforced PA 6/6[EB/OL]. https://www.compositesworld.com/news/green-composites-chicago-compounder-introduces-recycled-cf-reinforced-pa-66.

[27] SPECIALCHEM. Toho tenax unveils recycled thermoplastic carbon fiber- & PEEK-based compound for aircraft[EB/OL]. https://omnexus.specialchem.com/news/industry-news/toho-tenax-thermoplastic-recycling-compound-000186179.

第7章 复合材料回收利用的环境和经济效益评估

回收的目的是通过以更可持续的方式重复使用材料来减少对环境的影响。一般来说，在回收操作中尝试从废料中回收尽可能多的经济价值是有意义的，因为这种材料的价值在很大程度上代表了生产这种材料所需的资源投入或材料的稀缺性，因此，生产更有价值回收物的回收过程可最大限度地减少对环境的影响，具有成本效益。本章论述如何对复合材料回收与再利用过程进行环境和经济效益评估。

7.1 概　　述

碳纤维复合材料由碳纤维与热固性树脂基体复合生产而成。由于其低密度和高机械性能，碳纤维复材有助于显著减小产品质量，同时可以提供卓越的性能，因此在航空航天（如波音787和空客350飞机机翼结构，见图7.1）、汽车（如BMW i3车身板）、能源（如风力涡轮机叶片）和运动器材（如钓鱼竿、自行车）等领域的应用稳步增长。在过去10年（2011—2020年）中，全球碳纤维（CF）的年需求量从约1.6万t增加到10.7万t，预计到2030年增加到40万t。2020年全球树脂茎碳纤维复材的收入约为151亿美元，我国碳纤维复合材料的产值为489亿美元。然而，与传统的钢和铝相比，原始碳纤维的高成本限制了轻量化的净效益。再生碳纤维可以以较低的成本提供与原始碳纤维类似的产品。

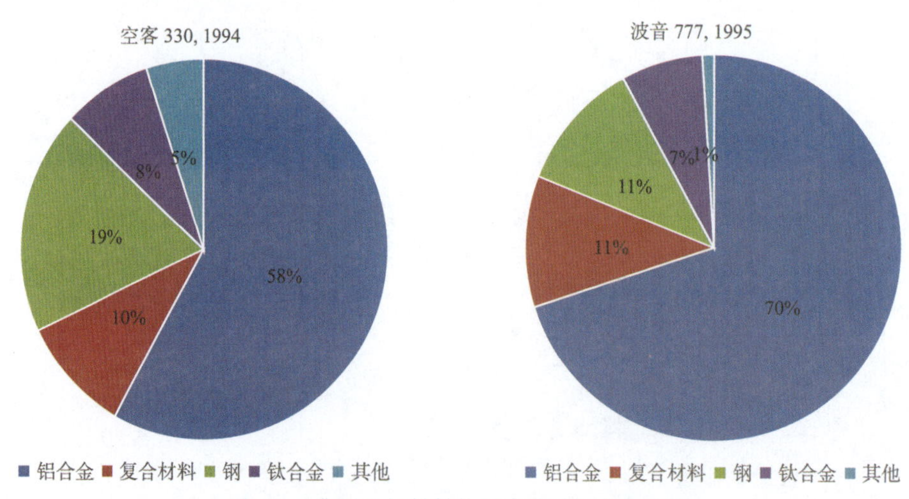

图7.1　典型飞机材料的组成随时间变化趋势

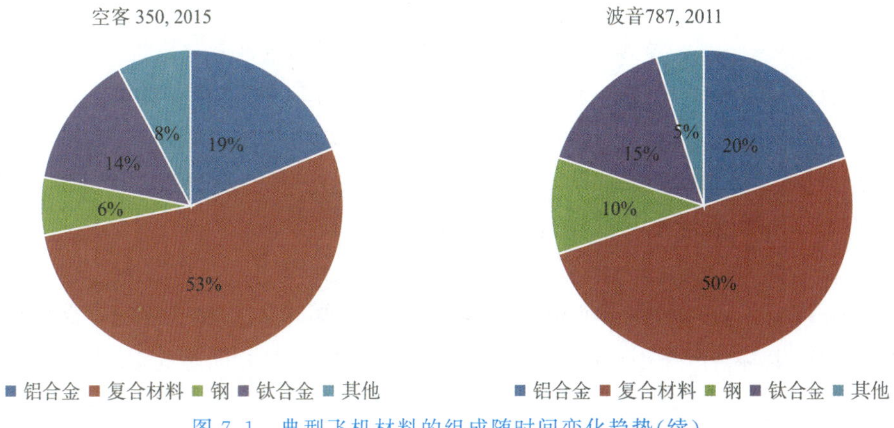

图 7.1　典型飞机材料的组成随时间变化趋势(续)

特定的欧盟法规要求现有的汽车行业回收至少 85%的报废材料。此外,原始碳纤维制造的成本高,能耗高(198～595 MJ/kg),也提供了从废料中回收价值的可能性。与废弃物处理相关的法规都会要求工业材料在报废后能够得到妥善回收,工业材料的最终回收再利用可以达到节省资源和能源的目的,因此,迫切需要开发碳纤维回收系统。

碳纤维复合材料中的热固性树脂难以降解,处理碳纤维复材废料的常规方法,如填埋(占 97%)和焚烧,必然造成严重的环境问题,且废弃物中含有大量高价值碳纤维被埋掉或烧掉,造成巨大的资源浪费。欧美等国家已经颁布相关法规,填埋与焚烧方法被全面禁止。中国自 2020 年 9 月 1 日起施行新《固废法》,复合材料废弃物被禁止填埋。而回收碳纤维可以从废料流中获取更大的价值,同时有助于实现一系列政策目标。

随着碳纤维复合材料产业的发展,碳纤维复合材料废弃物不断增加。其中制造过程中碳纤维复材废料率高达 40%,同时报废产品/组件也将增加废料量。例如,预计到 2030 年,将有 6 000～8 000 架商用飞机结束使用寿命。高效回收处理废弃物可以获得低成本的再生碳纤维,经过处理再重新应用于各种高性能复合材料的制备中,这有助于构建循环发展的碳纤维产业,还可以缓解碳纤维供不应求的局面。

碳纤维复合材料回收再利用技术的发展,将引领复合材料产业向绿色可持续的方向发展。当前的回收方法各不相同,包括传统的机械回收、热回收(如热裂解和流化床工艺)和化学回收等。机械回收是一项相对成熟的商业技术,但当前仅用于回收玻璃纤维增强复合材料。机械回收可将碳纤维复合材料的尺寸降低到微米水平,以作为填料用于制造新的碳纤维复材。热裂解是一种被广泛使用的方法,当前已实现商业化,日本、欧洲、美国和中国已建造回收厂,产能为 1 000～2 000 t/a。热裂解是将树脂热分解成热解油,可燃气(主要是 CO、H_2 和甲烷)和炭材料。另一种热处理工艺是流化床工艺,诺丁汉大学开发工艺用于回收玻璃纤维和碳纤维复合材料工艺的历史已超过 20 年。在流化床工艺中,聚合物基质被氧化以回收纤维,该工艺特别适合回收被污染的报废碳纤维复材。回收碳纤维的模量没有显著降低,拉伸强度相对于原始碳纤维降低 18～50%。化学回收过程使用溶剂降解树脂并回收碳纤维。总体来说,当前的回收技术正从实验室规模向商业规模转变。回收的碳纤维相对于原始碳纤维生产可以减少环境和经济影响，但是许多与之相关的数据要么基于假设，要么基于实验室规模的文献资料，导致环境和成本分析很大的不确定性及局限性。

生命周期评估(LCA)已被广泛认为是有助于废料管理系统决策或有关资源使用优先权的战略决策的有用工具。LCA 可以概述不同废料管理策略的环境影响，并能够有效地比较这些决策的潜在环境影响。先前已有研究评估了各种碳纤维复材回收技术的能量需求，并发现与原始碳纤维制造相比，回收碳纤维的能量需求显著降低。然而，很少有研究定量化碳纤维复材回收过程对环境的影响。

先前的分析表明与原始碳纤维相比，回收碳纤维能耗降低。由于缺乏可靠的生命周期清单数据库和再生材料市场中回收过程的清单数据，碳纤维复材回收的 LCA 和成本研究尚未广泛开展。

7.2 复合材料生命周期成本计算和环境评估模型

对于任何使用回收碳纤维的生命周期影响，需要评估利用基于回收碳纤维的复合材料的技术和经济可行性，以用于二次利用。接下来对生命周期成本计算和环境评估模型进行讨论：基于回收过程的关键操作参数计算的回收碳纤维的最低售价；由回收碳纤维制造的二次应用零部件的成本；使用回收碳纤维减重的环境和成本效益。与传统的轻质材料进行比较，以评估环境和经济可行性，并为回收碳纤维在相关领域应用提供可行性意见。

生命周期评估是一种标准化方法，可用于量化产品在其整个生命周期中的环境影响，包括原材料生产、产品制造、使用和根据 ISO 14040 的有关报废废料管理标准。常用的 LCA 数据库包括 Gabi、Ecoinvent 等。之前的研究已经应用 LCA 方法来研究用于轻量化车型的原始碳纤维。对碳纤维回收的前期生命周期研究受到回收碳纤维复合材料制造过程的相关数据的可用性的限制，迄今，尚没有文献评估回收碳纤维复材在二次应用中的环境可行性。

生命周期评估是一种结构化、全面和国际标准化的方法，通过原材料的提取和加工，确定产品或材料在整个生命周期中对环境的潜在影响(如自然资源利用和污染物排放)，包括产品制造、运输、使用、再利用或报废回收、最终处置(即从摇篮到坟墓，如图 7.2 所示)。该技术可以将结果与产品的功能联系起来，可用于描述单个环境方面或对不同方案进行比较。生命周期成本分析被广泛用于评估现有和新兴材料生产技术的权衡及一些改进的额外成本。成本分析包括与所有活动相关的资本和运营成本(能耗、劳动力、维护、间接费用和税收)。资本和运营成本通常以现金流分析计入净现值，以选择确定不同替代方案中最具经济效益的方案。

LCA 和成本分析结合起来比较功能单元(如，生产 1 kg 碳纤维复材或一件碳纤维复材部件)的环境和成本影响，以支持材料设计，并在环境和成本之间进行最佳权衡。但是，分析的质量在很大程度上取决于清单和成本数据的可用性，包括原材料、制造和回收过程，尤其是碳纤维复材行业。例如，碳纤维复材当前的 LCA 和成本分析研究正在使用假设的回收数据，由于回收环境和成本清单数据缺乏，碳纤维复材在减重环境和成本节约之间的潜在作用存在更多的不确定性数据。为了全面了解碳纤维复材回收，回收碳纤维的再利用，以及在减少能源消耗、温室气体(GHG)排放和轻量化应用中的成本影响，需要开发系统的、综合回收过程的 LCA 和成本分析模型。

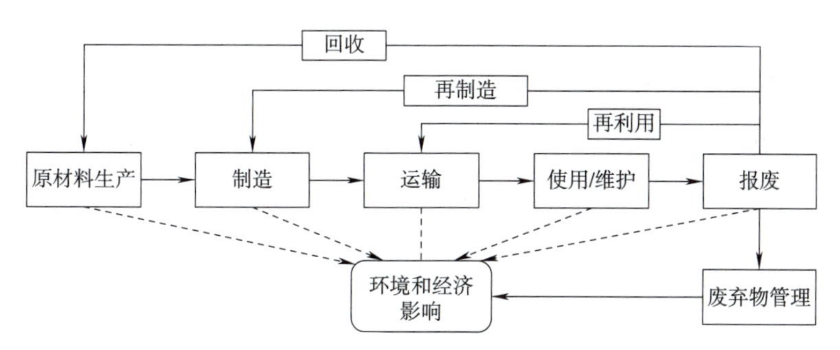

图 7.2　生命周期环境和成本评估的框架

本章将以流化床回收工艺为例评估回收碳纤维的性能，讨论碳纤维复材回收及回收碳纤维在二次应用中的生命周期环境和成本影响。生命周期模型是从收集的碳纤维复材废料开始，包括碳纤维复材回收、回收碳纤维处理、回收碳纤维复材再制造和使用等的所有活动，同时包括与原始碳纤维的比较。

7.2.1　生命周期环境评估模型

1. 原始碳纤维生产

碳纤维复合材料中一种主要的原料——碳纤维按照制备原料可分为聚丙烯腈(PAN)基、沥青基、黏胶基和人造丝基。其中，PAN 基碳纤维生产量最大，约占使用量的 90%。原材料的替代品(如生物质衍生的木质素)正在研究中，但尚未商业化生产。

利用图 7.3 所示的生产工艺制造的 PAN 基碳纤维具有比沥青基碳纤维更高的拉伸强度。其制造过程包括五个阶段：丙烯腈聚合、氧化、碳化、表面处理和上浆。原料丙烯腈(AN)是在丙烯氨氧化过程中生成的，称为 Sohio 法。PAN 基纤维的制备传统上通过使用溶剂(如二甲亚砜、硫氰酸钠、硝酸、二甲基乙酰胺或二甲基甲酰胺)聚合丙烯腈，然后通过湿法或干喷湿纺纺丝，包括纤维的拉伸和洗涤。纺丝后，施加施胶工艺以完成聚丙烯腈纤维的生产。

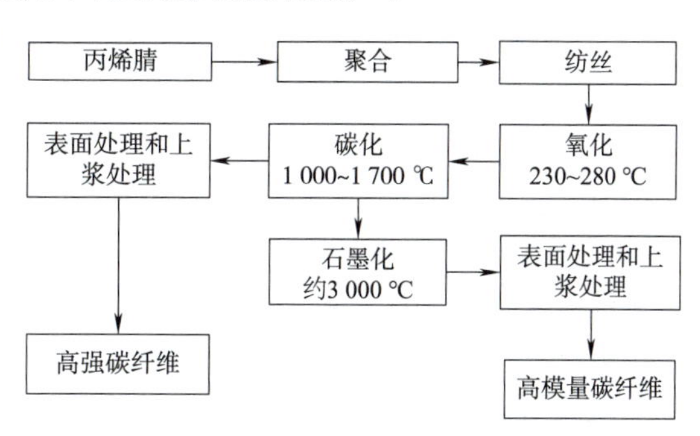

图 7.3　PAN 型碳纤维的制造工艺

然后以一系列步骤将 PAN 纤维转化为碳纤维。首先，在大多数商业过程中，在氧化阶段对纤维施加张力，在此期间纤维暴露在 230～280 ℃温度下的空气中(也称稳定阶段)。

一旦稳定，PAN 纤维在惰性气氛中，在 1 000 至 1 700 ℃的温度下碳化，这也在很大程度上带来了较高的能耗。在该步骤中，大部分非碳元素(氢、氮和氧原子)以 CH_4、H_2、HCN、

NH_3、CO、CO_2 等气体的形式从纤维中除去。这些化合物的脱除导致纤维质量减小 40%～45%。同时随着非碳元素的去除，纤维直径减小。这个步骤对能耗影响很大，因为炉子通过电加热并且涉及材料的损失。

氧化后，提高最终热处理（称为炭化）温度会增加拉伸强度（范围为 0.5～4.0 GPa）和模量，因此制造商可以通过在此阶段改变热处理温度来生产不同等级的 PAN 基碳纤维。除了在高温下热分解之外，通过热处理，石墨化会导致无序碳结构的转变。在石墨化过程中，将碳化纤维置于氩气条件下，温度高达 3 000 ℃，以生产普通高模量的石墨纤维（模量为 325 GPa 或更高）。

2. 复材用树脂

用于复合材料制造的常见树脂材料包括热固性和热塑性聚合物。基质材料与不同的提取和生产能耗强度相关，见表 7.1。这些热固性和热塑性聚合物由高能耗的化学方法生产，其能耗强度由于技术、方法和基础设施不同在很大的范围内变化。作为热固性树脂的环氧树脂通常用于飞机和汽车应用中，其能耗相对较高，但可以提供优异的比刚度、比强度和耐久性。尽管热塑性树脂具有成本优势，但基质的选择取决于所需复合材料的性能。有时，在复合材料设计中，机械性能的要求远高于对其生产能耗的要求，特别是在航空工业中。

表 7.1　树脂材料的能耗

树脂名称	能耗强度/($MJ \cdot kg^{-1}$)	参考文献
环氧树脂	76～137	[1-5]
不饱和聚酯	62.8～78	[1,2,4,5]
苯酚	32.9	[2,4,5]
柔性聚氨酯	67.3	[2,4,5]
高密度聚乙烯	20.3	[2,4,5]
低密度聚乙烯	65～92	[1,4,5]
聚丙烯	24.4～112	[1,2,4-6]
聚氯乙烯	53-80	[1,4,5]
聚苯乙烯	71～118	[1,4,5]

3. 原始碳纤维生命周期评价数据

为了开展碳纤维复合材料的 LCA，碳纤维生产的生命清单数据是必不可少的。理想的碳纤维生产的清单数据应将能量和排放数据与碳纤维制造工艺参数、碳纤维性能、每个生产过程的输入和输出相关联。然而，碳纤维制造的数据通常具有高度机密性，因此，碳纤维制造的公开数据非常有限，并且在许多情况下，影响了相关的 LCA 研究。

当前，现有文献仅对碳纤维原材料和碳纤维复材进行了少量 LCA 分析，表 7.2 显示出先前研究中报告的结果之间存在显著的不一致。根据波音公司 2008 年的报告，碳纤维生产的能耗强度为 198～595 MJ/kg，且是基于工业生产，而其他一些来源的数据（9.62 MJ/kg

和 22.7 MJ/kg)远低于这个范围。碳纤维生产需要消耗大量能量,然而,这些研究都没有将能量需求与生产参数和纤维性能[如碳纤维机械性能的变化(高强度与高模量)]联系起来。

表 7.2　不同来源的碳纤维生产的能耗数据

直接能耗/(MJ·kg^{-1})	参考文献	来源说明
22.7	[7]	本文计算
478	[8,9]	生产厂商原始数据
171	[10]	生产厂商原始数据
478,286	[2,11]	JCMA,METI(Ministry of Economy,Trade and Industry)-生产数据
400	[12]	访谈数据
198~595	[13]	生产厂商原始数据
353	[14]	生产厂商原始数据
183~286	[1]	文献[2]
9.62	[15]	本文计算
405.24	[16]	生产厂商原始数据
478,286	[17]	JCMA
197~594	[18]	文献[13]
353	[19,20]	文献[14]
9.62	[21]	文献[15]
353	[22]	文献[14]

在碳纤维生产当前可用的研究中,资源的能量组合是不一致的。Duflou(2009)等公布了假设生产 1 kg 碳纤维需要消耗 162 MJ 电力、191 MJ 天然气热量,以及 33.87 kg 蒸汽。该数据集已用于与碳纤维复材生产和碳纤维复材回收过程评估相关的若干研究。使用该数据得出的评估结果与工业生产数据具有很好的匹配度。另一项研究碳纤维生产过程(Das,2011),基于来自美国工业生产的数据,呈现了 PAN 基和最终碳纤维生产的分解能量输入。在该数据集中,天然气是主要的能源投入:每千克 PAN 前体生产的天然气和电力消耗分别为 232.62 MJ 和 2.78 MJ,并且每千克最终碳纤维转换的天然气和电力消耗估计分别为 97.62 MJ 和 72.22 MJ。Asmatulu(2013)估算生产 1 kg 碳纤维需要约 400 MJ 的总电能,其中 200 MJ 来自电力,其余来自石油。然而,没有数据来源或碳纤维制造的具体相关参数描述。基于可用行业信息,工程过程设计的标准方法和技术评审的特定生命周期库存模型 Overcash(2010)估算了碳纤维生产的能耗。生产 1 kg 碳纤维的总能量约为 6.99 kW·h 电力,3.10 MJ 蒸汽和其他能源。然而,该模型基于对过程效率的简化分析,并没有得到实际生产过程的验证。表 7.3 列出了 Duflou 和 Das 的碳纤维制造参数。

表 7.3　Duflou 和 Das 的碳纤维制造参数

参数来源	能　　耗	能源组成	效　率	非能源输入
Duflou	162 MJ 电，191 MJ 天然气，33.87 kg 蒸汽	电力，蒸汽，天然气	53%	AN，nitrogen，DGEBA
Das	75 MJ 电，330.24 MJ 天然气	电力，天然气	45.6%	AN，vinyl acetate，solvent

除了上面的能耗结构数据外，其他研究还报告了原始碳纤维制造的总能耗。日本碳纤维制造商协会（JCMA）发布了 PAN 基碳纤维的工业生产数据，该数据每五年更新一次（Zhang et al，2011）。1999 年公布的总能耗数据为 478 MJ/kg（包括原材料 42 MJ，碳纤维转化为 436 MJ）。该数据在 2004 年更新为 286 MJ/kg（原材料为 39 MJ，碳纤维转换为 247 MJ），此后再未进行修订。2004 年报告的能耗比 1999 年显著降低。据 Takahashi（2005）所述，这是因为 1999 年生产的碳纤维是小规模生产，使用了一些低效的制造工艺，产生了各种类型和质量的碳纤维。Bell 等（2002）在碳纤维（来自没有石墨化的 PAN 前体的高模量碳纤维）和碳纤维复合材料的生命周期分析中提出了 171 MJ/kg 碳纤维（主要是天然气和原油）的能量消耗。Song 等（2009）根据 Suzuki 和 Takahashi（2005）的数据总结了能量强度为 183～286 MJ/kg，但该报告中未指定较低值 183 MJ/kg 的数据来源。然而，这些数据都没有提供分解的能量类型或与加工参数和纤维性质相关的能耗数据。尽管存在这些限制，许多后续研究仍使用 JCMA 数据。例如，Nagai 等（2000）和 Nagai 等（2001）利用了 1999 年的初始数据，Takahashi（2005）使用 2004 年的数据来计算汽车应用中碳纤维复材的能耗。

碳纤维生产的质量平衡通常是基于 PAN 生产和碳纤维转化的质量产率来构建的。碳纤维通过 PAN 预制、氧化（处理温度为 230～280 ℃）、碳化（处理温度为 1 000～1 700 ℃）、表面处理和上浆来制造。PAN 原丝通过基于溶剂的聚合方法由丙烯腈（碳含量 68%）和乙酸乙烯酯作为共聚单体制备。该步骤的总效率为 90%～95%。在碳化期间，由于 HCN、NH_3、H_2、CO_2 和 CO 的挥发，纤维损失约 40%的质量，并且最终的高强度碳纤维含有 92%～95%的碳。碳纤维生产过程的总体效率为 45.6%～62%。

生产碳纤维的碳排放是 LCA 研究中衡量环境和健康影响的关键，然而，文献中对排放的描述非常有限。在碳化阶段会经历碳损失，以助于在生产过程中除去氮、氢和氧，因此排放的气体由 NH_3、N_2、H_2O、H_2、CO、CO_2、HCN、CH_4、C_2H_4 和 C_2H_6 等组成。来自氧化过程的废气被燃烧成 H_2O，以及较低的 NO_x 和 CO_2，可以除去 95%的 HCN 和 NH_3。

可以看出，碳纤维清单数据的主要局限性是缺乏碳纤维制造工艺参数的细节以及与碳纤维特性相关的碳纤维生产阶段的分解量化数据（能量输入和排放），因此仍然需要基于工业数据的更好的系统研究来研究碳纤维生产的标准制造来源以评估其环境影响。

本章将考虑高强度原始碳纤维。生命周期清单信息见表 7.4。假设碳纤维由 PAN 原丝制成。PAN 又由丙烯腈制备，加入乙酸乙烯酯共聚单体，比例为 11.2∶1。PAN 前体纤维通过丙烯腈的溶剂基聚合方法制造。之后，PAN 纤维在高温下长期稳定化并在高温下在氮气气氛中碳化。在此过程中，在获得所谓的“未上浆的碳纤维”之前，水蒸气、氨和氰化氢作为气态副产物从纤维中释放出来。对未上浆的碳纤维进行表面处理和上浆，得到最终的碳纤维。文献报道的 PAN 到碳纤维转化过程的效率范围为 55%～59%；假定平均产率为 58%，那么每千克碳纤维消耗的 AN 和乙酸乙烯酯分别为 1.75 kg 和 0.157 kg。

生产 1 kg 碳纤维，总能耗约为 149.4 kW·h 电力、177.8 MJ 天然气和 31.4 kg 蒸汽。根据质量效率的比例，参考 Overcash 的数据估算碳纤维生产过程中的直接温室气体排放。表 7.4 中总结了碳纤维制造的材料和能量输入。

表 7.4　原生碳纤维制造的生命周期清单数据

输入输出			量　化	数　量	单　位	来　源	备　注
丙烯腈到聚丙烯腈	输入	丙烯腈	质量	1.75	kg	[16]	Yield=100%
		乙酸乙烯酯	质量	0.16	kg	[16]	
		蒸汽	质量	31.4	kg	[14]	
		电	能源(净热值)	117	MJ	[14]	
	输出	聚丙烯腈原丝	质量	1.75	kg	Calculated	
聚丙烯腈到碳纤维	输入	聚丙烯腈原丝	质量	1.75	kg	Calculated	Yield=58%
		水	质量	2.77	kg	[15]	
		上浆剂	质量	0.01	kg	[15]	
		硫酸	质量	0.02	kg	[15]	
		电	能源(净热值)	32.4	MJ	[14]	
		天然气	能源(净热值)	177.8	MJ		

4. 能耗

节约能源是当今企业的首要目标，因为它可以提高盈利能力，获得更多的客户。同时，能耗也是决定过程工艺环境影响的关键因素。因此，除了经济成本外，回收碳纤维的单位能耗已成为选择回收技术的重要指标。而这些信息对碳纤维回收商来说通常是机密的。但我们仍可以从公开的文献报道中获得一些信息并进行合理的假设和建模。图 7.4 列出了使用不同回收技术回收 1 kg 碳纤维所消耗的能量。例如，原 PAN 基碳纤维的生产需要 245 MJ/kg，另需要 459 MJ/kg 再转化为碳纤维。与 PAN 基碳纤维的生产相比较，每种回收碳纤维都能达到一定的节能效果。例如，行业报告称，回收碳纤维在与原始碳纤维机械性能相当的情况下，其能耗降低了约 95%。图 7.4 中计算的能耗可能与实际生产过程有一定的偏差，因为工业上一直在不断改进以节省成本。例如，据报道，ELG 公司成功地降低了热裂解回收过程 35%的能源消耗。而回收过程的给料率或年产能会直接影响回收的总能耗。它们

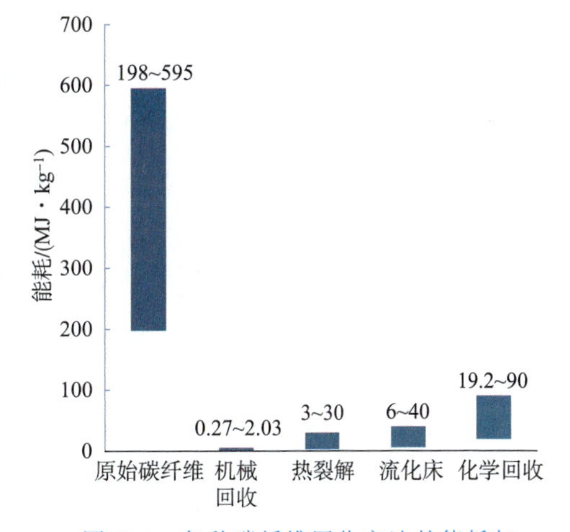

图 7.4　各种碳纤维回收方法的能耗与原始碳纤维生产的比较

之间通常呈现一种负相关的关系，即提高给料率会降低回收过程的能耗，如图 7.5 所示。但是，在提高给料率与保持回收纤维的性能之间往往需要平衡，因此要进行综合考虑。

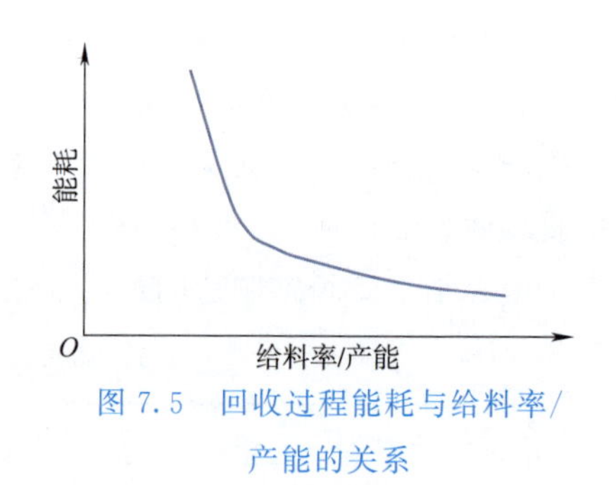

图 7.5　回收过程能耗与给料率/产能的关系

7.2.2　生命周期成本计算模型

1. 原始纤维生产成本

2018 年全球碳纤维的销售金额为 25.71 亿美元，比 2017 年的 23.44 亿美元增长了 9.7%。由 PAN 原丝制造的原始碳纤维成本为 33～88 美元/kg。成本因纤维特性而异。例如，航空航天工业的高、超高模量碳纤维为 1 980 美元/kg，而 2010 年民用基础设施行业的标准模量碳纤维为 55 美元/kg。市场上正在开发用于替代传统 PAN 基前体的低成本原材料及优化加工过程来降低原始碳纤维的生产成本。PAN 原丝和制造成本各自约占原始碳纤维成本的 50%。由于制造成本(9.88 美元/磅或 21.79 美元/kg)占总原始碳纤维成本的 53%，因此原始碳纤维价格估计为 41.10 美元/kg。通过增加工厂规模和生产线规模可以显著降低成本。在高产量下(见图 7.6)，原始碳纤维制造成本可降至 7.85 美元/磅(17.31 美元/kg)，使得原始碳纤维的总售价为 32.65 美元/kg。

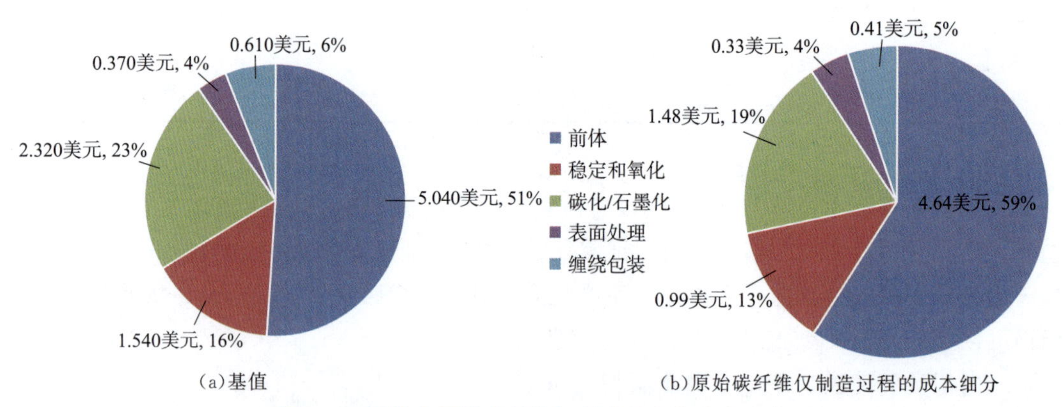

图 7.6　基值和原始碳纤维仅制造过程的成本细分

当前诸多研究旨在通过考虑其他原料(如木质素、纺织级 PAN)和生产方法(等离子体氧化、微波辅助等离子体碳化)替代传统原材料和方法来降低碳纤维生产的成本。橡树岭国家实验室(ORNL)结合这些方法可以将碳纤维生产成本降低 50%，而其生产中使用的能源可以减少 60%以上。先进复合材料制造创新研究所(IACMI)曾发布未来的一个关键目标，在五年内将碳纤维复材的生产能耗降低 50%，以确保碳纤维复材的使用阶段的效益。“2015 年四年技术评论”显示，使用树脂传递模塑制造的质量分数为 40%的环氧树脂和 60%的碳纤维复合材料部件，其制造能耗可降低 83%。

2. 资本和运营成本

基建投资估算法可以用于假设的碳纤维复材回收、回收碳纤维处理和回收碳纤维复材制造设施。根据诺丁汉流化床中试设备的运行及为回收碳纤维加工(造纸、纤维排列)开发的实验室规模工艺来估算设备成本。使用表 7.5 所示的因子法，估算标准设备的安装成本，其大小与所需产量一致，而非标准设备可与实验室或中试设备的代表性成本数据匹配。所有主要设备项目均按设计成本计算，然后根据化学工程成本指数将成本推算至所需年份的成本，本节以 2015 年为目标年份：

$$C_{p,v,2015}=C_{p,u,r}\left(\frac{v}{u}\right)^{n}\left(\frac{I_{2015}}{I_{r}}\right) \tag{7.1}$$

式中，$C_{p,v,2015}$ 是 2015 年产能 v 的生产设备基建投资；$C_{p,u,r}$ 是第 r 年的产能 u 的参考设备成本；I_{2015} 是 2015 年的成本指数；I_r 是成本年份指数 r；n 是指数因子值为 0.6。式(7.1)用来估算不同工厂产能的设备资本成本。假设工厂设计寿命为 10 年，税率为 15%，则可以计算标准化的年度资本成本。

年度运营成本计算为运营成本(人工、材料、能耗等)、工厂间接费用和维护成本之和，见表 7.5，但运营成本需根据工厂的实际运营或使用标准设备进行更新。人工成本的估算基于 2015 年平均时薪 18.20 英镑(27.70 美元)，每天 3 班，每年 250 天的工厂运营要求。其他运营成本包括材料、能耗、工厂管理费用和维护费用，这些信息可以从公开数据中获取，并在适当情况下根据工厂能力进行调整。

表 7.5　成本计算模型

项　目	数　值
投资成本	
固定资本，C_{FC}	C_{FC} = Purchase cost $(1+f_{10}+f_{11}+f_{12})$
营运资本，C_{WC}	$C_{WC}=15\%C_{FC}$
总投资成本，C_{TC}	$C_{TC}=C_{FC}+C_{WC}$
制造成本	
直接成本	典型值
1. 原材料	来自流程图
2. 其他材料	维护成本的 10%
3. 能耗	来自流程图
4. 运输和包装	通常可以忽略不计
5. 维护	固定资本的 5%～10%
6. 劳动力	从人员配置估算
7. 监督	劳动力成本的 15%～20%
8. 操作耗材	维护的 15%
9. 实验室费用	劳动力成本的 15%
10. 版税权	固定资本的 1%
总计每年直接制造成本 ADME	
间接成本	
11. 工厂管理费用	劳动力成本的 50%
12. 保险	固定资本的 0.5%～1%
13. 地方税	固定资本的 1.5%～2%
总计每年间接制造成本 AIME	

续表

项　　目	数　　值
总制造费用(不包括折旧),AME=ADME+AIME	
14. 折旧,ABD	固定资本的10%～20%
基本开销	
15. 行政费用	管理费用的25%
16. 分配和销售费用	总费用的5%
17. 研发	总费用的5%
总计每年基本开销 AGE	
总成本,ATE	ATE=AME+ABD+AGE
18. 销售收入,As	
净年利润,ANP	
所得税(ANP×税率),AIT	
税后净年度利润(ANP－AIT),ANNP	
税后收益率,i=(ANNP+ABD)/CTC×100%	

3. 回收过程成本

接下来流化床回收工艺来讨论回收过程的成本计算模型及其结果。假设流化床的参考回收产能为1 000 t/a,同时考虑100～6 000 t/a的不同产能范围。粉碎的成本主要用于分级减小废料尺寸到25～100 mm,最后到5～25 mm。所有其他设备的固定成本是根据设备的运行参数(如流速、温度和压力),使用标准设备和适当的成本指数、安装系数和其他成本因素来计算的。所有资本成本均根据2015年的所需产能进行调整,并按年度资本成本计算。

所选回收工厂的运营成本是根据每班三人的劳动力、能耗(天然气、电力),以及与维护、监督和间接成本相关的成本计算的。假设从废气流中回收热量通过替换用于流化床或之外的天然气加热系统获得额外盈余,且回收热量的经济价值以80%的天然气价格来替换天然气的消耗量计算热回收系统的成本。但是,热量的回收取决于热量的应用市场,具有不确定性。

现金流量分析用于确定回收纤维的最低销售价格(MSP)(单位:美元/kg)以实现净现值为零:

$$\mathrm{MSP}=\frac{\mathrm{OPEX}+\mathrm{ACAPEX}-\mathrm{OR}}{\mathrm{AO}} \tag{7.2}$$

式中,OPEX是运营成本(美元/年);ACAPEX是年化资本成本(美元/年);OR是其他收入(美元/年),如回收热值的收益;AO是回收纤维的年产量,t/年。

利用以上模型,在各种工艺参数考虑范围内,回收碳纤维的成本可低于5美元/kg。图7.7显示了回收碳纤维的最低售价,产能范围为50～6 000 t/a。成本包括与流化床回收设备的构造和操作相关的所有可变和固定成本以及来自热回收的收入。固定和运营成本的相对贡献在很大程度上取决于工厂的回收能力。当产能超过500 t/a时,回收碳纤维最低销售价格可低于5美元/kg。较小产能的运行经济上不可行:在100 t/a的相对较低的产能下,回收碳纤维必须达到 15 美元/kg 的市场价值才具有经济可行性。这主要是因为固定资本和劳动力成本的相对份额较高。在所有产能中,运营成本占回收总成本的 50%以上。由于劳动力成本由回收过程本身的操作要求决定,并且与工厂产能无关,因此其相对贡献因工厂产能增长而降低。对于固定进料速率($kg \cdot h^{-1} \cdot m^{-2}$),较大的设备容量导致较低的特定资本成本(美元 · $t^{-1} \cdot a^{-1}$)。从废气中回收热量有助于将回收碳纤维最低销售价格降低 0.17 美元/kg。在 1 000 t/a 的基本情况下,回收热量盈余占回收碳纤维回收成本的 6%。如果没有热量的用途,回收碳纤维回收成本将相应增加。废弃碳纤维复材的分类、拆解和运输不在本节的分析范围,但这可能会占很大一部分的回收成本,特别是废料如果需要手动拆卸。但是,航空航天工业公开的拆解成本数据相对有限,从而带来了总回收成本的不确定性。据报道,拆除波音 747 飞机的费用在 60 000~120 000 英镑之间,为 0.33~0.65 英镑/kg。也有文献报道汽车碳纤维复材废料的拆解成本是 1.38 英镑/kg 碳纤维复材废料。运输成本因废料可用性和区域因素而变化。但文献报道运输成本相对较小,假设运输价格为 0.043 英镑/(t · km),废料运输距离为 200 km,则运输成本为 0.008 6 英镑/kg 碳纤维复材废料。因此,当有数据可以更好地了解这些成本及其对经济可行性的影响时,建议进一步开展相关工作以研究航空航天工业的拆卸成本及碳纤维复材废料的类型、位置和数量。

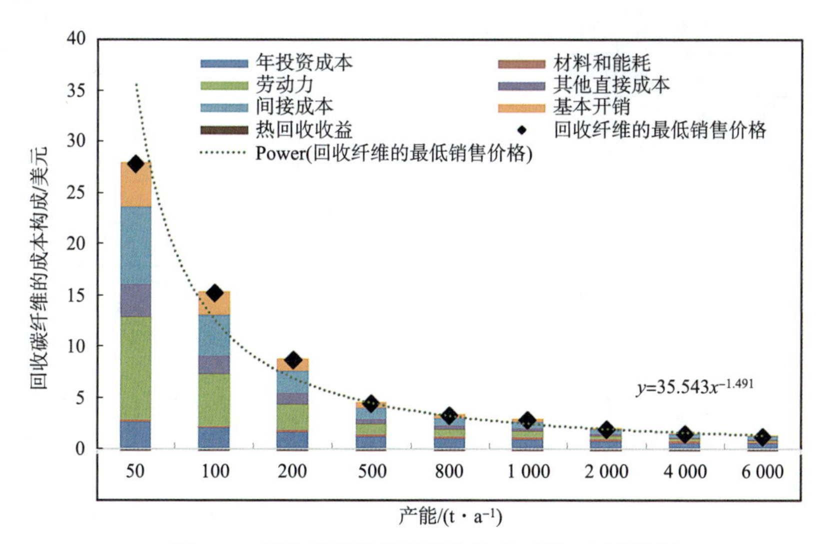

图 7.7　回收碳纤维的最低售价和不同工厂产能的成本构成(进料速率为 9 $kg \cdot h^{-1} \cdot m^{-2}$)

7.3　复合材料回收技术(热、机械、化学)与填埋和焚烧相比较

碳纤维复材的六种潜在废料处理路线包括垃圾填埋,焚烧、机械、热解、流化床和化学回收过程并归纳为表 7.6。回收过程的每个废料流如图 7.8 所示。对于所有回收过程,收集的碳纤维复材废料通过 32 t 标准自卸卡车运输到物料处置设施,在废料处理之前进行粉碎和

分离。假设运输距离为 100 km 到垃圾填埋场，200 km 到焚烧或回收设施。废料回收过程中产生的废料，无论是填埋还是焚烧，都假定从回收场地再运输 100 km 到垃圾填埋场或 200 km 到焚烧场。假设焚烧过程产生的燃烧灰被运输 100 km 到垃圾填埋场。将电力生产或碳纤维替代的回收盈余分配给碳纤维复材废料的废料处理。垃圾填埋和焚烧的清单数据来自生命周期清单数据库——Gabi 和 EcoInvent 数据库。回收碳纤维的清单基于所有回收过程，包括回收过程和运输（见表 7.7）。

表 7.6　当前的复合材料回收技术归纳

回收方法	回收厂	温度/℃	压　强	处理产能/$(t\cdot a^{-1})$	来　源
机械回收	英国曼彻斯特大学	常温	常压	约 20	[23]
热裂解	东丽工业、帝人、三菱丽阳	500～700	常压	1 000	[24]
	日本高安	—	常压	60	[24]
	英国 ELG 公司	350～800	—	2 000	[25]
	德国 CFK Valley Stade Recycling GmbH & Co KG 公司	350～800	—	1 000	[26]
	美国 Carbon Conversions 公司	350～800	—	2 000	[27]
	意大利 KARBOREK 碳纤维回收	350～800	—	1 000	[28]
	中国南通复源新材料(FUY)	400～800	常压	1 000	[29]
流化床	英国诺丁汉大学、中试车间	400～600	低于大气压	50	[30]
超临界流体	日本静冈大学	250～350	5～10 MPa	5 L	[24]
	日本日立化学	200	常压	12	[24]
	英国伯明翰大学	320	17 MPa	5 L	[31]
亚临界流体	日本熊本大学	300～400	1～4 MPa	0.5 L	[24]

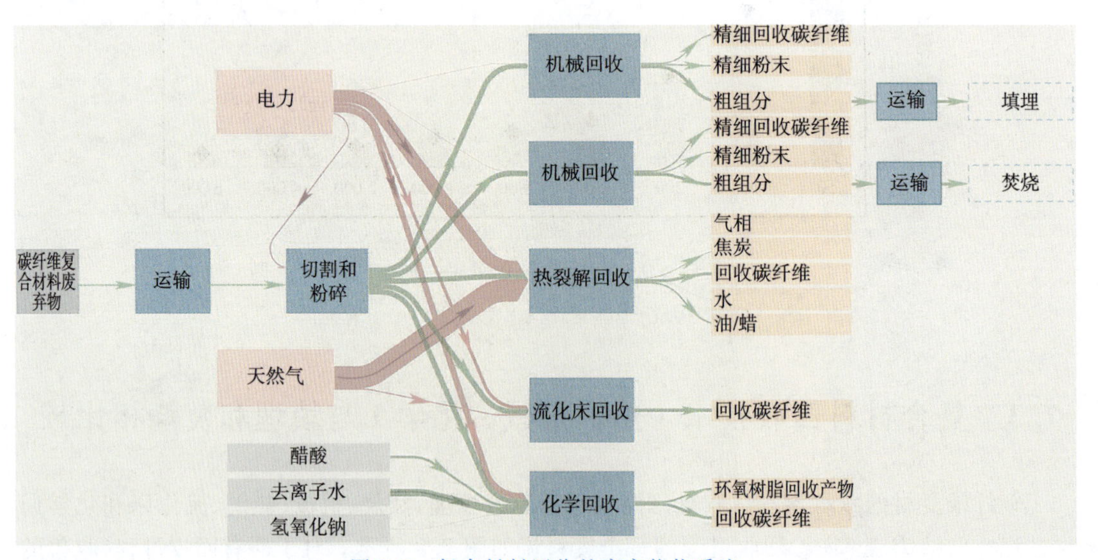

图 7.8　复合材料回收的废弃物物质流

表 7.7　不同碳纤维复材回收技术的库存数据

物料名称	能　耗	机械回收＋填埋	机械回收＋焚烧	热裂解回收	流化床回收	化学回收
输入						
碳纤维复材(废弃物)/kg		1.00	1.00	1.00	1.00	1.00
乙酸/kg						0.83
去离子水/kg						2.50
氢氧化钠/kg						0.07
运输/km						
切割和分解	电力/MJ	0.26	0.26	−0.3	−0.3	−0.3
回收	电力/MJ			7.6	3.4	6.5
	天然气/MJ			13.2	1.1	
输出						
回收碳纤维/kg		0.24	0.24	0.62	0.62	0.62
细粉/kg		0.19	0.19			
粗粒/kg		0.57	0.57			
环氧树脂/kg						0.67
焦炭/kg				0.14		
水/kg					0.27	
二氧化碳/kg					1.02	
燃烧天然气释放的二氧化碳/kg					0.06	
二氧化氮/kg					0.03	
水				0.02		
戊烷/kg				0.03		
苯/kg				0.03		
乙酸乙酯/kg				0.10		
甲醇/kg				0.04		
一氧化碳/kg				0.001		
二氧化碳/kg				0.003		
氢气/kg				0.000		
甲烷/kg				0.003		
乙醇/kg				0.002		
丙烷/kg				0.001		
丙烯/kg				0.002		

7.3.1　填埋

假定废弃碳纤维复材在垃圾填埋场的处置是在传统的卫生填埋场，该场地一般是为了最终处置固体废料而建造的，并将废料与环境隔离开来。在复材废料埋入垃圾填埋场之前，需要进行粉碎预处理以减小废料的尺寸。但是它不需要额外的事先拆除工作来隔离废料，因为它可以与其他垃圾填埋场部分一起进行处理。从废料场到垃圾填埋场，可以假设运输距离为 100 km，然后根据 Ecoinvent 卫生填埋场数据集评估与碳纤维复材填埋相关的环境影响。在填埋废弃物之后，由于碳纤维复材废弃物的惰性特性，废料填埋可以认为不排放任何温室气体(GHG)或消耗任何能源。

7.3.2 焚烧

焚烧碳纤维复材废料提供了另一种处理废料和回收能量的方法。碳纤维复材废料可以与城市废料共同燃烧并用作能源。

碳纤维复材废料产生能源的潜力取决于其能源含量和焚化炉效率。通常，碳纤维复材热值约为 30 MJ/kg，但随具体的碳纤维复材组成而变化。基于纤维/基质比，本研究使用的热值为 32 MJ/kg。与使用传统燃料的先进发电场相比，垃圾焚烧的效率通常低于传统燃料。假设发电效率为 13%，热电联产效率为 38%。我们同时假设另外的"高效"焚烧方案：发电效率为 25%，热电联产总效率为 80%。发电可以取代电网用电，产热可以取代使用天然气产生的热量，而天然气是一个国家热量生产的主要来源。燃烧后的残余物质被收集并运输到垃圾填埋场进行处理。废弃物焚烧产生的二氧化碳排放是基于化学计量平衡计算的。假设碳纤维复材的所有碳都被氧化并以 CO_2 形式排放。温室气体净排放量取决于燃烧产生的直接碳排放及通过替换传统电力和热量而避免的碳排放。

7.3.3 机械回收

在各种回收方法中，最成熟的技术是机械回收。当前，它已在工业规模上用于回收复合材料废料，特别是玻璃纤维复合材料。在初始尺寸减小后，废料会在锤磨机中研磨并通过筛分分级成不同的长度。使用机械回收，碳纤维复材废料可以得到两个有用的部分：细粉和细的回收碳纤维。机械回收产品通常用作低价值材料的填料，如散装或片状模塑化合物，以代替玻璃纤维。与原始碳纤维复材相比，机械回收所得材料具有较差的机械性能，因此不适用于常规轻量化或高模量/强度的应用。剩余的粗粒废料残留物从回收场地运输 100 km 到垃圾填埋场或运输 200 km 到焚烧场进行最终处理。

7.3.4 热裂解回收

热裂解是在没有氧气的情况下热分解或在 300～800 ℃的高温下严格控制的氧气流中的热分解，使得能够回收具有高模量的长纤维。该过程可以施加 1 000 ℃的高温，但是会导致纤维产品的机械性能显著降低。由于温度和停留时间对回收碳纤维最终质量的显著影响，必须在热解反应器中严格控制这两个因素。

作为热方法，需要在进料到热解回收设备之前，把碳纤维复材废料进行切割。热解过程使用外部热量以保证回收纤维发生最小的性能降低，然后可以将其用作新的复合材料制造中。研究表明，来自热解的回收碳纤维可以保持原始机械性能的 90%以上。此外，聚合基质可以液态烃的油相形式回收。热裂解现已达到商业化的早期阶段。例如，ELG 再生碳纤维有限公司拥有每年处理 2 000 t 碳纤维复材废弃物的回收能力，估计回收过程的能耗为 30 MJ/kg。

一般可以在实验室进行碳纤维复材热解回收实验以获得质能守恒数据。实验设置的过程如下：在该实验中使用的碳纤维复材废料包含质量分数为 55%的 CF 和 45%的环氧树脂。将具有所述组分的五片碳纤维复材（碳纤维复材尺寸：12 英寸[①]×12 英寸×0.5 英寸）加入一个大型实验室炉，尺寸为 16 英寸×16 英寸×16 英寸。热解循环包括两个阶段的加热过程。首先，在 500 ℃下进行热解反应，选择该反应以获得合理的回收碳纤维产率，同时保持碳纤维的机械性能。在热解反应期间，将氮气以 2 L/min 的流速加入炉腔中，以防止碳纤维的性能显著降低。在热解反应之后，碳纤维主要被残留的焦炭覆盖。第二加热过程在 450 ℃下进行，以除去焦炭并在氧化气氛中将碳纤维短时间分离。在焦炭去除步骤期间，假设残余焦炭被完全氧化成 CO_2。根据炉子的规格，计算两个加热过程的能耗如下：在稳态下所需的加热功率为 600 W 和 500 W，以分别保持热解温度和除焦温度。以 5～10 ℃的加热速率达到所需温度所需的功率为 2 kW。能耗相关的数据来自 ELG 的回收过程（2 000 t 碳纤维复材废弃物/年产能）。

7.3.5　流化床回收

流化床工艺是指在流化床反应器内用空气作流化气体，在一定的温度下，将纤维与基体分离的方法。该工艺由英国诺丁汉大学开发。工艺流程如图 7.9 所示，将块状废弃碳纤维复合材料连续加入流化床反应器中，用空气做流化气体，在 500～600 ℃温度条件下，复合材料反应一定时间后，基体树脂发生氧化分解，碳纤维与树脂分离，通过气流送至纤维收集器。流化床技术回收的碳纤维质量稳定，杨氏模量基本不变，拉伸强度为原始碳纤维的 70%～80%，该工艺当前正处于中试阶段。

流化床回收过程需要在进料到流化床反应器之前将碳纤维复材废料进行切割和粉碎。硅砂床用于加热破碎的废料，从而分解环氧树脂并释放纤维。流化空气能够将分离的纤维淘洗约 20 min，但降解的材料保留在流化床中。选择流化床反应的 450～550 ℃的操作温度足以使聚合物分解，留下清洁的纤维，但不能太高，否则会显著降低纤维性能。然后可以通过旋风分离器或其他气固分离装置从气流中除去纤维并收集。然而，来自气流中的有机物是一种不同副产物的混合物，将其分离提纯，完全氧化可能更具成本效益。它们可以在高温室中进行能量回收。这些排出的热气可以供给热电联产装置，因此，在当前的中试设备中，纤维分离后的气流被导至燃烧室以完全氧化来自流化床工艺的热解副产物。从气流中回收热量以预热新鲜空气输入回收装置，尾气

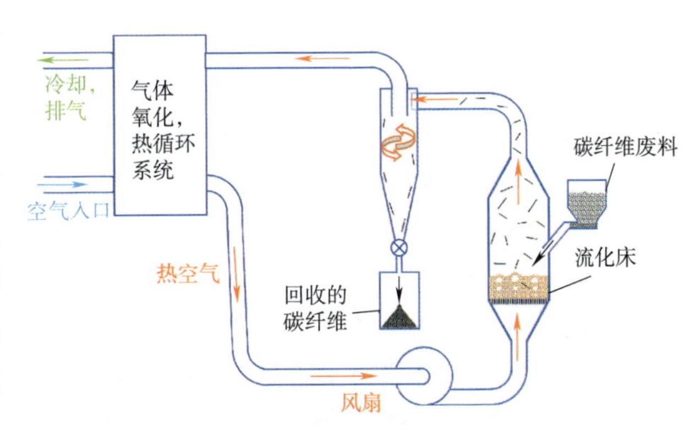

图 7.9　流化床技术回收复合材料工艺流程

① 1 英寸=25.4mm。

则通过烟囱排出。流化床再循环路径的质量和能量流如图 7.9 所示。

考虑可能的运行条件，从过程模型中提取 LCA 清单数据。假设 500 t 回收碳纤维的年产能、9 kg/(m^2·h)流化床进料速率；和 5%的空气泄漏率，能耗为 7.7 MJ/kg 回收碳纤维，包括 1.9 MJ 天然气/kg 回收碳纤维和 5.8 MJ 电力/kg 回收碳纤维。环氧树脂基质假定由 87%质量分数的双酚 A 的二缩水甘油醚(DGEBA)和 13%质量分数的异佛尔酮二胺(IPD)制成。假设所有碳被完全氧化成 CO_2，则在化学计量平衡基础上计算由环氧基质材料的氧化产生的二氧化碳排放。

7.3.6 化学回收

化学回收过程利用液体溶剂(如水、酸和醇)分解聚合物树脂并将其与碳纤维分离。回收过程能够回收高质量的碳纤维，拉伸强度损失仅为 1.1%左右，并采用硝酸溶液中的溶剂法回收聚合物基质作为有机化合物，可以取代原始环氧树脂。回收的碳纤维通常是半长或长纤维，具有低污染。但是，分解温度和硝酸浓度对机械性能有较大影响。

根据温度和压力过程，化学过程可分为超临界和亚临界法。Schneller 等研究了使用亚临界流体和超临界流体(纯水和水/乙醇混合物)通过化学方法分离纤维基质。化学分离后，大部分树脂含量可在高温和较长的处理时间中去除，因此，一般不需要额外的氧化表面处理来除去由树脂氧化产生的焦炭。化学回收技术具有一定的可行性，但加工温度、时间、溶剂和设备对环境有负面影响。

7.3.7 门到门生命周期一次能源需求和全球变暖潜力

表 7.8 对一次能源需求(PED)和全球变暖潜力(GWP)结果(不包括回收盈余)在选定的碳纤维复材废料处理方法中进行了比较。垃圾填埋场仅排放 0.13 kg 二氧化碳当量/kg 碳纤维复材废弃物(其中 0.03 kg 二氧化碳当量来自粉碎，0.10 kg 二氧化碳当量来自卫生填埋场)加上 0.01 kg 二氧化碳当量/kg 碳纤维复材废料的运输。由于碳纤维复材废料的惰性，垃圾填埋场中没有温室气体的生成。焚烧产生大量的温室气体，其排放量为 3.12 kg 二氧化碳当量每千克碳纤维复材废料。大量的温室气体排放主要来自燃烧过程，因为碳氢化合物的碳以二氧化碳的形式释放到环境中。

排除能量回收或使用回收碳纤维材料的盈余，回收过程需要一次能量输入来处理碳纤维复材废料。对剩余粗馏分进行填埋的机械回收使温室气体排放量为 0.11 kg 二氧化碳当量/kg 碳纤维复材废弃物，机械回收过程占 0.03 kg 二氧化碳当量。相比之下，由于粗粒馏分的燃烧，焚烧加机械回收产生的温室气体排放量为 1.80 kg 二氧化碳当量/kg 碳纤维复材废料，但能量回收取代电网电力和热量可以抵消一部分温室气体排放量。

热回收过程(包括热裂解和化学回收)需要更高的能耗，并且与流化床相比具有更高的 PED 和 GWP，这主要是由于流化床过程从氧化的基质材料中进行了能量回收从而降低了回收过程的净能耗。热裂解回收每 kg 碳纤维复材废料排放 2.9 kg 二氧化碳当量，主要来自回收过程中的电力和天然气消耗。运输仅占总能耗的 1%。流化床和化学回收过程中回收过程产生的温室气体排放量相似，分别产生 1.56 kg 二氧化碳当量和 1.53 kg 二氧化碳当量。

表 7.8 所示初级能源需求和全球变暖对碳纤维回收和常规填埋和焚烧的潜在比较，没有包括回收过程产品的盈余。

表 7.8 各种复合材料回收技术以及填埋焚烧的 PED 和 GWP 比较

回收技术	PED，MJ/kg 碳纤维复材废料					GWP，千克二氧化碳当量/千克碳纤维复材废料				
	填埋	焚烧	回收	运输	净值	填埋	焚烧	回收	运输	净值
填埋	0.97	—	—	0.14	1.11	0.13	—	—	0.01	0.14
焚烧	—	1.17	—	0.54	1.71	—	3.09	—	0.03	3.12
机械回收＋填埋	0.16	—	0.69	0.35	1.20	0.05	—	0.03	0.02	0.11
机械回收＋焚烧	—	—	0.69	0.43	1.12	—	1.74	0.03	0.03	1.80
热裂解回收	—	—	37.09	0.27	37.36	—	—	2.88	0.02	2.90
流化床回收	—	—	9.98	0.27	10.25	—	—	1.54	0.02	1.56
化学回收	—	—	38.12	0.27	38.39	—	—	1.51	0.02	1.53

7.3.8 总生命周期一次能源需求和全球变暖潜力

包括来自碳纤维替代或电力生产的回收盈余，基于两种方法的不同碳纤维复材废料处理方法的 PED 和 GWP 如图 7.10 所示。总体而言，LCA 结果表明热回收对 PED 来说通常是更环保的选择方案，但具体的净环境影响(PED 和 GWP)取决于所选择的碳纤维替代方法。

传统的废料处理过程(垃圾填埋、焚烧)在生命周期 PED 和 GWP 方面表现最差。即使包括能量盈余，焚烧产生的温室气体排放也超过了电力和热力能量回收的排放盈余：温室气体净排放量为 2.14 kg 二氧化碳当量。由于没有环境盈余，填埋造成的能源消耗超过 1.11 MJ。由于避免了更多的一次能源消耗，高效焚烧方案有可能进一步减少排放。假设 25％的更高发电转换效率，热电联产效率为 80％，则温室气体净排放量可减少一半，达到 1.08 kg 二氧化碳当量/kg 碳纤维复材废料。然而，即使在这种高效率的情况下，可用的能量输出加倍，取代英国电网电力和天然气发热相关的排放盈余也不足以补偿碳纤维复材燃烧直接产生的 CO_2 排放。

与焚烧加机械回收相比，通过粗粒组分填埋加机械回收表现出一定的全球变暖潜力降低。原始纤维生产的排放导致温室气体排放盈余为 0.48 kg 二氧化碳当量每千克碳纤维复材废料，使全球变暖潜能值净减少 0.37 kg 二氧化碳当量每 kg 碳纤维复材。但是，如果粗粒回收部分被焚烧，机械回收产生的温室气体净排放量增加 0.76kg 二氧化碳当量每千克碳纤维复材。与先进的热回收工艺相比，机械回收利用率不高，主要是因为回收中的纤维机械性能较低。

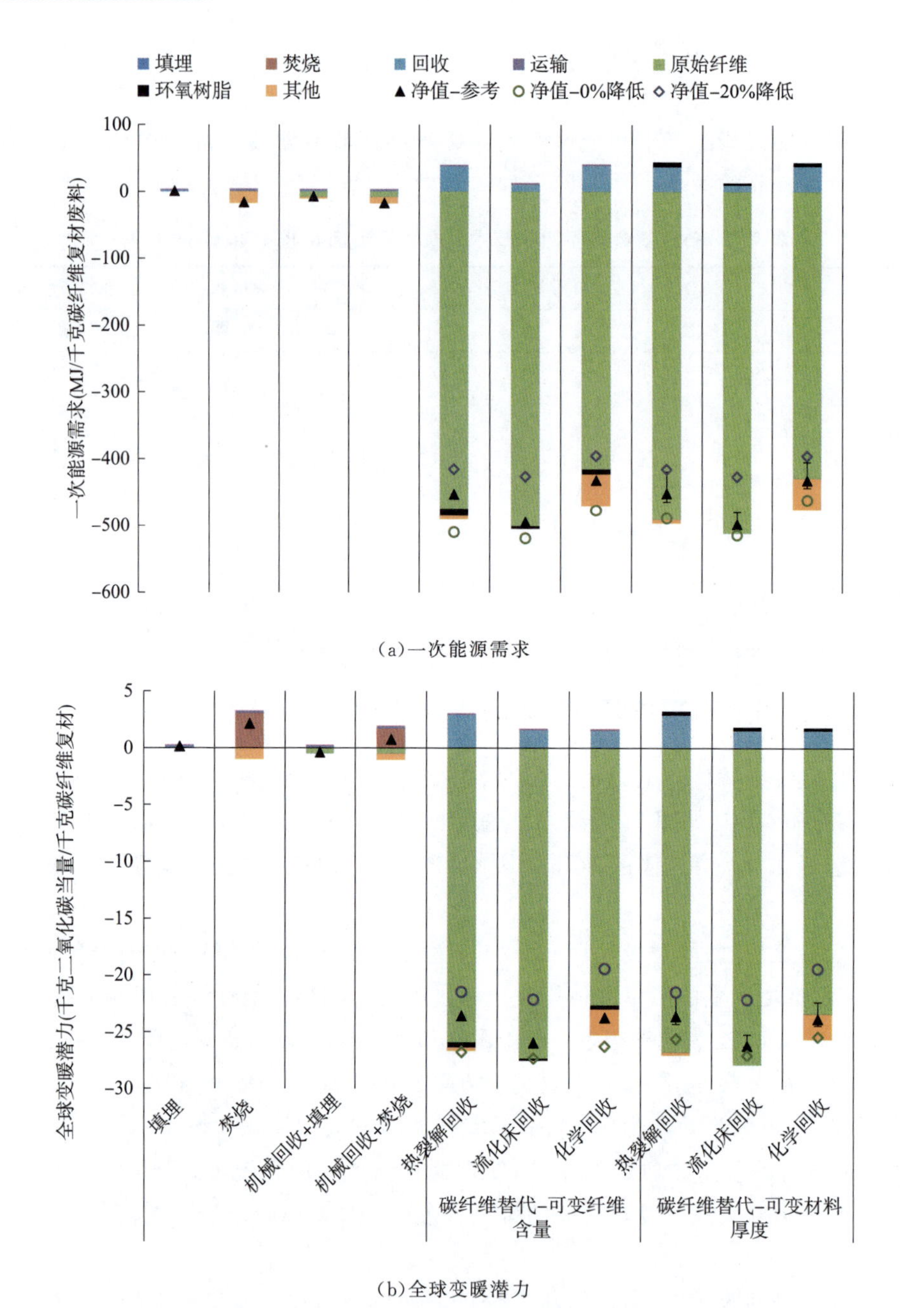

图 7.10 不同碳纤维复材废料处理方案的一次能源需求和全球变暖潜力,包括环境盈余(基于可变纤维含量和材料厚度的碳纤维替换方法)

7.4　汽车应用中使用再生碳纤维的二次效应

7.4.1　碳纤维替代品

原始碳纤维制造的生命周期数据库质量欠佳(公开数据有限)。原始碳纤维生产能源需求值和数据来源差别很大(电力、天然气和蒸汽等总能耗为 198～595 MJ/kg),温室气体排放值估计为 30～80 kg 二氧化碳当量。此外,高模量和高强度碳纤维生产所需的加工条件不同(高强度纤维为 1 000～1 400 ℃,高模量纤维为 1 800～2 000 ℃),但生产数据与碳纤维属性相关联,因此没有足够的信息来匹配能耗与纤维特性。在本章讨论中,原始碳纤维的制造是基于文献和生命周期数据库的现有数据建模,其中参数(如丙烯腈、聚丙烯腈和碳纤维转化过程中的质量效率)基于文献、专家意见和机密工业数据库。所有这些数据都基于 1 kg 碳纤维重新计算,能耗为 149.4 kW·h 电力,177.8 MJ 天然气和 31.4 kg 蒸汽。用碳纤维复材回收物取代复合材料生产中的原始碳纤维是废料利用最大化的理想选择。

为了确定替换原始碳纤维的回收纤维的量,需要利用具有等效的材料函数。在本章讨论中,我们基于可变纤维含量或可变材料厚度,阐述两种不同的碳纤维替换方法。

1. 替换-可变纤维含量

第一种方法考虑在等效比刚度(E/ρ)下的碳纤维替换可以通过改变碳纤维复材的纤维体积分数来实现,以降低回收纤维相对于原始纤维的机械性能降低。针对拉伸模量的一般层合板理论可以用下式描述:

$$E_c = \eta_\theta E_f \varphi_f + E_m \varphi_m \tag{7.3}$$

式中,η_θ 是复合效率因子,单向 $\eta_\theta=1$,双轴 $\eta_\theta=0.5$,随机(平面内)$\eta_\theta=0.375$;E_f 是纤维的模量;E_m 是树脂基体的模量;φ_f 是纤维的体积分数;φ_m 是基质的体积分数;$\varphi_f+\varphi_m=1$。如图 7.11所示,使用广义混合理论,可以基于纤维体积分数预测复合材料的拉伸模量,因此可以使用混合规则来预测原始碳纤维和回收碳纤维产品的模量以进行比较。

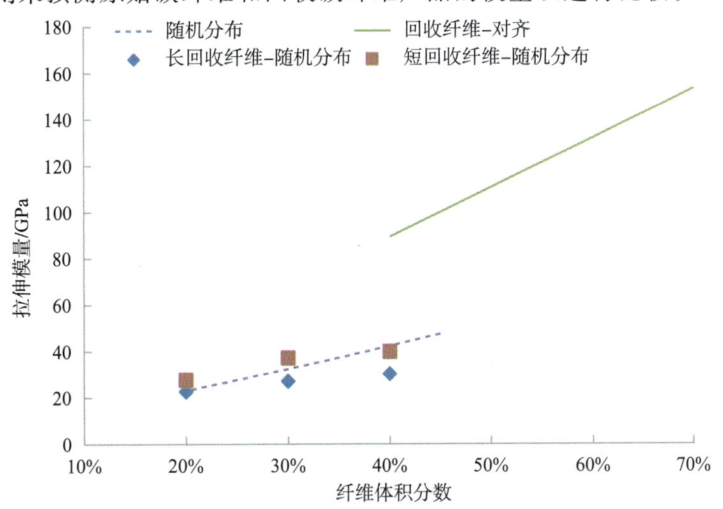

图 7.11　通过实验得出的环氧树脂再生碳纤维复合材料的拉伸性能

基于式(7.3)的方法，使用不同回收技术回收的碳纤维来制造的碳纤维复材的纤维体积分数见表7.9。为了满足相同的机械性质，回收碳纤维需要更高的纤维分数，因此需要更多的回收纤维替换原始纤维。同时，可以确定由于变化的纤维体积分数引起的聚合物基质含量的差异：在相同的总厚度下，较高的纤维体积分数意味着需要相对较少的聚合物基质含量。

表7.9　基于可变纤维含量的碳纤维替代方法的再循环碳纤维复材设计特性

替代方法	纤维拉伸模量/GPa	环氧树脂拉伸模量/GPa	模量降低	密度/(kg·m^{-3})	可变纤维含量				可变材料厚度			
					纤维体积分数φ_f	纤维比①	树脂用量变化②	质量比③	纤维体积分数φ_f	纤维比	树脂用量变化	质量比
原始碳纤维	230.00	5.00	—	1.79	40%	—	—	—	40%	—	—	—
热裂解回收碳纤维	202.40	5.00	12.0%	1.79	46%	0.88	−0.12	114%	40%	0.94	+0.09	106%
流化床回收碳纤维	218.04	5.00	5.2%	1.79	42%	0.95	−0.05	106%	40%	0.98	+0.04	102%
化学回收碳纤维	204.70	5.00	11.0%	1.79	45%	0.89	−0.11	113%	40%	0.95	+0.08	105%

注：①纤维比=原始碳纤维：回收碳纤维；②单位：kg/千克回收碳纤维；③质量比=回收碳纤维：原始碳纤维。

2. 替换-可变材料厚度

第二种方法是基于可变材料厚度但恒定纤维分数来确定原始碳纤维替换。在评估替代材料时，可以通过考虑设计材料指数(λ)和变化的部件厚度来实现功能等效，来考虑每种材料的机械性能的差异：

$$R_t=\frac{t_{\mathrm{rCF}}}{t_{\mathrm{vCF}}}=\left(\frac{E_{\mathrm{vCF}}}{E_{\mathrm{rCF}}}\right)^{\frac{1}{\lambda}} \tag{7.4}$$

$$R_{\mathrm{m}}=\frac{m_{\mathrm{rCF}}}{m_{\mathrm{vCF}}}=\frac{\rho_{\mathrm{rCF}}}{\rho_{\mathrm{vCF}}}\left(\frac{E_{\mathrm{vCF}}}{E_{\mathrm{rCF}}}\right)^{\frac{1}{\lambda}} \tag{7.5}$$

式中，R_t是回收碳纤维材料组件厚度(t_{rCF})和参考原始碳纤维材料组件厚度(t_{vCF})之间的比率；E是两种材料的模量，GPa；λ是组件特定的设计材料指数。可以基于替代材料的相对厚度和密度计算预期的碳纤维复材组分质量，以计算等效的碳纤维替代物。组件的相对厚度影响生命周期评价结果，因为较厚的组件需要更多的纤维和基质材料。

根据设计目的，参数λ值可以在1～3之间变化。$\lambda=1$适用于拉伸载荷下的部件(如窗框)，$\lambda=2$适用于在一个平面内弯曲和压缩条件下的柱和梁(如垂直支柱)，$\lambda=3$适用于在两个平面(如汽车引擎盖)中的弯曲和弯曲条件下加载时的板和平板。实际部件设计需要进行有限元分析，以确定能够满足设计约束条件下的材料设计指标。将评估环境影响的灵敏度，其中λ值范围为1～3。质量比和相应的纤维和树脂质量计算结果见表7.9。纤维体积分数是恒定的，因此较大的组分需要更多的纤维和树脂。

7.4.2 替换的油耗

在使用阶段，汽车部件将由于其质量而影响车辆燃料消耗。使用物理排放率估算模型和数学模型计算典型中型车（福特，Fusion）的质量诱导燃料消耗。作为基准情况，假设典型的车辆寿命为 200 000 km。燃油价格取决于地区；作为基准情况，以下讨论基于英国汽车的油耗情景。2015 年英国平均汽油价格为 1.11 英镑/L（或 1.70 美元/L），但同时考虑了其他地区的典型燃料成本。为了与前期成本进行比较，使用阶段燃料成本转换为当前值，假设折扣率为 5%，车辆寿命为 10 年。

7.4.3 碳纤维替代-可变纤维含量

由于回收过程的机械性能的降低程度不同，回收碳纤维材料必须包含比相同厚度的原始碳纤维材料更高的纤维体积分数，以实现相同的刚度。结果表明，流化床回收过程中的温室气体排放主要来自碳纤维复材中树脂的氧化。然而，回收碳纤维替代原始碳纤维通过减少原材料生产获得环境效益，从而导致温室气体排放的净值减少。

如图 7.9 所示，流化床回收过程显示相对较低的净一次能源需求和温室气体排放，主要盈余来自碳纤维替换。考虑到一次能源需求，流化床回收方法通过替换高能耗的原始碳纤维生产（834.5 MJ/kg），每千克碳纤维复材废料产生约－494.5 MJ 净 PED（见图 7.10）。净一次能源需求等于回收的总能耗减去避免原始碳纤维生产而减少的能耗。在基于可变纤维含量的替代方法中，1 kg 流化床回收碳纤维可替代 0.95 kg 原始碳纤维，相比之下，1 kg 热裂解回收碳纤维可替代 0.88 kg 原始碳纤维，而 1 kg 化学回收的碳纤维可替代 0.89 kg 原始碳纤维（参见表 7.9）。同时，热裂解和化学回收过程导致回收 1 kg 碳纤维，树脂消耗节省 12%和 11%，而流化床工艺则节省 5%。尽管回收过程具有额外的副产品盈余，如来自热裂解回收过程的油/蜡、化学回收过程中的树脂，热裂解和化学回收方法表现出更高的净 PED 值（分别为－452.9 MJ 和－431.8 MJ）主要还是来源于原始纤维的替代。同样，流化床回收过程的 GWP 是所有回收方法中最低的：－25.9 kg 二氧化碳当量每千克碳纤维复材废料，而热裂解过程为 23.6 kg 二氧化碳当量每千克碳纤维复材废料，化学回收过程为 23.7 kg 二氧化碳当量每千克碳纤维复材废料。

碳纤维替换率的不确定分析可以研究可变纤维含量的碳纤维替换方法对 PED 和 GWP 的影响。如果纤维回收可以在不降低纤维性能的情况下进行，那么 1 kg 回收碳纤维可以取代 1 kg 原始碳纤维（回收碳纤维复材和原始碳纤维复材的纤维体积分数均为 40%）。与基准情况相比，热裂解、流化床和化学回收过程可以进一步减少生命周期一次能源消耗（分别为 12%、5%和 10%）和全球变暖潜力（13%、5%和 11%）。对于 20%的机械性能降低，1 kg 回收碳纤维可以代替 0.8 kg 原始碳纤维（回收碳纤维复材的纤维体积分数为 50%，而原始碳纤维复材为 40%），相应地，每千克回收碳纤维的环氧树脂用量减少 20%。因此，相对于基准情况，回收过程具有较少的 PED 和 GWP 优势：PED 分别为热解、流化床和化学回收过程的基准情形的 92%、86%和 92%，GWP 具有类似的趋势。

7.4.4 碳纤维替代-可变材料厚度

与基于可变纤维含量的结果类似，基于可变材料厚度的总体结果表明从回收过程获得较大的环境 PED 和 GWP 盈余，其中盈余主要来自用回收碳纤维替换原始碳纤维。

通过避免与原始碳纤维生产相关的巨大能量消耗而实现的再循环过程的环境益处可以通过基于可变材料厚度的另一替换方法来分析，假设纤维体积分数恒定。热解回收可以达到－451.4 MJ/kg 碳纤维复材的净 PED 值，这是因为避免生产 0.6 kg 原始碳纤维从而减少了 490.26 MJ PED。化学回收过程只能达到－431.8 MJ/千克碳纤维复材的净 PED，其中 90%来自原始碳纤维替代，10%来自避免使用原始环氧树脂，这是因为化学回收方法可以回收环氧树脂组分。与任何其他热回收工艺相比，流化床回收可以实现较大的净 PED 降低(497.6 MJ/千克碳纤维复材)。差异主要是由于不同的纤维替代率：热裂解方法——0.94 kg 原始碳纤维/千克回收碳纤维，流化床方法是 0.98 kg 原始碳纤维/千克回收碳纤维，化学方法——0.95 kg 原始碳纤维/千克回收碳纤维。GWP 结果具有类似的趋势，流化床回收碳纤维取代原始碳纤维呈现出最佳的 GHG 排放性能(－26.2 kg 二氧化碳当量每千克碳纤维复材废料)。

图 7.10 中的误差值是基于可变材料厚度的替换方法的 λ 值(等于 1～3)相对于基准 λ 值(等于 2)的不同热回收过程的 PED 和 GWP。结果表明，无论回收碳纤维的再利用情况如何，相对的环境影响没有很大的差别。在较高的 λ 值下，在材料替代中实现了更大的减重，质量减小，导致所需的回收碳纤维和树脂基体更少，因此具有相对更大的 PED 和 GHG 排放值降低。当 $\lambda=3$ 时，回收过程相对于基础情况能够减少更大的 PED：热裂解、流化床和化学回收过程分别减少 2.9%、0.3%和 2.6%。相反，当 $\lambda=1$ 时，热裂解、流化床和化学回收过程的净 PED 分别增加了 7.2%、3.6%和 6.4%。GWP 结果显示了类似的趋势，即基于 λ 值的不同回收碳纤维的应用导致这些回收过程的 GWP 差异高达 7%。

回收碳纤维机械性能降低 20%和 0%的变化的不确定性分析与基于可变纤维含量的替换方法的不确定性分析类似。如果回收碳纤维的机械性能相对于原始碳纤维没有降低，则可以进行 100%原始碳纤维替换，从而可以实现最大的 PED 和 GWP 降低。用于热裂解、流化床和化学回收过程的最小净 PED 值分别为－488.2 MJ、－513.6 MJ 和－461.0 MJ 每千克碳纤维复材废料，相当于假设基准情况的 8%、3%和 7%；同样，GWP 结果呈现出类似趋势。这些进一步的环境影响降低表明，需要技术改进以尽量减少回收过程中的纤维机械性能的降低。当回收碳纤维的机械性能降低达到 20%时，可以看到 PED 和 GWP 的显著增加。特别是对于流化床工艺，如果回收碳纤维在机械性能方面比原始碳纤维差 20%，则 PED 减少 14%，GWP 减少 15%。文献表明，在增加回收过程进料速率和生产的回收碳纤维性能之间具有一种潜在的平衡。在回收过程中，为了避免在流化床工艺中在高进料速率下结块，必须降低纤维长度。但是，纤维长度可能也影响下游碳纤维复材制造过程及由此产生的碳纤维复材产品的性能，因此，研究中必须平衡回收性能和回收碳纤维的特性，以优化环境影响。

7.4.5 成本

在某些情况下，由回收碳纤维制造的碳纤维复合材料相对于钢和其他轻质材料来说，可以节省成本同时达到减重的要求，但取决于具体的应用，例如，材料设计指数 λ，因为这会影响减重以及使用过程中的燃料消耗和材料要求（见图 7.12）。

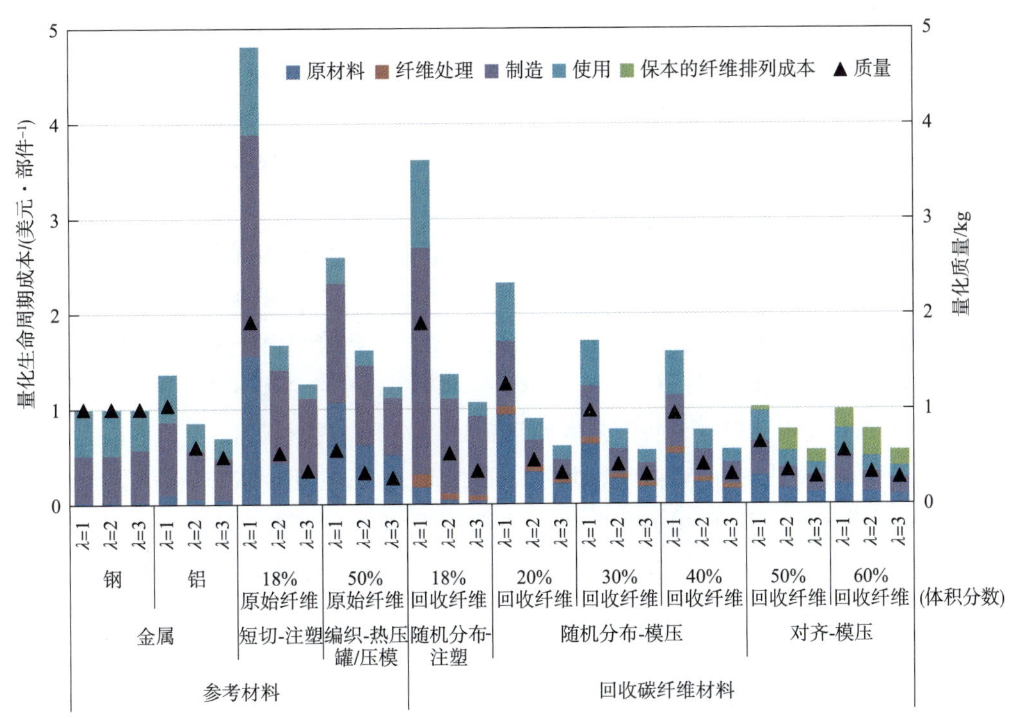

图 7.12 由钢和替代材料制成的汽车零部件在不同设计指标下的标准化生命周期成本（即 $\lambda=1、2、3$）

随着纤维含量的增加，回收碳纤维复合材料显示出更好的机械性能，因此增加碳纤维复材中的纤维体积分数有利于减少与钢功能等同的组分质量。例如，对于设计材料指数 $\lambda=2$，随机回收碳纤维复材组分的纤维含量体积分数从 20%（减重 54%）增加到 30%（减重 58%），可以看到显著的减重效果；然而，进一步增加到 40%的较高体积分数，由于制造过程中纤维损坏会导致减重效果降低（参见图 7.12 中的散点）。虽然实现 50%和 60%的更高纤维体积分数可提供 65%～67%的减重，但这需要新兴的纤维排列技术。

在材料替换过程实现的减重可以节省车辆使用中的燃料消耗，并因此带来潜在的生命周期成本效益。但是，由于原材料的高成本，净经济效益可能会受到影响。例如，由于原始碳纤维的高成本（41 美元/kg），原始碳纤维复材的总生命周期成本并没有显著的优势，特别

是对于 $\lambda=2$ 的低纤维体积分数(原始碳纤维体积分数为 18%的成本为 1.6 美元/部件)。量化的生命周期成本包括不同设计指标下材料替代的车辆使用过程(即 $\lambda=1、2、3$)如图 7.12 所示,其中回收碳纤维复材和其替代轻质材料制成的零件与钢铁部件的生命周期成本进行了比较。

对于设计指数 $\lambda=2$,典型的应用是在一个平面(垂直支柱、地板支撑)中的弯曲和压缩条件下的部件,回收碳纤维复材部件在整个生命周期中的成本比钢稍微降低。对于具有不同纤维体积分数的随机排列的回收碳纤维复材零件,总量化的相对成本在 0.93 美元/件(体积分数为 20%),0.82 美元/件(体积分数为 30%)和 0.81 美元/件(体积分数为 40%)之间变化。值得注意的是,对于随机排列的回收碳纤维复材,体积分数从 30%到 40%,生命周期成本并不会像从 20%降低到 30%那样的降低趋势。这主要是因为在 20%~30%和 30%~40%之间实现了不同的减重效果。原材料成本占生命周期成本的很大一部分(28%~36%),主要是环氧树脂的高成本。虽然随机排列的回收碳纤维复材零件的使用阶段成本是钢零件的 42%~46%,但这些优点不能补偿材料和制造过程的成本。

模压成型随机排列的回收碳纤维复材部件仅占整个生命周期中注塑成型随机回收碳纤维复材部件的 59%~67%。具有较高纤维体积分数(20%~40%)的模压成型随机排列的回收碳纤维复材部件显示出比注塑部件更好的机械性能,这导致相对于钢有更大的减重。因此,与模压成型的回收碳纤维复材部件相比,体积分数为 18%的注塑成型随机排列的回收碳纤维复材部件具有较少的燃料节省并且因此具有较高的生命周期成本。

对于在两个平面($\lambda=3$)中弯曲和屈曲条件下加载的面板应用,其表现出类似于 $\lambda=2$ 的趋势,回收碳纤维复材在替代钢时减重更大,并且因此可以在试用阶段实现更多的燃料节省。对于随机排列的回收碳纤维复材组件,量化生命周期成本分别为 0.70 美元/件(体积分数为 20%)、0.65 美元/件(体积分数为 30%)、0.66 美元/件(体积分数为 40%)(相对于参考钢的成本降低 16%~21%)。

对于 $\lambda=1$,对于在张力条件下的柱和梁(如窗框),使用材料进行轻量化设计的范围有限。尽管如此,纤维排列技术仍可能提高回收碳纤维复材的经济型,前提是纤维排列技术的成本控制在 1.3 美元/kg。

7.4.6 减少温室气体排放的成本效益

将组件(相对于钢)的量化生命周期成本与之前的生命周期温室气体排放(包括材料生产、组件制造和使用阶段排放)进行比较,并针对传统钢构件的排放进行标准化(见图 7.13)。图的下半部分的材料相对于参考钢部件降低了生命周期成本,而图中左侧的材料相对于钢可以减少温室气体排放,因此能够降低成本和温室气体排放的材料位于左下象限。使用较高的 λ 值,用回收碳纤维材料代替钢材可以更大程度降低生命周期成本及温室气体。相对于原始碳纤维复材组件,回收碳纤维复材可以实现更低的生命周期成本和减少更多的温室气体排放。与轻质铝相比,采用模压成型随机排列的回收碳纤维复合材料可以减少温室气体排放；并且它们在 λ=3 时在不同的纤维体积分数下表现出较低的成本，在较高的纤维体积分数（对于 λ=2 体积分数不小于 30%）下成本较低，但是 λ=1 的成本较高，因此，对于 λ=2 和 λ=3，未排列的回收碳纤维复合材料可以节省成本并提供相对于铝更低的额外温室气体排放盈余，使得负碳减排成本为 －＄52.9 每吨二氧化碳当量（λ=2）和－＄178.9 每吨二氧化碳当量（λ=3）。虽然对于 λ=1，回收碳纤维复材能够相对于铝减少碳排放，但是在这种情况下高体积分数的回收碳纤维复材组分较高的相对成本导致较高的碳排放总成本。排放成本超过＄900 每吨二氧化碳当量，远远超过碳的社会成本估算（2015 年约为＄40 每吨二氧化碳当量），因此不是降低温室气体排放的具有成本效益的手段。

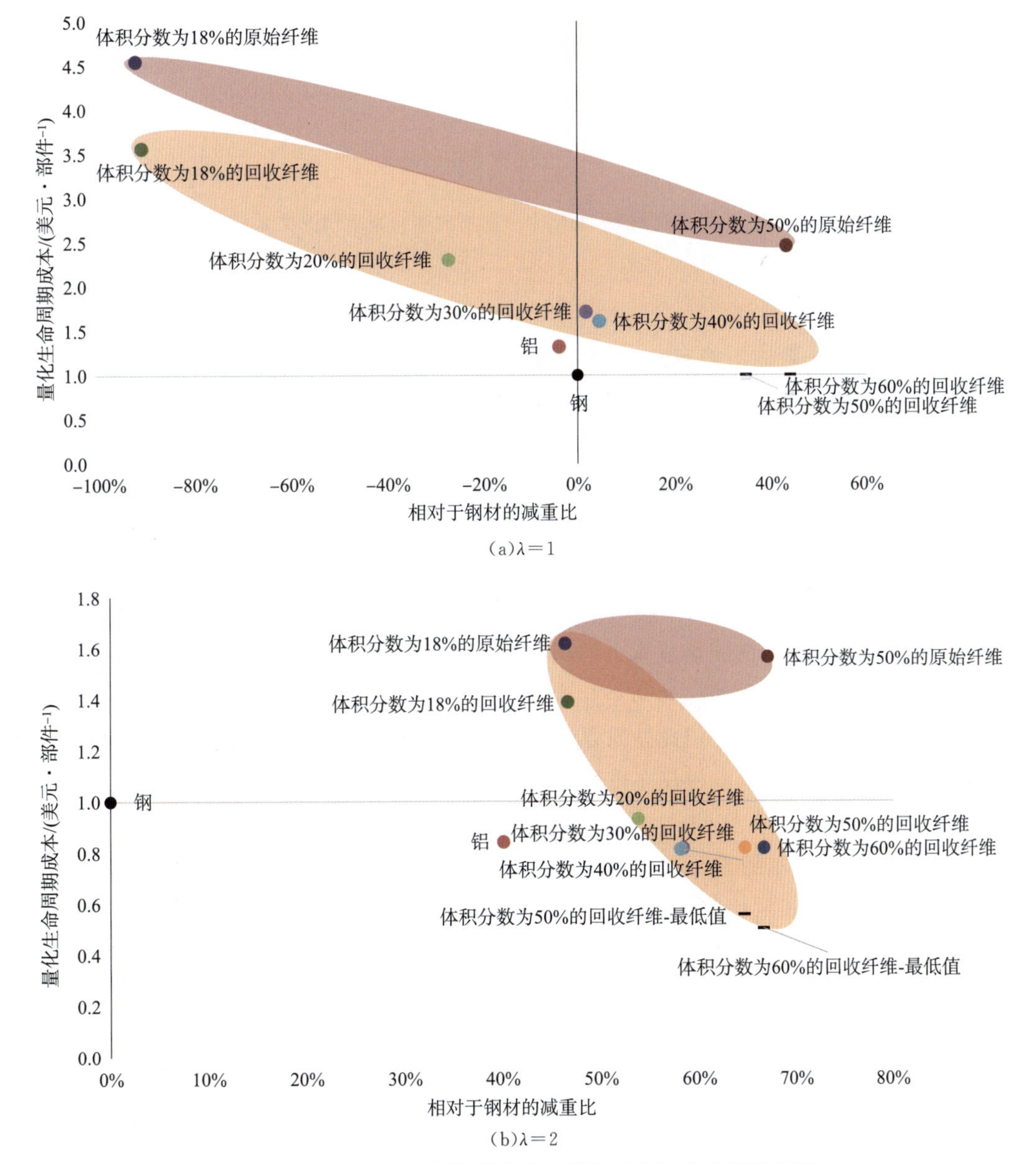

(a)λ=1

(b)λ=2

图 7.13　相对于钢材料，量化生命周期成本与减重情况关系

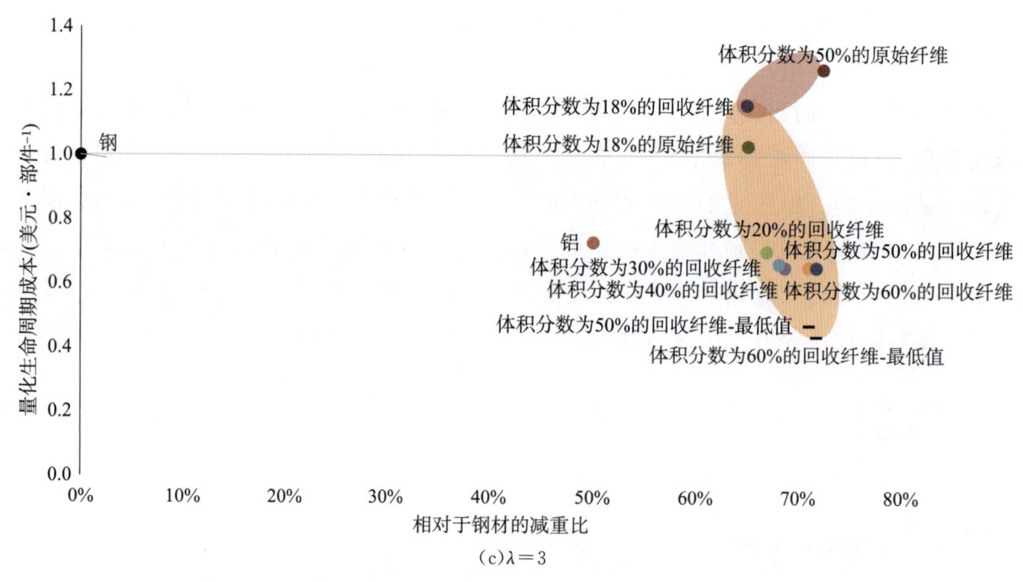

(c)$\lambda=3$

图 7.13 相对于钢材料,量化生命周期成本与减重情况关系(续)

7.4.7 不确定性分析

成本分析具有一定的不确定性,因为在设计过程中并不知道生命周期阶段的所有成本。生命周期中的关键参数的变化(使用中的燃料消耗、车辆寿命、燃料价格、原材料价格)也将产生不确定性结果。

与质量相关的燃料消耗和车辆寿命相关的不确定性并未改变回收碳纤维复材组件的生命周期成本的优势(见图 7.14)。对于不同品牌的中型轻型车辆,质量相关的燃料消耗估计为 0.26~0.44 L/(100 km·100 kg)。如图 7.13 所示,福特 Fusion 车辆在 2015 年的质量相关的油耗为 0.38 L/(100 km·100 kg),行驶寿命为 200 000 km。在此值范围内,回收碳纤维复材表现出最低的生命周期成本。与随机排布的回收碳纤维复材和质量减少相比,排列后的回收碳纤维复材提供了进一步节省生命周期成本的可能性,同时保持良好的机械性能,但纤维排列技术仍处于研究中。但此处需要注意,由于原始碳纤维生产的高能耗,具有低纤维体积分数(18%)的回收碳纤维复材仅在质量相关的燃料消耗大于 1.48 L/(100 km·100 kg)时才会降低成本。

同样,生命周期成本随着行驶距离的增加而增加,这取决于替代品的质量、原材料和零件制造的初始成本。在延长的车辆行驶寿命(高达 300 000 km)时,轻质材料的成本优势变得更加明显。除了纤维排列技术成本外,排列后的回收碳纤维复材组件相对于钢材的生命周期成本降低了 60%;如果满足技术发展目标,纤维排列可能会改善经济可行性,证明使用高体积分数的回收碳纤维复材的成本最低。当车辆寿命超过 566 000 km($\lambda=2$)时,来自原始碳纤维的碳纤维复材部件变得比钢材更优。相反,较短的车辆寿命减少了使用中的燃料节省,因此不利于轻质材料的相对性能。然而,即使行进距离相对较短(约 180 000 km),回收碳纤维组件相对于传统钢构件也可以降低生命周期成本。传统的轻质铝材也从一开始就显示出降低成本的趋势。

生命周期成本对燃料价格也敏感，类似于油耗的变化(见图 7.14)。生命周期成本与燃料价格呈现线性关系，但回收碳纤维复材在考虑的变量值范围内依旧能够显著的降低成本。对于每种材料类型，成本变化介于－60%～30%之间。该变化是基于 2000 年至 2015 年英国历史燃油价格区间值：1.22～2.07 美元/L(0.8～1.35 英镑/L)，2015 年参考价格为 1.70 美元/L(1.11 英镑/L)。燃料消耗与零件质量之间的比例关系，对于功能等效，减重意味着替换成本降低，因此燃料价格直接影响燃料节省量。相对于参考情况(1.70 美元/L)，回收碳纤维整个生命周期成本变化区间为－7%～＋5%，钢材为－13%～＋10%，这主要是由于钢件具有较大的质量，因此燃料消耗也相应地对于油价的波动变化较大。由于 2015 年燃料价格不同，也可以对美国、加拿大、欧盟平均水平和荷兰等区域差异进行比较。由于运输燃料税率的区域差异，回收碳纤维复材相对于钢铁的净成本降低有所变化，例如，净成本在美国，使用回收碳纤维复材替代钢材的成本节省量小于荷兰。

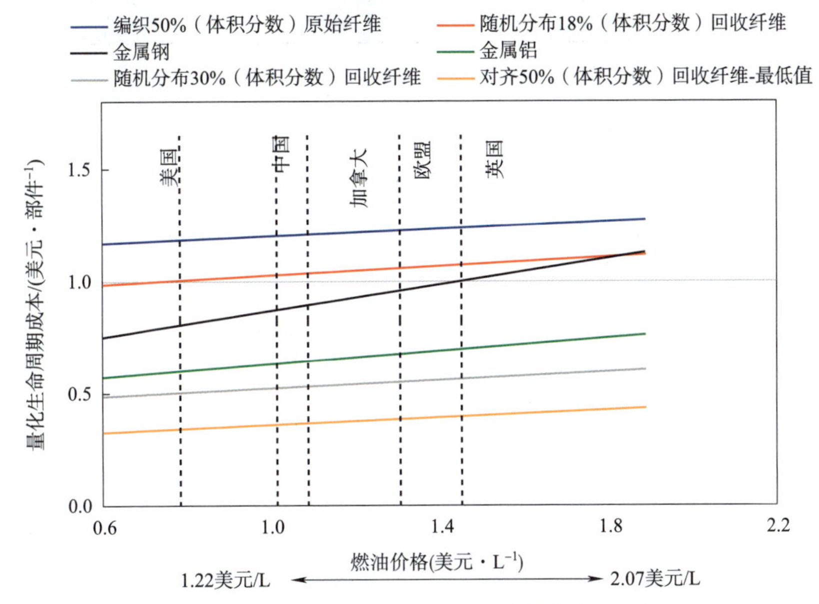

图 7.14　根据英国 2000 年至 2015 年的历史价格和地理位置(λ=2)，燃料价格(1.22～2.07 美元/L)的汽车零部件材料的生命周期成本

原材料价格的不确定性带来了生命周期成本结果的敏感性，具体取决于材料类型(见图 7.15)。原材料的价格范围主要考虑了 2000 年至 2015 年的历史数据。对于回收碳纤维，价格取决于回收厂产能和进料速率，如前所述，在普通工业规模下为 1.2～5 美元/kg(对应 500～6 000 t/a 产量)。由于原材料成本占相对较小的一部分，钢价变化为－13%～13%，其总生命周期成本仅有－0.3%～0.3%的变化。回收碳纤维价格的变化也会对回收碳纤维复材组件的总生命周期成本产生影响：回收碳纤维价格变化－58%～78%，随机排列回收碳纤维复材(碳纤维体积含量 30%)变动－6%～7%。排除纤维排列技术成本，排列后的回收碳纤维复材组件(碳纤维体积分数为 60%)的生命周期成本对回收碳纤维价格相对敏感，显示

相对较高的变化区间(－8%～9%)。原始碳纤维复材组件(编织原始碳纤维复材)对原始碳纤维价格(－25%～25%变化)同样较敏感,生命周期成本显示变化区间为－10%～8%,主要是由于原始碳纤维生产成本在整个生命周期中占大部分比例。

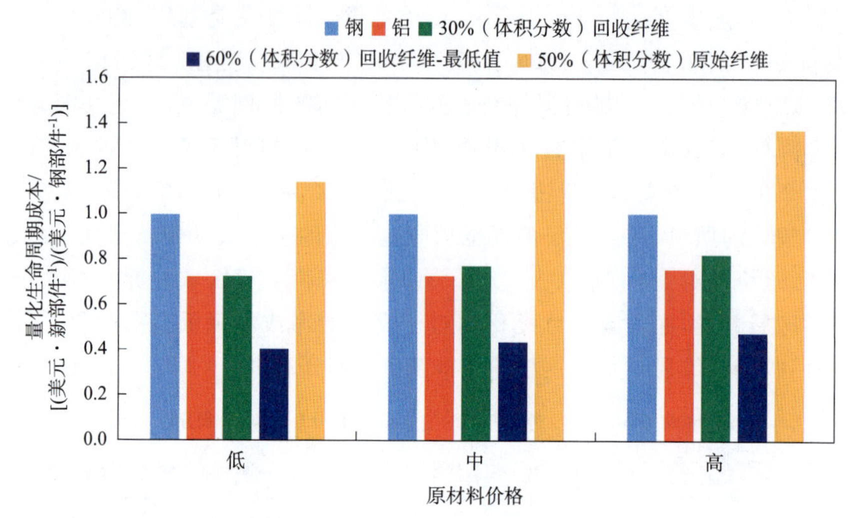

图 7.15　不同原材料价格(低、中、高)的汽车零部件材料的生命周期成本($\lambda=2$)

7.5　复合材料回收的机遇和挑战

在某些应用(如航空航天)中,碳纤维复合材料的可以大大减少生命周期的能源使用,温室气体排放和成本;然而,在某些用途中,原始碳纤维生产的大量能耗需求可能超过减重和相关的环境和经济效益,因为在车辆使用寿命期间减少燃料消耗。为更广泛的应用提供更环保的碳纤维材料取决于:

(1)开发碳纤维和碳纤维复材的节能制造工艺(如基于等离子体的加工或使用可再生能源原料,如木质素)。

(2)回收高性能的碳纤维,以便回收碳纤维能够满足对原始碳纤维材料的部分需求。我们对当前先进的碳纤维回收技术(即热裂解、流化床和化学回收过程)对环境和经济的影响进行讨论,结果表明它们可以实现很大的环境(PED、GWP)和经济效益。这是因为来自回收过程的回收碳纤维仅发生了较低机械性能的降低,并且可以重复使用以代替原始碳纤维。通过替换实现的环境效益主要通过避免生产高能耗的碳纤维和避免原材料开采来实现。

通过回收工艺维持碳纤维的机械性能是在开发商业碳纤维回收工艺中必须克服的关键挑战,而不同回收技术之间的竞争取决于如何权衡增加产量和保持机械性能。诸如流化床之类的先进再回收工艺可以回收碳纤维,实验表明相对于原始碳纤维模量几乎没有降低而拉伸强度降低18%～50%。在本章中讨论了具有不同回收碳纤维机械性能的回收方法的环境和经济影响,并且回收碳纤维中最优情景即100%保持机械性能仍取决于现有技术的改进。当前的商业回收方法(如热裂解)不能在不降低机械性能的情况下回收碳纤维,并且对废料的类型还有选择性。尽管流化床再回收过程对污染和各种聚合物类型具有高耐受性，但它仍然处于向商业规模的过渡阶段。

随着更多碳纤维的生产，从制造废料中回收碳纤维的机会更多，并且未来会有更多的报废碳纤维废料用于回收。废料地理位置的影响可能会对回收过程、环境及成本产生影响，因此，可以在碳纤维复材废料可用性和位置方面对未来的回收系统进行分析，这将会影响回收厂的产能、废料收集、运输、位置及区域选择等因素。

当前的回收技术存在于不同的技术成熟阶段：热裂解已经实现商业规模化运行；流化床回收已经在中试阶段得到证实；化学回收方法仍然是实验室规模。新兴技术的生命周期影响存在很大的不确定性；虽然可用于热裂解和流化床系统的生命周期清单数据相对可靠，但对化学回收的分析并没有考虑如何开发用于商业规模的过程（如能源、热损耗最小化、过程产量和效率、非消耗过程输入等），因此，化学回收过程的环境影响在实际操作中可能与文献结果有显著差异，并且需要通过过程模拟及优化进行进一步分析，并最终通过商业化运行进行验证。然而，回收碳纤维的净能耗和温室气体排放主要受到原始碳纤维产量的影响，这为系统提供的盈余大约是回收过程影响的 10 ~ 20 倍，因此，只要维持回收碳纤维的机械特性用以代替原始碳纤维，过程效率的提高将对本研究中评估的净生命周期指标产生较小的影响。

虽然碳纤维复材回收具有一系列潜在优势，但挑战和机遇并存。在碳纤维复材制造中用回收碳纤维替换原始碳纤维可能对于需要极高材料性能要求（如飞机主要结构）的应用而言是有限的，但对于具有较低极限强度要求的非结构轻量化应用是可行的。通过回收实现高水平的环境和经济效益还取决于潜在的二次产品市场。用回收碳纤维取代原始碳纤维的潜在应用还是限制在某些运输行业（如汽车或基础设施，取代桥梁中的原始碳纤维）、风能和运动行业（如路虎报告使用回收碳纤维制作赛艇）。同样值得注意的是，回收碳纤维产品供应（2017 年约为 50 000 t/a）与潜在市场需求之间的不匹配。当前回收碳纤维的来源仅为工业生产过程的废料，而寿命终结报废的碳纤维复材废料尚未大量出现。例如，汽车行业需要大量的材料，这些材料通常大于航空航天和使用碳纤维的其他行业的工业废料（如 2015 年全球生产超过 9 500 万辆汽车），因此，设计最佳的回收能力，结合先进的回收技术，找到最佳的目标市场，以获得最大的潜在环境和成本效益是至关重要的。此外，利用本章所提的分析方法充分考虑其环境和经济影响将有助于在碳纤维复材废料管理战略之间进行权衡，并有助于确保提供最大的整体净效益的可能性。

考虑到回收碳纤维废料的可用性（如研磨纤维/特种非织造产品），未来的研究可以集中在回收碳纤维市场应用之间的权衡——高需求行业（如汽车行业应用）与低需求行业（如航空航天应用）。同时，碳纤维回收行业的发展迫切需要建立碳纤维的回收标准、完整的 LCA 数据库、政府的政策支持及碳纤维供应链上下游企业之间的合作。可以将上下游行业合作伙伴及最终产品用户之间的所有利益相关者联合起来，以推动回收碳纤维市场的可持续发展。

参考文献

[1]　SONG Y S，YOUN J R，GUTOWSKI T G. Life cycle energy analysis of fiber-reinforced composites

[J]. Composites Part A: Applied Science and Manufacturing, 2009,40(8):1257-1265.

[2] SUZUKI T, TAKAHASHI J. Prediction of energy intensity of carbon fiber reinforced plastics for mass-produced passenger cars[Z]. The Ninth Japan International SAMPE symposium, 2005:14-9.

[3] PATEL M. Cumulative energy demand (CED) and cumulative CO_2 emissions for products of the organic chemical industry[J]. Energy, 2003,28(7):721-740.

[4] WERNET G, BAUER C, STEUBING B, et al. The ecoinvent database version 3 (part I): overview and methodology[J]. The International Journal of Life Cycle Assessment, 2016,21(9):1218-1230.

[5] DUFLOU J R, DENG Y, ACKER K V, et al. Do fiber-reinforced polymer composites provide environmentally benign alternatives? A life-cycle-assessment-based study[J]. MRS Bulletin, 2012,37(04):374-382.

[6] LEE S M, JONAS T, DISALVO G. The beneficial energy and environmental-impact of composite-materials-an unexpected bonus[J]. SAMPE Journal, 1991,27(2):19-25.

[7] NAGAI H, TAKAHASHI J, KEMMOCHI K, et al. Inventory analysis of energy consumption on advanced polymer-based composite materials[J]. Journal of the National Institute of Materials and Chemical Research, 2000,8(4):161-169.

[8] NAGAI H, TAKAHASHI J, KEMMOCHI K, et al. Inventory analysis in production and recycling process of advanced composite materials[J]. Journal of Advanced Science, 2001,13(3):125-128.

[9] NAGAI H, TAKAHASHI J, KEMMOCHI K, et al. Inventory analysis in production and recycling process of advanced composite materials[J]. Journal of Advanced Science, 2001,13(3):125-128.

[10] BELL J, PICKERING S, YIP H, et al. Environmental aspects of the use of carbon fibre composites in vehicles-recycling and life cycle analysis[C]. In End of Life Vehicle Disposal-Technical, Legislation, Economics (ELV 2002). Warwick, UK, 2002.

[11] The japan carbon fiber manufacturers association. Carbon fibre reinforced plastic report, 2006.

[12] HEDLUND A. Model for end of life treatment of polymer composite materials: royal institute of technology, 2005.

[13] CARBERRY W. Airplane recycling efforts benefit boeing operators. 2008:6-13.

[14] DUFLOU J R, MOOR J DE, VERPOEST I, et al. Environmental impact analysis of composite use in car manufacturing[J]. CIRP Annals-Manufacturing Technology, 2009,58(1):9-12.

[15] GRIFFING E, OVERCASH M. Carbon fiber HS from PAN[UIDCarbFibHS]. 1999-present: Chemical Life Cycle Database,2010.

[16] DAS S. Life cycle assessment of carbon fiber-reinforced polymer composites[J]. The International Journal of Life Cycle Assessment, 2011,16(3):268-282.

[17] ZHANG X, YAMAUCHI M, TAKAHASHI J. Life cycle assessment of CFRP in application of automobile[Z]. 18 the International Conference on Composite Materials,2011.

[18] ASMATULU E. End-of-life analysis of advanced materials: Wichita State University, 2013.

[19] WITIK R A, TEUSCHER R, MICHAUD V, et al. Carbon fibre reinforced composite waste: an environmental assessment of recycling, energy recovery and landfilling[J]. Composites Part A: Applied Science and Manufacturing, 2013,49:89-99.

[20] MICHAUD V. Inventory data of carbon fibre, personal communication with prof[Z]. Véronique Michaud in Laboratoire de Technologie des Composites et Polymères(LTC), ÉcolePolytechnique

FédéraledeLausanne (EPFL) in Switzerland, 2014.

[21] SCHMIDT J H, WATSON J. Eco island ferry: comparative LCA of island ferry with carbon fibre composite based and steel based structures[Z]. consultants L, editor. Aalborg, Denmark, 2014.

[22] PRINÇAUD M, AYMONIER C, LOPPINET-SERANI A, et al. Environmental feasibility of the recycling of carbon fibers from CFRPs by solvolysis using supercritical water[J]. ACS Sustainable Chemistry & Engineering, 2014.

[23] HOWARTH J, MAREDDY S S R, MATIVENGA P T. Energy intensity and environmental analysis of mechanical recycling of carbon fibre composite[J]. Journal of Cleaner Production, 2014, 81(0): 46-50.

[24] SHIBATA K, NAKAGAW A M. Hitachi chemical technical report: CFRP recycling technology using depolymerization under ordinary pressure, 2014.

[25] ELG CARBON FIBRE LTD[Z/OL]. http://www.elgcf.com/.

[26] CFK VALLEY STADE RECYCLING GMBH AND CO KG[Z/OL]. http://www.cfk-recycling.com.

[27] CARBON CONVERSIONS[EB/OL]. http://www.carbonconversions.com/.

[28] KARBOREK RCF[EB/OL]. http://www.karborekrcf.it/home/en/.

[29] UEDA H, MORIYAMA A, IWAHASHI H. Organizational issues for disseminating recycling technologies of carbon fiber-reinforced plastics in the Japanese industrial landscape. J Mater Cycles Waste Manag 2021(23):505-515.

[30] MENG F, MCKECHNIE J, TURNER TA, et al. Energy and environmental assessment and reuse of fluidised bed recycled carbon fibres[J]. Composites Part A: Applied Science and Manufacturing, 2017, 100:206-14.

[31] KEITH M J, OLIVEUX G, LEEKE G A. Optimisation of solvolysis for recycling carbon fibre reinforced composites[C]. European Conference on Composite Materials 17, Munich, Germany, 2016.

第8章 未来趋势与展望

8.1 回收技术的技术成熟度分析

复合材料的回收利用将在航空航天、汽车、风电、建筑和船舶等行业中发挥至关重要的作用。这些行业将根据其产品不同选择不同回收方式,这些选择将受当前的法律法规政策影响。当前 CFRP 的回收比较困难,主要原因如下:

(1)CFRP 是一种由增强体(碳纤维)、基体(热固性树脂或热塑性树脂)和一定量的填料组成的复杂材料。

(2)如果 CFRP 的基体树脂为热固性树脂,热固性树脂固有的交联性"不溶不熔"的特性,使复合材料不能重新熔融塑化。

(3)CFRP 是一种与其他材料的结合材料,如金属配件、蜂窝结构、混杂复合材料等,使回收工作更加困难。

在 CFRP 的回收过程中,需要根据废弃物的不同来源选择适合的回收工艺。当前,全球 CFRP 废弃物的回收方法主要有三种[1],包括物理回收(机械法:降级利用、粉碎利用,见第 2 章)、热解处理(裂解、有氧热解、微波热解、熔盐热解等,见第 3 章)和化学处理(亚临界流体、超临界流体、定向降解、普通溶剂等,见第 3 章)。其中,裂解技术是当前唯一可行的工业化技术。采用无氧裂解技术,碳纤维已经实现了工业化回收。图 8.1 展示了通过技术等级 TRL 量化表分析与专家评估相结合进行的技术成熟度分类。传统的填埋和焚烧设为 TRL 9,是当前获得实际应用的系统。碳纤维回收能否实现工业化(即达到 TRL 9)的关键在于:回收成本低、再生碳纤维性能高。

再生纤维的关键驱动力是纤维回收过程,该过程能够保持纤维质量,进而制备再生纤维复合材料。高价值的终端应用为再生纤维提供了可行性,较之于低价值的应用,具有三维复杂形状和不连续纤维的非制造毡,能够通过提高纤维体积分数制备机械性能显著的复合材料。再生纤维在性能上可能无法与原生碳纤维竞争,但对于汽车和其他工业领域来说,再生碳纤维的低成本和相对高性能具有很大的竞争优势。在温和条件下,回收高质量的碳纤维仍然具有一定的挑战。经过热解法得到的再生碳纤维通常是纤维长度短的、不连续的、蓬松的纤维。再生纤维的主要再利用方法是直接模压成型、挤出注塑成型、编制成织物或毡模压成型,具体选用哪种方法取决于再生纤维的物理特性和机械性能。在涉及纤维排列、纤维含量和减少加工过程中纤维断裂等方面还需要进一步的技术研究。

虽然针对复合材料废弃物的产生,热解工艺技术参数对回收材料性能、热解产物和回收纤维的再利用有了很多的相关研究，但是在实际工业过程中，热裂解工艺技术的升级应该综合考虑以下具体问题：

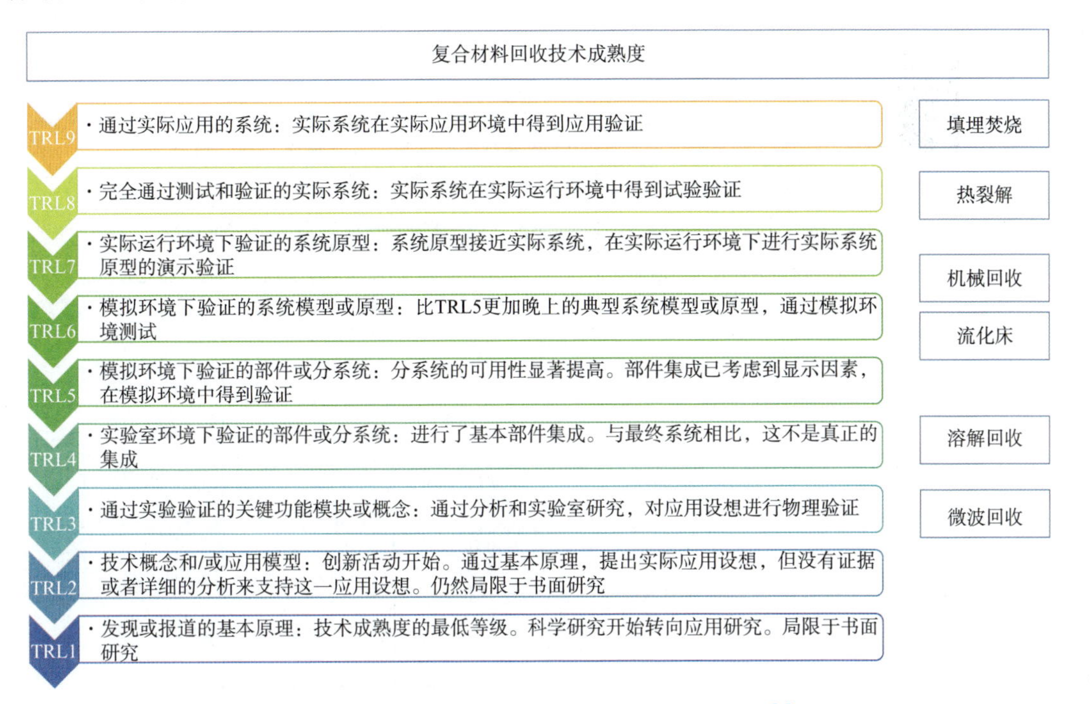

图 8.1　以技术成熟度对复合材料回收技术归类[2]

(1)大多数文献中的热解回收主要研究干净的复合材料废弃物在流化床或马弗炉中的热解过程。然而在实际的工业生产中，复合材料废弃物上往往附有各种污染物或混杂其他废弃物。混合物和污染物的热解过程如何评价？在回收过程中，如何改进处理流化床反应器？

(2)研究热解回收过程的影响，需要对热解和热解后的工艺参数进行优化。研究人员大多只使用了一组条件，热解回收工艺参数的优化对提高再生纤维质量具有重要的研究价值。

(3)热解过程中的经济和能量分析在文献中相对缺乏，进一步量化再生纤维对环境的影响，可以建立有效的数学模型来说明热解和热解后加工过程变化及其他因素对成本和环境的影响。

(4)热解回收后纤维的初始长度和强度如何保持？初始纤维长度越长，再生纤维长度越长。为了获得高质量的再生纤维和降低生产成本，需优化最佳的热解处理和氧化处理条件。

(5)通常采用热解法获得的再生纤维的力学性能，优于燃烧处理、机械破碎和化学法得到的再生纤维。但是，受热解过程中升温速率、停留时间等的影响，若将再生纤维用于制备高级复合材料，纤维性能的损伤是不能容忍的。

与此同时，图 8.2 所示碳纤维复合材料价格昂贵，包括碳纤维的生产和碳纤维复合材料产业链原油、中间产品和产品的最终价格。回收的可行性必须综合考虑许多因素(环境和经济可行性)，这其中许多因素密切相关(见第 7 章)。在实施回收计划时，需要考虑所有因素，并采取某些行动，而其他因素可能会被忽略。这些因素包括技术、物流、财务、信息、供需和立法。

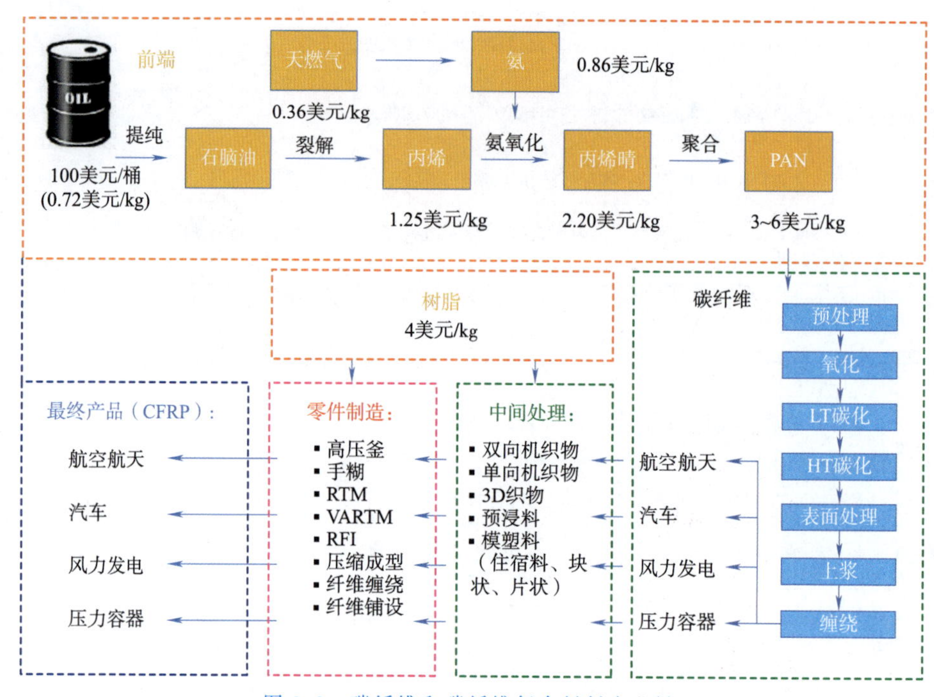

图 8.2 碳纤维和碳纤维复合材料产业链

8.2 可持续复合材料的新进展

近年来有两种类型复合材料的开发使得复合材料具有可持续发展性：一是天然纤维增强热固性/热塑性树脂基复合材料；二是热塑性树脂基复合材料；三是复合材料产品的可回收设计。

8.2.1 天然纤维复合材料

天然纤维复合材料是利用天然存在的增强纤维（如麻纤维、木纤维和竹纤维等）与热固性或热塑性树脂基体复合而成的一种新型材料。根据所采用树脂基体是否能够被细菌降解，又可分为可部分生物降解和可完全生物降解天然纤维复合材料。

与玻璃纤维和碳纤维相比，天然纤维作为复合材料增强体力学性能虽然较低（见表 8.1），但具有如下优势：

（1）天然纤维原料来源广泛、可生物降解、再生能力强，是取之不尽用之不竭的生物资源；

（2）天然纤维及复合材料生产过程基本不会对人体造成损害；

（3）天然纤维如配合可降解树脂基体可以制备可完全降解的天然纤维复合材料，可拓宽复合材料应用范围，有望从根本上解决困扰人类发展的环境问题。

表 8.1　常用天然纤维和合成纤维的力学性能

纤　维	密度/(g·cm^{-3})	断裂伸长率/%	拉伸强度/MPa	拉伸模量/GPa	比强度/(MPa·cm^3·g^{-1})	比模量/(GPa·cm^3·g^{-1})
棉纤维	1.5	7.0～8.0	287～597	5.5～12.6	191～398	3.7～8.3
黄麻纤维	1.3	1.5～1.8	393～773	26.5	302～595	20.4
亚麻纤维	1.5	2.7～3.2	345～1 035	27.6	230～690	18.4
苎麻纤维	1.5	3.6～3.8	400～938	61.4～128.0	267～625	40.9～85.3
剑麻纤维	1.5	2.0～2.5	511～635	9.4～22.0	341～623	6.3～14.7
椰纤维	1.2	30.0	175	4.0～6.0	146	3.3～5.0
软木纤维	1.5	—	1 000	40	667	26.7
E-玻璃纤维	2.5	2.5	2 000～3 500	70.0	800～1 400	28
芳纶纤维	1.4	3.3～3.7	3 000～3 150	63.0～67.0	2 143～2 250	45.0～47.9
碳纤维	1.4	1.4～1.8	4 000	230～240	2 857	164～171

作为一类新型环保材料，天然纤维复合材料在非结构件或次结构件等方面，必将逐步取代或部分取代玻璃纤维或碳纤维增强树脂基复合材料，成为树脂基复合材料的重要力量。与玻璃纤维或碳纤维相比，天然纤维存在先天不足，还有几个关键问题需要解决：

(1)天然纤维增强体制备研究。天然纤维性能不均一，与产地密切相关，且长度有限。研究天然纤维处理工艺、增强体制备工艺、增强体形式，对制造性能稳定可靠的天然纤维增强体及其应用领域和应用方式具有重要影响。

(2)天然纤维表面处理技术。界面技术是复合材料关键技术之一，界面性质决定纤维性能的发挥。由于天然纤维表面的亲水性，与树脂基体的界面结合不佳。常用化学改性方法包括碱处理、硅烷偶联、乙酰化、苯甲酰化、丙烯酸化与马来酸酐接枝处理、异氰酸酯化、高锰酸盐氧化等，这些化学方法可通过改善纤维表面，提高纤维表面和树脂基体之间的黏合力，进而改善复合材料的力学性能，降低材料的吸水性。

(3)树脂基体研究。树脂基体是树脂基复合材料的两大关键组成要素之一，开展适合天然纤维的树脂基体研究是其获得广泛应用的基础和前提。

(4)专用生产设备和成型工艺研究。天然纤维具有耐热性较低、柔软难切割、性能离散性较大和非连续等特点，需要研制专门的生产设备适应生产。成型工艺是决定复合材料性能和成本的关键技术，对应用前景具有重要影响。

(5)可完全生物降解天然纤维复合材料研究。天然纤维是优良天然高分子材料，自然条件下会被微生物完全降解为 CO_2 和 H_2O。若采用传统难降解树脂基体如聚丙烯、环氧树脂、不饱和聚酯等，制备的复合材料不能完全降解，无法完全解决废弃物环境污染问题，不是真正意义上的绿色材料。若采用可生物降解树脂基体如聚乳酸、聚己内酯等，可制备完全生物降解的天然纤维复合材料。

8.2.2 热塑性复合材料

热塑性碳纤维复合材料在树脂基体、工艺流程和性能方面与热固性碳纤维复合材料存在较大的差异。

首先，热固性碳纤维复合材料大多采用环氧树脂等作为树脂基体，而热塑性碳纤维复合材料包括聚酰胺(PA)、聚醚醚酮(PEEK)、PPS、聚酰亚胺(PI)、聚醚酰亚胺(PAI)等，热塑性树脂不受存储期限制、不需低温存储，具有良好的可循环性、可回收和重复利用。

其次，热塑性树脂的成型过程主要是一个简单的熔融和凝胶的过程，即将材料加热到一定的熔点，然后凝固，待冷却后就可以基本成型，如果需要，只要再次加温就可以实现二次成型，这与热固性碳纤维复合材料制品的成型只能是一次性的不同。

再者，热固性碳纤维复合材料在制作过程中发生的是化学反应，大部分生产周期长达几个小时，而热塑性碳纤维复合材料的制作过程是一个相变过程，生产周期只需要几分钟到几十分钟。因为生产周期相对缩短很多，所以生产效率会成倍提高，热塑性碳纤维复合材料不仅可以实现批量生产，更有实现自动化连续生产的条件。

热塑性复合材料在性能方面还具超越热固性树脂复合材料的优势，主要表现在成型加工性能佳、韧性好、抗冲击、耐疲劳等，例如，聚醚醚酮的 GIC 值约是热固性环氧树脂的 10 倍。在树脂基复合材料中，树脂起到固定纤维的作用，同时分担纤维传递的应力，复合材料的热性能、耐腐蚀性能及加工性能等均由其体现。

长期以来热塑性碳纤维复合材料主要应用于航天航空领域，如用于直升机的地板、机身结构、固定机翼、尾翼、前襟翼及垂尾根部的整流罩等部位。随着许多高端领域对高性能复合材料的要求越来越高，热塑性碳纤维复合材料开始逐步展现出特殊优势，为越来越多的产业提供零部件服务。

近些年汽车行业将工作重心转移到产品的节能降耗与可持续发展上来，为实现轻量化的目的，越来越多地采用复合材料替代传统金属来制造零部件，但是复合材料在汽车上的大规模应用受到热固性复合材料零部件成型周期长、节拍慢的严重限制。热塑性碳纤维复合材料凭借其加工、高效、成本及易回收特性等多方面的明显优势，将在汽车工业得到越来越广泛的应用。随着 PPO、PPS、PEEK、PEI 等高性能树脂的研究与开发，热塑性碳纤维复合材料的应用领域更加扩大，热塑性碳纤维复合材料也正向着主承力结构的方向飞速发展。

8.2.3 复合材料产品的可回收设计

复合材料产品的可回收性设计，就是在进行产品设计时要充分考虑其复合材料零件材料的回收可能性、回收价值大小、回收处理方法、回收处理结构工艺性等与回收性有关的一系列问题，以达到零件材料资源和能源的最充分利用，并对环境污染最小的一种设计思想和方法。

复合材料产品的可回收性设计主要包括可回收材料及其标志、可回收工艺及方法、可回收的经济性、可回收产品的结构等几方面的内容。

(1)可回收材料及其标志。复合材料产品报废后,其零件材料能否回收,取决于其原有性能的保持性及材料本身的性能。也就是说,复合材料零件材料能否回收利用,首先取决于其性能变化的情况,这就要求在设计时必须了解产品报废后零件材料性能的变化,以确定其可用程度。例如,根据美国 BMW 公司研究,由玻璃纤维增强尼龙复合材料制造的汽车上的进气管,在汽车报废时,其弹性模量及阻尼特性几乎没变,因而该复合材料可 100% 回收重用。其次,在产品设计时要仔细考虑材料选择,尽可能选用在制备过程中能耗低、对环境无害的并且有回收方案的绿色复合材料。最后,对可回收材料的复合材料零件上注上识别的标志,这样在产品回收时可以更好地掌握可回收零件的拆卸、分类和处理。例如,施乐公司为塑料材料建立了一套材料标准,其中包括充填玻璃及彩色零件,以确保设计人员尽可能采用合适材料,并将材料标识码模压在每个零件上[20]。

(2)回收的工艺及方法。复合材料零件材料能否回收、如何回收等,也是可回收性设计中必须考虑的问题。有些复合材料零件材料在产品报废后,其性能完好如初,可直接回收重用;有些复合材料零件材料则使用后性能状态变化很大,已无法再用,需采用适当的回收工艺和方法进行处理,因此,在复合材料产品设计时,就必须考虑到所有情况,并给出相应的标志及回收处理的工艺方法,以便于复合材料产品生产时进行标识及产品报废后进行合理处理。复合材料产品回收的工艺方法不单纯是由设计部门来制定的,它需要众多工艺研究部门的协作开发,其最终成果要与设计部门共享。而设计人员应该了解和掌握不同回收处理工艺的原理和方法。

(3)回收的经济性。回收的经济性是复合材料零部件回收的决定性因素。在产品设计中应该掌握回收的经济性及支持可回收材料的市场情况,以求最经济地和最大限度地使用有限的资源,使复合材料产品具有良好的环境协调性。对某些回收经济性低的产品,在其达到其设计寿命后,可告诉用户将其送往废旧商品处理中心回收比继续使用更为经济,且有利于保护环境。回收的经济性可以根据复合材料产品类型,在设计、制造实践中不断摸索,收集整理各有关数据资料并参考现行的成本预算方法,建立可回收经济评估数学模型。利用该模型,在设计过程中可对产品回收的经济性进行分析评价。

(4)可回收复合材料零件的结构设计。复合材料零件可回收的前提条件是能方便、经济、无损害地从产品中拆卸下来,因此,可回收零件的结构必须具有良好的拆卸性,以保证回收的可能和便利。例如,美国的 Carnegie-Mellon 大学的集成制造决策研究中心研制的 Restar 软件系统,就是分析拆卸工作的 CAD 环境软件设计工具。该工具可对产品的整个拆卸过程进行分析,并显示每次拆卸的时间、成本和效果、回收零件及复合材料的价值、与能量有关的费用和二氧化碳的排放量等,还可向技术人员表明产品拆卸和再利用的经济性及对产品进行改进的方法和途径。

在复合材料产品设计阶段就考虑到这种产品未来的回收及再利用问题,将使复合材料产品零件的回收利用率大为提高,从而可以节约材料及能源,并对环境污染影响最小。复合材料行业的设计人员正在转变思维,把可回收设计作为其应尽的责任和义务。

8.3 复合材料回收的未来趋势和驱动因素

8.3.1 驱动因素:低碳经济催动废弃复合材料的回收再利用

近年来,轻量化的碳纤维复合材料在国民经济领域中得到越来越多的应用,如碳纤维复合材料在航空航天、汽车等军工民用领域从原来的尖端替代,逐步变成能源、化工、交通、电力等领域必不可少的材料。国家拉动内需政策的鼓励,城市化进程中市政建设的加快,新能源的利用和大规模开发,环境保护政策的出台,新能源汽车的快速发展,以及大飞机制造的相关项目。

我国于 2020 年 9 月提出,二氧化碳排放力争于 2030 年前达到峰值,努力争取 2060 年前实现“碳中和”。2020 年 12 月进一步宣布,到 2030 年,中国单位 GDP 二氧化碳排放将比 2005 年下降 65%以上,非化石能源占一次能源消费比重将达到 25%左右。国家的“碳达峰、碳中和”战略,对复合材料产业将产生深远的影响:新的能源战略将极大刺激风电、光伏、氢能等再生或新能源的发展。无论是风电、光伏还是氢能,对复合材料,尤其是碳纤维复合材料产业均会产生举足轻重的影响。这个战略除了能源的供给改变之外,对其存储、运输及使用也会有新的节能减排综合要求,这不仅会激发对汽车\轨道交通上轻量化结构复合材料的需求,也会刺激诸多功能性复合材料的需求。例如,除了传统的静电、电池屏蔽、热场材料、耐烧蚀材料,另一个明星——光伏产业的单晶硅炉需要的碳碳复材和碳毡等热场材料即将供不应求。

在庞大的市场需求牵引下,未来的复合材料产业的发展有广阔的发展空间。而碳纤维复合材料回收再利用技术的发展,必将引领复合材料产业向绿色可持续的方向发展。

当前,中国复合材料的总量达到世界第一。然而复合材料行业也面临着一些问题和挑战。首先要转变发展模式,从数量规模向质量效益转变;其次是日益严峻的环保压力,以及节能减排的法律法规促使复合材料废弃物的回收再利用。当下,有效的、适合工业化的复合材料回收再生技术是个挑战性的难题。据统计,2020 年全球复合材料的年产量超过 500 万 t,其中废弃物达到 100 万 t,回收利用率仅为 10%左右。虽然当前我国没有相关的具体统计数据,但是我国 80%左右的复合材料制品为手糊成型,生产过程产生的废弃物较大,且回收利用率也较低。尤其是针对玻璃钢复合材料,废弃物的处理仍主要采取堆放、填埋或无组织焚烧处理的方法,焚烧处理不仅占用土地资源,且二次污染严重;资源未得到充分利用,同时还存在潜在危险。

国家相继出台了一系列针对回收再利用的政策,2020 年颁布的《中华人民共和国固体废弃物污染环境防治法》中明确规定,固体废弃物的资源综合利用是国家优先发展的领域之一。解决问题的途径首先是要从根源治理,科学设计、合理使用材料,减少边角废料的产生,发展热塑性复合材料等可降解可回收的材料。复合材料的制造商和用户必须考虑废物管理,因为法规对这个行业的影响越来越大。

回收复合材料不仅是对环境的保护,也能带来可观的经济收益。复合材料综合处理与再生产业，发展重点在于经济可行的机械破碎回收（适用于玻璃纤维复合材料）、热裂解回收（适用于碳纤维复合材料、沾有危化品或污染严重的玻璃纤维复合材料）、低成本的化学溶剂降解回收、微波热解回收等，业内需要重点加强技术路线、再生利用研究、综合处理研究，以及拓展再生利用材料的应用（应用于 SMC/BMC 模压制品等）。同时关注行业相关的行业标准的制定、环保政策的出台，以及是否符合国内外环保标准。

此外，在复合材料设计时也应该考虑制造过程、使用过程和生命周期终结后对环境的影响，以及选择材料等方面的影响。对强度指标要求不高的产品，可以采用热塑性复合材料、天然纤维复合材料等作为替代物；对于有强度要求的结构件，可以采用高性能复合材料延长使用寿命，减少部件失去功能后造成废弃物的产生。其次，要在制造过程中改进和提高工艺、提高机械化成型比例，使用低排放、低挥发性树脂。选择制造工艺时，尽量采用机械成型，减少制造过程中产生废弃物和废品；在模具设计时减少飞边、边角的出现。推广使用回收材料，复合材料在制造过程中的边角废料是良好的回收材料，未经实际使用，材料也未经其他污染与损伤。

8.3.2　复合材料回收再生利用的未来趋势

复合材料回收与利用的未来是管理决策、技术和公众支持的集合产物。各国政府和复合材料工业界投入了大量的人力和物力，开发各种回收技术，回收材料的再利用可提高再生料的需求和价值，欧洲、日本等发达国家对废料不加以回收利用给予法律惩罚，以及高成本的处理都刺激了废弃物回收与再利用发展。每一方面对回收与再利用工作的发展方向和速度都有影响，关键在于技术和应用领域的创新。开展回收与再利用技术的研究与开发工作，形成一套复合材料废弃物回收利用的体系，完善回收网络，还有大量的工作需要开展。

改革开放以来，伴随着我国经济的突飞猛进，复合材料得到了快速发展。复合材料不仅推动了国家的材料工业的进步，也带动了经济的发展。未来我国复合材料行业必须大力开发可回收利用、环境污染少、多功能的新型复合材料。要求复合材料行业采用新技术、新结构、新工艺、新材料减少废弃物的产生和能源消耗，进而达到重复使用、回收和再利用，即所谓的环保 3R（Reduce、Reuse、Recycle）原则。发达国家率先提出绿色复合材料的概念，涉及复合材料的卫生安全、资源能源的有效利用和环境保护等。绿色复合材料体系要求逐步解决复合材料废弃物的回收再利用，并开发绿色可降解的材料。推广无毒、无害、轻量、薄壁的复合材料制品的使用，并解决好复合材料废弃物的回收利用。

未来复合材料回收再利用的发展方向是：建立集中的工厂、分区域统一处理；由行业组织牵头联合企业，充分发挥产学研的作用，开发并解决复合材料回收再利用过程中出现的技术问题，建立和完善相关行业标准；采取市场化的运营模式，最大化经济效益；依据国家政策支持和法律法规，系统解决复合材料的回收再利用，促进行业的健康、可持续发展。

8.3.3　复合材料回收的挑战

虽然碳纤维复材回收具有一系列潜在优势，但挑战和机遇并存。复合材料废弃物处理是一项复杂而系统的工程，受废弃物种类、处理工艺、法规、市场等因素制约。当前国内复合材料废弃物处理方法相对较为单一，相关技术系统研究、市场、法规与废弃物处理尚不匹配。在碳纤维复材制造中用再生碳纤维替换原始碳纤维可能对于需要极高材料性能要求（如飞机主要结构）的应用而言是有限的，但对于具有较低极限强度要求的非结构轻量化应用是可行的。再生碳纤维的潜在应用非常广泛，包括交通运输、新能源（光伏、风电）、电子电器、土木建筑、运动休闲等行业。为了大力推动复合材料废弃物回收再利用行业的发展，建议从如下方面着手完善。

1. 内部因素方面，主要指废弃物种类和回收处理工艺技术

逐渐行业统一方式，标注生产过程废弃物、生命周期结束制品废弃物种类、主要增强相材料、树脂基体、相关辅料助剂名称等信息，为后期选择性处理提供依据。对回收前、回收后废弃物和树脂的材料规格、溯源性等分别规定，促进碳纤维回收的良性应用。

根据不同废弃物种类，本着回收再利用经济、环境效益最大化原则，制定相应的处理工艺和技术参数。深入研究在复合材料废弃物处理过程中产生的危害物质并检测其特性，研制相应配套设施、设备等以满足对废弃物的后处理，减弱对环境的二次影响。

复合材料回收仍处于起步阶段。玻璃纤维复合材料的回收利用受玻璃纤维的低值限制，碳纤维的高价值带来了回收商业化的可行性。世界各地的碳纤维回收公司回收只解决部分问题，寻找足够的市场能够使用再生碳纤维是研究的重要挑战。再生碳纤维与原始新碳纤维的物理形式不同，因此需要开发新的应用市场。

碳纤维复合材料回收技术方面的挑战在于以下方面。一是已经证明商业上可行的热解回收技术，还存在尽量减少纤维性能退化的不断优化。二是当前的纤维回收技术只能从聚合物中获得能量，并在未来的溶剂分解中产生能量，还需要其他化学方法来从基体树脂中回收有价值的化学物质。虽然有不少实验室规模的相关研究，但商业上的可行性还存在很大挑战。三是正在进行研究开发的更容易回收的环氧树脂和其他树脂，在材料性能和经济性方面，距离商业化仍然遥远。

玻璃纤维复合材料回收利用的挑战在于，对于研磨作为增强填料的玻璃纤维复合材料废弃物，需要开发能够大量应用的产品，如基础建筑设施、交通领域和家居领域等的产品。主要的需求是开发合适的商业模式，整合与现有的废物管理供应链和相关的资本投资，实现商业化的可行性。

2. 外部因素方面，通常指法规和市场两方面

在前期《可再生能源法》《循环经济法》《大气污染防治法》《固体废弃物污染环境防治法》《汽车产品回收利用技术政策》等法律法规的基础上，建议对复合材料废弃物回收再利用进行专门立法，并出台相应优惠鼓励政策，促进不可再生资源的可持续性发展。

行业协会及政府主管部门做好产业发展规划、引领作用，根据复合材料生产、使用情况，做好废弃物处理区域布点工作，并通过市场、行政等手段促进废弃物回收处理再利用。呼吁政府政策支持、碳纤维上下游企业协同参与、共同开发，制定标准，形成政府政策/资金资助，碳纤维生产商、材料-部件生产商、飞机汽车制造公司等应用商共同协作的碳纤维回收技术

开发的局面。研发并引进国内外废弃物处理先进技术，与世界碳纤维回收事业接轨，共创可持续发展的绿色 CF 产业，积极构建废弃物回收再利用“产-学-研-用”一体化协作模式。

参考文献

[1] OLIVEUX G, DANDY L O, LEEKE G A. Current status of recycling of fibre reinforced polymers: review of technologies, reuse and resulting properties[J]. Prog. Mater. Sci., 2015, 72: 61-99.

[2] MENG F. Unpublished work in economic analysis of end of life wind turbine blade waste[Z]. 2020.

[3] NAQVI S R, PRABHAKARA H M, BRAMER E A, et al. A critical review on recycling of end-of-life carbon fibre/glass fibre reinforced composites waste using pyrolysis towards a circular economy[J]. Resour. Conserv. Recycl, 2018, 136: 118-129.

[4] ELG Carbon Fibre Ltd. http://www.elgcf.com/hom.

[5] MENG F, MCKECHNIE J, TURNER T A, et al. Energy and environmental assessment and reuse of fluidised bed recycled carbon fibres[J]. Composites Part A: Applied Science and Manufacturing, 2017, 100: 206-214.

[6] HOLMES M. Recycled carbon fiber composites become a reality[J]. Reinf. Plast. (Netherlands) 2018, 62(3): 148-153.

[7] 赵稼祥. 国际碳纤维再生与重用会[J]. 高科技纤维与应用, 2010, 35(2): 9-13.

[8] 先希. 上海交大开发出“碳纤维复合材料废弃物回收”技术[J]. 人造纤维, 2016, 46(2): 40-40.

[9] LOPPINETSERANI A, AYMONIER C, CANSELL F. Supercritical water for environmental technologies [J]. Journal of Chemical Technology & Biotechnology Biotechnology, 2010, 85(5): 583-589.

[10] LIU Y, SHAN G, MENG L. Recycling of carbon fibre reinforced composites using water in subcritical conditions[J]. Materials Science & Engineering A, 2009, 520(1): 179-183.

[11] BAI Y, WANG Z, FENG L. Chemical recycling of carbon fibers reinforced epoxy resin composites in oxygen in supercritical water[J]. Materials & Design, 2010, 31(2): 999-1002.

[12] YAMADA K, TOMONAGA F, KAMIMURA A. Improved preparation of recycled polymers in chemical recycling of fiber-reinforced plastics and molding of test product using recycled polymers[J]. Journal of Material Cycles & Waste Management, 2010, 12(3): 271-274.

[13] JIANG G, PICKERING S J, LESTER E H, et al. Characterisation of carbon fibres recycled from carbon fibre/epoxy resin composites using supercritical-propanol[J]. Composites Science & Technology, 2009, 69(2): 192-198.

[14] JIANG G, PICKERING S J, LESTER E H, et al. Decomposition of epoxy resin in supercritical isopropanol [J]. Industrial & Engineering Chemistry Research, 2010, 49(10): 4535-4541.

[15] LESTER E, KINGMAN S, WONG K H, et al. Microwave heating as a means for carbon fibre recovery from polymer composites: a technical feasibility study[J]. Materials Research Bulletin, 2004, 39(10): 1549-1556.

[16] ÅKESSON D, FOLTYNOWICZ Z, CHRISTÉEN J, et al. Microwave pyrolysis as a method of recycling glass fibre from used blades of wind turbines[J]. Journal of Reinforced Plastics and Composites, 2012, 31(17): 1136-1142.

[17] MCCONNELL V P. Launching the carbon fibre recycling industry[J]. Reinforced Plastics, 2010, 54(2):0-37.

[18] 张东致,万怡灶,罗红林,等.碳纤维复合材料的回收与再利用现状[J].中国塑料,2013,27(2):1-6.

[19] LOPPINETSERANI A, AYMONIER C, CANSELL F. Supercritical water for environmental technologies [J]. Journal of Chemical Technology & Biotechnology Biotechnology, 2010, 85(5):583-589.

[20] 刘志峰.绿色产品设计方法研究[J].机械科学与技术,1995(6).